移动云环境下的可信计算理论

郑瑞娟　朱军龙　张明川　吴庆涛　著

科学出版社

北　京

内 容 简 介

本书从全新的角度研究了移动云计算的可信计算理论和方法。在云环境下，通过用户、环境、服务三个维度所涉及的服务资源之间的协作与配合，实现彼此之间的互相映射与协调(或约束)，在保证用户身份和用户操作可靠与安全的前提下，依据用户的个性化服务需求和能耗情况，智能决策服务提供模式，快速映射或动态调配服务资源，保障向用户提供满足需求的连续云服务，包括用户可信、环境可信、服务可信三个层面。以移动微学习为例，通过对上述内容的分析和应用，使学习资源得到有效的组织和合理的配置，在保证学习者所请求云服务质量的同时，降低云服务提供所产生的能源消耗，实现“合法用户可使用较低能耗获取连续的学习服务”。

本书可以作为计算机等专业硕士研究生、博士研究生的专业课教材，也可作为网络工程、云计算、服务管理、信息安全、自律计算等研究领域科技人员的参考书。

图书在版编目（CIP）数据

移动云环境下的可信计算理论/郑瑞娟等著. —北京：科学出版社，2021.11

ISBN 978-7-03-070349-1

Ⅰ. ①移… Ⅱ. ①郑… Ⅲ. ①云计算-研究 Ⅳ. ①TP393.027

中国版本图书馆 CIP 数据核字（2021）第 219057 号

责任编辑：孙伯元 / 责任校对：王 瑞
责任印制：吴兆东 / 封面设计：蓝正设计

科学出版社 出版
北京东黄城根北街 16 号
邮政编码：100717
http://www.sciencep.com

北京九州迅驰传媒文化有限公司 印刷

科学出版社发行 各地新华书店经销

*

2021 年 11 月第 一 版 开本：720 × 1000 B5
2022 年 11 月第二次印刷 印张：13
字数：290 000

定价：98.00 元

（如有印装质量问题，我社负责调换）

前　言

移动云计算是随着云计算和移动互联网的不断发展与融合而产生的一种新型应用模式，可被定义为一种通过移动网络以按需、易扩展的方式获得所需的基础设施、平台、软件(或应用)等信息技术资源或(信息)服务的交付与使用模式。它可以将有用、准确、及时的信息在任何时间、任何地点提供给任何客户，从而使移动终端设备在无线环境下实现数据传输及服务共享。在这种新型应用模式下，由于突破终端硬件的限制，移动终端更易实现便携数据存取、智能负载均衡，降低管理和按需服务成本。

移动云计算的核心目标是使用户不受时间和空间的限制，方便快捷地访问/获取云计算提供的各种服务，但同时，相对于传统云服务，移动云服务在"用户-环境-服务"三个层面的复杂程度尤为明显。移动云服务的接入终端(用户)的系统复杂程度远超传统终端设备，其存储容量、计算能力和电池容量有限，所获取资源不够丰富，且更易于丢失；承载网络由互联网转换为移动网络叠加互联网，网络连接(环境)也变得更为复杂；移动云服务平台(服务)的复杂性、资源种类繁多和多终端共享的特征，使得云服务的递交、存储、访问、更新和销毁等环节更易出现安全及可靠性问题。

移动云计算的挑战主要来自于移动设备和无线网络的内在特性以及自身的限制与约束，这些挑战使得在分布、移动设备上的应用开发、设计比在固定的云计算上要复杂得多。信息技术市场研究机构 ABI Research 认为，云计算将给移动应用带来前所未有的复杂性。

因此，目前移动云服务所涉及的安全性等可信要求大多相对较低，移动云服务所涉及的各个要素和环节的可信性已成为阻碍移动云服务发展和广泛应用的重要障碍。

如何在当前移动终端用户对云服务应用的需求呈动态性、个性化、爆炸式增长趋势的背景下，立足移动终端的固有缺陷(资源局限和易于丢失)，凝练并突破服务提供与使用过程中紧密耦合的多层面可信问题(用户、环境和服务等)，向用户提供低耗、高效、可靠的服务，已经成为移动云计算领域的核心问题。

本书将移动云服务提供流程的可信机制作为一个整体，融合自主认知、智慧决策、多级映射、自主协作思想，凝练服务提供与使用过程中紧密耦合的多层面可信问题，从用户可信、服务可信和环境可信三个维度，开展云服务的多维协作可信计算研究，以期向用户提供低耗、连续的移动服务，为云计算的服务提供与管理研究提供新的方法和思路。通过用户、环境、服务三个维度所涉及的服务要素之间的协作与配合，实现彼此之间的互相映射与协调(或约束)，在保证用户身份和用户操作可靠与安全的前提下，依据用户的个性化服务需求和资源能耗情况，智能决策服务提供模式，快速影射或动态调配服务资源，保障向用户提供满足需求的连续服务能力，包括用户可信、环境可信、服务可信三个层面。

(1) 提出一种基于自适应编码的用户正常行为模式挖掘方法。形式化定义用户时序行为，给出行为序列的编码方法；根据用户行为节点之间的耦合关系和时序特点，借用遗传算法的相关思想进行高效快速的增量式挖掘。

(2) 提出一种基于神经网络聚类的用户异常行为分析方法。从用户可信方面研究用户协作层的异常行为分析技术，在计算相似性时引入信息熵计算权重因子，增加聚类精度，避免传统聚类分析对噪声点敏感及过拟合现象。

(3) 提出一种基于信誉投票的用户异常行为协同分析方法。立足移动终端的固有缺陷，将移动云计算的资源可信管理机制作为一个整体，采用用户异常协同分析的方法，提高异常分析识别的精度。

(4) 提出一种基于选择性聚类融合的用户异常行为检测方法。采用基于分形维数的聚类模型对用户行为进行分析，引入关联矩阵的平均差异度的变化来判断用户行为是否正常。

(5) 提出一种基于 Needleman-Wunsch 算法的用户时序行为实时判别方法。将用户行为与用户正常时序行为集合进行对比，通过判断两个序列的匹配程度，得出用户行为的异常得分，进而判断用户行为是正常还是异常。

(6) 提出一种基于多标签超网络的云用户行为认定模型。将用户正常行为数据库训练成超网络，把当前的用户行为作为实例加入超网络中进行分类。

(7) 提出一种基于模式增长的异常行为识别与自主优化方法。判断用户行为的可信容忍程度，通过黑名单机制激励异常用户获取服务；采用用户时序行为自主优化方法，构造完整的用户行为模式增长空间，利用较少的用户时序行为步骤提前判定用户时序行为。

(8) 提出一种基于改进-词频-逆文档频率(D-TF-IDF)的移动微学习资源部署方法。首先利用类别均化法和 D-TF-IDF 算法寻找最优的分类精度，降低用户二次请求的概率；然后借鉴两层云架构模型，根据分类结果，进行资源的分类部署；最后采用灰狼优化方法寻找能耗代价最小的服务器，完成服务提供过程。

(9) 提出一种基于遗传算法的任务联合执行策略。首先采用新的时间序列匹配方法获取最新的用户请求轨迹，为未来的服务模式选择提供指导；然后通过映射级服务模式和云端级服务模式来实现服务模式之间的无缝切换，确保服务的可靠性；最后利用遗传算法寻找最优的任务联合执行策略。

(10) 提出一种基于群体协作的移动终端节能方法。首先利用智能手机内嵌的传感器确定用户的状态、位置和环境信息，构建协作服务范围；然后利用层次分析法分析用户的个性化需求；最后利用群体协作的方法自适应地将用户请求切换至最优服务。

(11) 提出一种带语义的多层服务资源统一标识方法。将基础设施即服务(IaaS)、平台即服务(PaaS)、软件即服务(SaaS)资源整体抽象为计算资源、存储资源和带宽资源，针对用户的个性化、语义化资源需求，完成具有多属性特点的多层服务资源的统一标识。

(12) 提出一种基于 Pastry 技术的服务资源自主组织方法。结合 Pastry 算法给出服务资源自主组织框架，使云资源管理系统具有较好的扩展性和容错能力，帮助用户快速发现所需要的各类资源组合。

本书得到国家自然科学基金(61602155、61871430、61976243、61971458)的资助，由河南科技大学郑瑞娟教授、朱军龙老师、张明川副教授和吴庆涛教授共同撰写完成，其中郑瑞娟教授完成 11 万字，朱军龙老师完成 7 万字，张明川副教授完成 4 万字，吴庆涛教授完成 4 万字。在本书的撰写过程中，得到了西安交通大学郑庆华教授，哈尔滨工程大学王慧强教授，河南科技大学普杰信教授、杨春蕾老师和研究室的许峻伟、孟维鸣、徐鑫港、王艳艳等研究生的支持与帮助，在这里一并表示感谢。限于作者学识水平，书中难免存在不足之处，敬请读者批评指正。

目　录

第1章 绪 论

1.1 移动云计算概述

云计算(cloud computing)是通过互联网提供计算服务的新兴模式，是在分布式计算、并行计算和网格计算等技术的基础上发展而来的。云计算通过对网络中复杂、异构、孤立的物理资源进行统一组织管理，形成一个具有强大计算能力、存储容量和网络带宽的资源系统，然后将这些资源封装成不同层级的服务提供给终端用户，如基础设施即服务(infrastructure as a service, IaaS)、平台即服务(platform as a service, PaaS)、软件即服务(software as a service, SaaS)等[1]。同时，随着移动通信技术的发展和移动智能设备成本的下降，大量的移动终端设备通过移动网络接入云计算平台，形成了移动云计算(mobile cloud computing)。因此，可以认为移动云计算是移动网络和云计算技术结合的产物。

1.1.1 移动云计算的概念

云计算是伴随着互联网相关服务的增加，受经济利益驱使而产生的一种新兴商业计算模式。云计算具有十分强大的计算能力，它可以让用户体验每秒 10 万亿次的高速运算，在如此强大计算能力的帮助下，人们甚至可以进行核爆炸模拟、气候变化预测。通过计算机、智能手机等终端，用户可以接入数据中心进行相应运算，以满足自己的实际需求。云计算以使用量为标准进行付费，这种模式可行性高，十分便捷，不但能够快速向用户提供计算资源，而且不需要进行大量的管理工作，与服务提供商之间也不存在复杂的交互，使用户感受到高效又便捷的服务。

移动云计算中，移动用户或者移动终端按照自身需求在互联网上获取相应的平台、软件、应用等资源。换言之，移动云计算实际上是一种互联网资源或网络信息服务的交付与使用模式，它所包含的元素具有多样性的特点，如用户、企业、移动宽带等[2]。

作为云计算的扩展模式，移动云计算可以为用户提供数据运算、存储等服务。移动云计算具有极高的移动性要求，需要保证任何时间、任何地点都可以进行数据接入，并确保数据安全，以便用户在通过智能手机或其他智能终端设备使用应用程序时，能够获得更好的体验。

1.1.2 移动云计算的模式类型

1. 通过移动设备访问云

通过移动设备访问云并获取服务，这种服务方式称为 SaaS[3]。该模式能为用户提供数据存储和同步服务，如移动搜索、手机地图等。这类服务的作用不仅限于存储和数据同步，相关的任务处理和数据计算也在云端实现。

2. 微云

通过单一基于移动设备的自适应网络实现云计算的移动性，如利用个人移动设备的资源来提供一种虚拟的移动云，称为微云。在这种模式下，移动设备作为云服务的一部分(甚至于全部)硬件，无须接入互联网的云端，也不需要中央服务器，即可实现数据存储和处理服务。

目前，卡内基梅隆大学的 Hyrax 项目将 Hapdoop 运行框架移植到 Android 手机上，多台 Android 手机可以通过相互协作实现对数据的分布式存储和处理。微云模式在如下两方面得以应用。

(1) 传感数据应用。智能手机利用其搭载的传感器[如全球定位系统(global positioning system, GPS)、加速度传感器、光传感器、温度传感器、指南针等]采集数据，并根据数据的分析处理结果向各类应用提供查询服务，如利用分布在不同地理位置的用户手机所采集的位置和移动信息预测当前的交通状况。

(2) 多媒体社交应用。例如，用户输入一幅图片或者一段音频、视频，应用从多个用户手机中寻找最佳匹配的多媒体数据。这里的多媒体数据包括智能手机利用麦克风、摄像头所记录的音频和影像文件，以及用户预先存储的音乐、视频媒体文件。

但是，微云模式在普适性方面的兼容性不够完善，主要表现在一方面对存储及计算资源缺乏统一的有效管理；另一方面，数据的存储和访问过程缺乏优化与动态改进机制。

3. 云端为移动设备增效

移动云计算在云端实现数据存储和计算任务，能够较好地弥补移动设备资源受限的缺陷，可以大幅提高用户端的语音处理和计算机视觉等方面的识别能力，提升决策分析和搜索匹配方面的判断水平[4]。微云是云增效模式的一种应用，其基本原理是把移动设备上的计算任务转移到同一个局域网内的服务器上。微云在该过程中起到计算基础设施的作用，具有数据装载量大、传输速率高的优点，还能利用虚拟化技术对云端基础设施进行服务定制。

1.1.3 移动云计算的发展

移动云计算是移动互联网和云计算融合发展的产物，其以智能移动终端为接入口，通过移动互联网向广大终端用户提供各种云计算服务。从移动终端的角度看，借助于云计算平台提供的强大的计算能力、几乎无限可用的存储与带宽资源和多种多样的云计算服务，扩展了移动终端存储、处理数据信息的能力；从云计算的角度来看，借助于移动终端的便携性和移动终端庞大的用户基数，云计算从只能服务于一部分专业特定的领域，扩展到可以服务于和人们的日常生活息息相关的方方面面，不仅扩展了整个云计算市场，更是给人们的生活带来了极大的便利，提高了人们的生活质量，这充分体现了云计算的优势。从上述两点来看，移动云计算既适应了现实用户应用需求的增长，又是多种技术融合发展的必然趋势。

面对爆炸式的市场需求和不可逆转的发展趋势，各国相继投入大量人力物力开展移动云计算相关的项目研究，以期能够在移动云计算技术领域的激烈竞争中占据优势。

2009 年 9 月 15 日，时任美国总统奥巴马宣布了一项促进云计算发展的政策，通过由政府当局建立的云计算展示平台(Apps.gov)，向广大用户推荐具有代表性的云计算平台和服务。在其网站首页，能够很容易发现当前云计算行业标兵 Amazon 的标识。从美国政府的这一措施来看，白宫通过对云计算市场的支持与引导，力图将其作为新的信息技术服务模式，促进云计算市场的发展。针对云服务计算，美国国防部在 GIG2.0 中提出了“网络为中心的企业服务(Net-Centric Enterprise Services, NCES)”和在高安全的国防企业计算中心(Defense Enterprise Computing Center, DECC)为开发团队提供“按需提供计算服务”的构想[5]；美国国防信息系统局开展了“快速访问计算环境(Rapid Access Computing Environment, RACE)”“快速发布和获取服务(Forge.mil)”“内容分发服务(GIG Content Delivery Service, GCDS)”等项目[6,7]，提供对美军战场上任何相关需求的支持；美国国家航空航天局(National Aeronautics and Space Administration, NASA)艾姆斯研究中心主持开展了“星云(Nebula)”联邦云计算项目，主要针对大规模协作、教育及并行计算等方面的云计算关键技术进行深入研究[8]；据 C^4ISR 网站 2014 年 9 月 5 日报道，美国国防部高级研究计划局正在积极开发移动战术云技术，通过移动战术云技术可以在移动的战场上实现数据的实时分析，而不再需要将大量的战场实时数据通过网络发送到大型数据中心。在欧洲，欧盟早在 2011 年就开展了对移动云计算的研究，并于 2012 年推出了移动云组网(The Mobile Cloud Networking, MCN)计划[9]。作为欧盟大规模的集成项目，其目标是促进移动通信和云计算技术的融合，探索用于移动网运营的移动接入和云服务方式，保证提供的服务是基于需求的、弹性的和可计量的。

我国也非常重视未来信息网络的研究。为促进云计算发展，2012 年 4 月 6 日，工业和信息化部发布了《软件和信息技术服务业“十二五”发展规划》，将云计算作为八大工程之一[10]。接着，国家高技术研究发展计划(863 计划)和科技部“十三五”规划等将“云端软件架构和资源管理研究”作为信息领域的重要研究内容[11]，大力推进云计算相关核心技术的研究；将“大数据与云计算”作为引领产业升级转型的重要任务[12]，促进大数据应用和云计算行业的融合；启动了“新一代宽带无线移动通信网”等项目[13]，发展移动互联网等技术，推动移动互联网的快速升级和发展。国家自然科学基金委员会[14]也先后资助了多项与移动云计算和移动云服务相关的项目，促进了我国在移动云计算领域核心技术的研究和发展。

总之，在政策扶持与市场推动下，移动云计算行业在快速发展壮大。目前，微软[15]、IBM[16]、Google[17,18]、Amazon[19]、Intel[20]、百度[21]、阿里[22]、腾讯[23]、华为[24]等国内外厂商相继推出移动云计算服务，云计算也开始了从桌面市场向移动市场的转移。同时，中国电信、中国移动[25]、中国联通[26]三大电信运营商也都在积极向移动云计算靠拢，目标是转型为“云管端(云即云平台，管即行业应用，端即智能终端)”企业。

随着移动云服务应用的日益深入，如何提高其服务性能和服务质量，包括移动云计算的环境管理、服务管理和可信性研究等吸引了众多研究机构和学者的关注，涌现出一批具有代表性的研究成果。侧重于环境管理，Singh 等介绍了一种新型的基于云的移动媒体服务交付概念，即服务运行在分布于不同的地理位置的本地化公共云上，这些公共云能够根据业务需求和网络状态的不同选取不同的区域服务[27,28]。侧重于服务管理，Lee 从通信的角度提出可以采用代理架构来提高移动云计算中每个移动终端的网络连接性能，并通过发现算法连接最优访问云服务网络[29]；Shin 通过分析消费者的移动云服务选择行为，挖掘了影响消费者选择的重要服务属性，以供业内企业针对合适的终端设备匹配相应的服务功能[30]。侧重于可信管理，Banirostam 等提出了一种可信任云计算基础设施的新方法，其灵感来自可信云计算平台。通过展示用户的可信实体，为基础设施服务开发者提供一个封闭的执行环境，提高云计算基础设施的可靠性[31,32]。方滨兴等针对机密性和完整性问题，利用演算对移动并发系统的特征进行了建模，提出了一种统一的安全形式模型[33]。

综合以上分析，移动云计算的研究已经从“简单应用”发展到“复合管理”，管理对象也从“单一要素”过渡到“多维元素”，这推动着移动云计算可信研究从单一方面的可信研究向云服务流程相关要素的整体可信性研究的方向发展。

1.1.4 移动云计算的挑战

移动云计算的挑战主要来自三个方面，即移动计算、云计算，以及伴随两者结合而增加的复杂性，它们有可能阻碍移动云计算的应用普及。

安全和隐私问题最受关注，移动设备的属性使其面临更高的隐私和安全风险，因此云服务提供商和移动设备用户间要建立信任。云服务提供商应该保证用户在多重网络间漫游时隐私信息的安全性。

服务标准化也是另一个急需解决的问题，在网络接入、电源使用、显示方式和信息处理方面，移动设备和个人计算机存在许多差异。移动云计算服务标准化的进程中应该考虑用户界面、本地存储与离线操作、数据同步等问题。此外，还需防范被服务提供商锁定的问题，可移植性和互操作性的缺乏给服务商之间数据和应用的转移带来了重重障碍。

弹性应用引发的相关问题也不容忽视：在云端平台和本地设备之间如何分配功能和数据资源；如何通过可信、可靠的计算与管理，随时随地实现移动设备在本地和云端之间资源的无缝对接。

1.2 可信计算概述

可信计算(trusted computing)是目前信息安全和系统管理研究的热点问题，其通过在计算机硬件平台中引入可信架构来提高系统的安全性。目前，体现系统与网络整体安全思想的可信赖计算与可信计算已经成为系统安全管理发展的必然趋势。

1.2.1 可信计算的起源

可信计算最早出现于20世纪30年代Babbage的论文《计算机器》中[34]。20世纪中期出现的第一代电子计算机是由非常不可靠的部件构建的，为确保系统的可靠性，大量切实可行的可靠性保障技术如错误控制码、复式比较、三逻辑表决、失效组件的诊断与定位等被用于工程实践中。von Neumann和Shannon与他们的后继者则逐渐提出并发展了“基于不可靠部件构建可靠系统逻辑结构”的冗余理论[35]。1965年，Pierce将屏蔽冗余理论统一为失效容忍(failure tolerance)[36]。1967年，Avizienis等则把屏蔽冗余理论连同错误检测、故障诊断、错误恢复等技术融入容错系统的概念框架中。与此同时，国际上也成立了一些可信性研究机构专门研究高可信保障技术，如IEEE·CSTC于1970年成立了“容错计算”研究小组，国际信息处理联合会(Internet Federation for Information Processing, IFIP)的10.4工作组于 1980 年成立了“可信计算与容错”研究小组，这些小组的成立加速了可信性相关概念的统一和标准化过程。Laprie 于 1985 年正式提出可信性(dependability)以便与可靠性(reliability)相区别。同时期，RAND 公司、纽卡斯尔大学、加利福尼亚大学洛杉矶分校等探索性地研究了将错误容忍和信息安全防卫技术综合应用于系统设计的模型和方法。

1992 年，Laprie 把恶意代码和入侵等有意缺陷与偶然缺陷并列，丰富了可信性的内涵，并对可信性进行了系统的阐述。

1.2.2 可信计算的发展

1999 年，IEEE 太平洋沿岸国家容错系统会议改名为可信计算会议。2000 年，IEEE 国际容错计算会议(Symposium on Fault-Tolerant Computing, FTCS)与 IFIP 的 10.4 工作组主持的关键应用可信计算工作会议合并，更名为 IEEE / IFIP 可信系统与网络国际会议(International Conference on Dependable Systems and Networks，DSN)，如今已成为可信计算领域每年一度的顶级会议。2000 年 12 月 11 日，美国卡内基梅隆大学与 NASA 的艾姆斯研究中心联合成立了高可信计算联盟(High Dependability Computing Consortium)，包括 Adobe、HP、IBM、微软和 SUN 在内的 12 家公司，麻省理工学院、佐治亚理工学院和华盛顿大学等高校都加入了其中。2004 年，*IEEE Transactions on Dependable and Secure Computing* 创刊，标志着可信计算开始成为一个独立的学科，对它的基础研究、实验研究和工程研究已在全世界全面展开。1983 年，美国国防部制定了世界上第一个计算机可信性评价标准，即可信计算机系统评价准则(Trusted Computer System Evaluation Criteria，TCSEC)[37]，1985 年又对它进行了修订。自 IBM、HP、Intel、微软等知名信息技术企业于 1999 年成立可信计算平台联盟(Trusted Computing Platform Alliance,TCPA)以来，可信计算从学术界一步步走向产业界。2003 年，TCPA 改组为可信计算组织(Trusted Computing Group,TCG)，几乎全球信息技术行业的著名公司都加入了该组织。在欧洲，2006 年 1 月启动了名为“开放式可信计算”(Open Trusted Computing)的研究计划，已有 23 个科研机构和工业组织参与。

1.2.3 可信计算的应用

可信计算为维护计算机安全运行发挥了强大的作用，目前已经广泛应用于人类的工作生活之中。可信和安全技术的开发与发展使得用户可以更加放心地使用互联网，具体体现在以下六个方面。

1. 数字版权管理

如今，为了保护计算机安全，可信计算技术已经广泛普及。其中数字版权管理就是可信计算机技术的一大应用。例如，当用户在计算机上播放或下载音乐时，如果该用户没有音乐版权，那么通过可信平台技术，版权商可以通过远程认证模式拒绝音乐的播放和下载。不仅如此，可信计算技术的密封存储功能还可以防止该音乐在其他计算机或播放器播放。这种数字版权管理技术通常应用于各种音乐平台或音乐播放页面，可以起到版权保护的作用。

2. 身份盗用保护

计算机的普及常会使用户的个人信息暴露在网上，这样非常不利于财产安全。可信计算技术被应用于用户身份安全的维护，可以有效防止用户身份被盗用。例如，在登录网上银行进行交易时，用户会得到银行发来的远程认证，该认证的交易页面将会受到可信计算的保护，银行和用户双方只能在该受保护的页面上进行交易，这样就保证了用户输入的账号密码等相关私密信息不会外泄和被盗用。

3. 防止系统危害

计算机中软件的数字签名技术也是可信计算技术的一种应用。数字签名技术功能十分强大，可以辨别出软件是否经过第三方修改，也可以辨别出其他外部软件的安全性。例如，当一个网站页面提供的下载程序是经人修改的时，程序就有可能存有漏洞、带有木马病毒或者间谍软件，那么用户在下载安装的过程中，可信计算系统的签名技术就会发现该程序中存在的问题，然后通知用户程序已经被修改，从而防止用户安装程序，避免对计算机系统带来危害。

4. 防止游戏作弊

可信计算技术可以有效地预防游戏作弊行为。在游戏过程中，一些玩家为了得到特殊的权益，可能会修改游戏副本来获取优势。可信计算技术中的存储器屏蔽、远程认证和安全输入输出功能就会发挥作用，联合审核游戏玩家的服务器，然后自动运行未被更改的副本，这样玩家修改的副本就无法起到作用了[38]。另外，可信计算系统对于增强玩家能力的游戏修改器也能够发挥作用，当玩家试图利用游戏修改器作弊时，可以通过验证玩家服务器代码来阻止其作弊行为。

5. 保护生物识别身份验证数据

用于身份认证的生物鉴别设备可以使用可信计算技术(存储器屏蔽、安全输入输出)来防止计算机上间谍软件的安装和敏感生物识别信息的窃取。

6. 核查远程网格计算的计算结果

可信计算可以确保网格计算系统参与者返回结果的不可伪造性。这样，大型模拟运算(如天气系统模拟)就可以不通过繁重的冗余运算来保证结果不被伪造，从而得到理想(正确)的结论。

综上所述，可信计算技术凭借其强大的功能，发挥出维护计算机安全运行的作用，已经广泛应用于人类的工作生活之中。我国对可信计算给予了高度关注。国家密码管理委员会组织了可信密码模块的标准制定，并在其官方网站上提供了部分标准；中国科技部的863计划开展了可信计算技术的项目专题研究；国家自然科学基金委员会开展了“可信软件”的重大专项研究计划支持。这些都为可信计算研究提供了重要的支撑和保障。

1.3 移动云环境下的可信问题

信任问题是云计算发展面临的最大障碍之一。信任难以培养，却很容易丧失。一个简单的错误可能会破坏多年建立起来的信任。声誉和品牌形象都是信任的重要参数。通常，安全性和密码学水平增加了通信系统的可信度。用户可信、移动云服务环境可信和移动云服务资源管理都是与信任相关的问题。

下面从移动云服务可信管理涉及的用户可信、移动云服务环境可信和移动云服务资源管理三个方面介绍国内外研究现状。

用户可信方面，“用户”即“移动设备”，很容易丢失或被盗，因此在用户和云之间建立一个相互的信任关系是云环境访问控制的前提。为了加强云间的合法访问过程，促进多个云服务提供商的身份验证和授权，Khalil 等提出并验证了一个新的第三方身份管理系统(consolidated identity management system, CIDM),采用较少的能源和开销，为用户提供更好的安全保障[39]。Lin 等通过提取用户行为信任和云服务节点的可信性作为主要因素，提出了一种新的基于访问控制的相互信任模型，完成用户和云服务节点之间的互动[40]。用户行为的分析与控制，对于及时识别异常行为、有效控制故障传播扩散具有重要意义。针对用户本身行为的可信问题，Kim 等通过分析可靠的移动云计算下的用户行为模式，提出了信任管理方法[41]；Zhou 等则通过对虚拟机行为序列的“行为追踪”来保障云计算虚拟运行时的安全性[42]；Chiu 等提出了一种基于异常检测和随机重复抽样技术的用户行为分析技术，通过收集系统进程的频繁模式，可以有效地从不同用户中检测并区分出恶意行为[43]。

移动云服务环境可信方面，服务的整体流程需要云平台提供商、云服务提供商和云服务用户的共同参与，移动设备的移动属性和无线接入介质的固有局限性阻碍了其在移动云环境中访问分布式服务时的无缝连接[44]，因此多参与者所在环境的可靠与可信管理对于服务的顺利提供至关重要。Fan 等提出了多云环境中的一种可信管理框架，从不同来源用不同格式获取原始可信证据，完成对可信和不可信服务提供的区分[45]；Gu 等考虑时效策略，提出了一种基于虚拟机的可信模型，以确保服务响应时间，并通过区分平台域和域用户的信赖延伸直线信任链[46]。在环境隐私保护的角度，Chen 等通过分析不同云环境的建设模式，比较相关情况下云计算的安全性，提出了面向云计算安全机制的全球认证注册系统，以降低云资料外流的风险[47]；李瑞轩等给出了一种移动云服务安全与隐私保护体系结构[48]。此外，Noor 等基于移动云环境的开放性，探讨了采用通用分析框架的一系列评估标准对已有的可信管理原型进行评估的问题[49]。可见，移动云计算的环境可信研究，目标是在不可信的虚拟计算平台上提供一种安全执行的环境[50]。而如何通过虚拟映射等方法在当前的移动云服务环境中为用户选择最合适的服务模式，减少用户与云端的交互频次，降低对服务环境的过度依赖，从而提高服务流程可信程度，是当前亟待研究的问题。

移动云服务资源管理方面的主要目标是使人们可以通过终端设备便捷地获取云端服务，并以按需使用的方式获得存储资源、计算资源以及软硬件资源。移动云计算环境下的资源动态管理是指对资源实施动态组织、优化分配、协调和控制的过程。将不同用户的不同资源需求放置在一个共享的基础架构上进行管理是云计算资源服务可信性的核心。一个移动云服务应用是由一系列细粒度的任务表示的一个线性拓扑序列，这些任务将在移动设备上执行或转移到云端执行[51]，如何在任务执行过程中优化资源使用情况并达到用户满意度，是服务资源可信管理的灵魂。O'Sullivan 等利用移动云计算中间件为移动云模型的有效管理制定了最佳资源策略，该资源即能量、带宽和计算资源[52]；Tan 等针对应用程序固有的不确定性和不可靠性，以可信服务为导向，结合直接信任度和推荐信任度，提出了一种可信的面向服务的工作流调度算法[53]。从服务提供商的角度出发，Kaewpuang 等提出了移动云计算下的合作资源管理框架，通过管理资源分配的移动应用和收入，形成服务提供商之间的合作，支持服务提供商的收益最大化，同时满足移动应用的资源需求[54]；周景才等关注不同云计算用户群体的行为习惯对资源分配策略的影响，提出了基于用户行为特征的资源分配策略，有效降低了 IaaS 提供商的运营成本[55]。本课题组提出了移动云服务的可信框架，研究框架如图 1.1 所示。

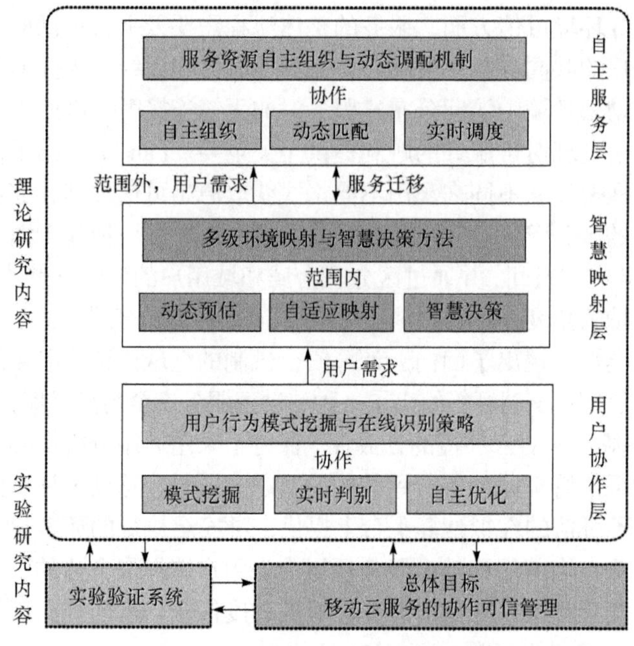

图 1.1　移动云服务的可信框架研究

1.4　本章小结

云计算的优势明确、前景理想，但云服务的可信性问题严重阻碍着云计算的发展，其根源在于云计算可信服务理论研究的不完善[56]。云计算的核心模式是服务，服务的前提是用户和服务提供方建立信任，但目前云计算信任机制还不健全[57]。用户缺乏对云计算服务可信性和服务质量的了解，自然对云计算服务缺乏信任，而云计算服务是否可信需要一套有效的测试系统对其可信性进行度量与评估[58]，但这方面的研究工作不多。因此，要大规模应用云计算技术与平台，发展更多用户，推进云计算产业发展，就必须开展云计算可信服务理论研究，度量和评估云服务可信性刻不容缓[59]。

总之，云计算可信服务机制的不健全已严重制约着云计算的发展和应用，云环境下的可信计算问题是云计算领域亟待突破的重要研究课题。

参考文献

[1] Armbrust M, Fox A, Griffith R, et al. A view of cloud computing[J]. Communications of the ACM, 2010, 53(4): 50-58.

[2] 邓茹月，覃川，谢显中. 移动云计算的应用现状及存在问题分析[J].重庆邮电大学学报（自然科学版), 2012 , 24 (6) : 716-723.

[3] 林立, 邹昌伟. 基于 Android 平台的云计算研究[J]. 软件导刊,2010,9 (11) : 137-139.
[4] 陈康,郑纬民.云计算: 系统实例与研究现状[J]. 软件学报, 2009,20 (5) : 1337-1348.
[5] Baoping G, Jian C, Weiping L. Information assurance framework of military cloud [J]. Telecommunications Science, 2016, 31 (12) : 33-38.
[6] 张玉清,王晓菲,刘雪峰,等. 云计算环境安全综述[J]. 软件学报, 2016, 27 (6) : 1328-1348.
[7] Srinivasan K, Agrawal P. Systems and methods for adapting mobile multimedia content delivery service[P]U.S. Patent 9,491,220, 2016-11-8.
[8] Moses J F, Memarsadeghi N, Overoye D, et al. Technical Challenges and Lessons from the Migration of the GLOBE Data and Information System to Utilize Cloud Computing Service [R]. San Francisco : American Geophysical Union, 2016.
[9] MCN Program. MCN Demonstrates A Full End-to-End Cloudified MNO [EB/OL]. http://www.mobile-cloud-networking.eu/site/index.php?typeId=1&id=82. [2016-1-27].
[10] 工业和信息化部. 软件和信息技术服务业"十二五"发展规划[EB/OL]. http://www.gov.cn/gzdt/2012-04/06/content_2107799.htm. [2012-4-6].
[11] 吴建平, 毕军. 可信任的下一代互联网及其发展[J]. 中兴通讯技术, 2008, (1): 8-12.
[12] 张紫.工信部将启动云计算十三五规划推进 4G 建设[J]. 计算机与网络, 2015, (5) : 7.
[13] 《河南科技》编辑部. "新一代宽带无线移动通信网"国家科技重大专项发布实施进展[J]. 河南科技, 2017, (1) :101.
[14] 国家自然科学基金委员会.透明计算引领"下一个计算时代"[EB/OL]. http://www.nsfc.gov.cn/publish/portal0/tab109/info47755.htm. [2014-12-25].
[15] Mazumdar P, Agarwal S, Banerjee A. Microsoft Azure Networking[M]. Redmond: Pro SQL Server on Microsoft Azure, 2016.
[16] Cash S, Jain V, Jiang L, et al. Managed infrastructure with IBM cloud OpenStack services[J]. IBM Journal of Research and Development, 2016, 60 (2-3) :1-12.
[17] 卢小宾, 王涛. Google 三大云计算技术对海量数据分析流程的技术改进优化研究[J]. 图书情报工作, 2015, 5 (3) :6-11.
[18] 屠卫. 基于 Google 的云计算技术[J]. 成组技术与生产现代化, 2015, 32 (4) :44-52.
[19] 铁兵. 亚马逊 AWS 云计算服务浅析[J]. 广东通信技术, 2016, 36(10):35-38.
[20] Rezaeian A, Abrishami H, Abrishami S, et al. A budget constrained scheduling algorithm for hybrid cloud computing systems under data privacy[C]. IEEE International Conference on Cloud Engineering,Berlin, 2016: 230-231.
[21] 尚爵. 阿里 VS 百度:谁能笑傲云计算[J]. 互联网周刊, 2012, (8) :64-65.
[22] 满满. 国内最大云计算服务商阿里云:撬动企业级市场[J]. 杭州科技, 2016, (4) :29-30.
[23] 高玮. 腾讯云平台与应用实践[J]. 工程技术:(引文版), 2016, (6) :00268.
[24] 张潇凡. 华为 2015 年云计算大会聚焦云生态建设[J]. 中国金融电脑, 2015, (10) :93.
[25] 中国移动研究院. 中国移动大云回顾[EB/OL]. http://labs.chinamobile.com/focus/284. [2012-9-14].
[26] 中国联通. 中国联通发布云计算策略: "$M + 1 + N$"数据中心布局见证雄心[J]. 电脑与电信, 2016, (3) :4-5.
[27] 袁家斌, 魏利利, 曾青华. 面向移动终端的云计算跨域访问委托模型[J]. 软件学报, 2013,

(3) :564-574.

[28] Singh S, Chana I. QoS-aware autonomic resource management in cloud computing: A systematic review[J]. ACM Computing Surveys , 2016, 48(3) : 1-46.

[29] Lee D W, Lee H M, Park D S, et al. Proxy based seamless connection management method in mobile cloud computing[J]. Cluster Computing, 2013, 16(4): 733-744.

[30] Shin J, Jo M, Lee J, et al. Strategic management of cloud computing services: Focusing on consumer adoption behavior[J]. IEEE Transactions on Engineering Management, 2014, 61(3): 419-427.

[31] Banirostam H, Hedayati A, Zadeh A K, et al. A trust based approach for increasing security in cloud computing infrastructure[C]. The 15th International Conference on Computer Modelling and Simulation,New York, 2013, 717-721.

[32] 熊礼治, 徐正全, 顾鑫. 云环境数据服务的可信安全模型[J]. 通信学报, 2014, 35 (10) : 127-137.

[33] 郭云川, 方滨兴, 殷丽华, 等. 一种面向移动计算的机密性与完整性模型[J]. 计算机学报, 2013, 36 (7) : 1424-1433.

[34] Laprie J C. Dependable computing and fault tolerance: Concepts and terminology[C]. Proceedings of the 15th IEEE Symposium on Fault Tolerant Computing Systems, Ann Arbor, 1985:2-11.

[35] von Neumann J. Probabilistic Logics and the Synthesis of Reliable Organisms from Unreliable Components[M]. Princeton: Princeton University Press, 1956.

[36] Pierce W H. Failure-Tolerant Computer Design[M]. New York: Academic Press, 1965.

[37] Csc-std-00l-83. Trusted Computer System Evaluation Criteria[S]. Washington: United States Department of Defense, 1980.

[38] 张彬,李继民,张寿华,等.基于动态信任评估的政务数据云服务平台设计[J]. 河北大学学报(自然科学版) , 2018, 38(4) : 432-436.

[39] Khalil I, Khreishah A, Azeem M. Consolidated identity management system for secure mobile cloud computing[J]. Computer Networks, 2014, 65(2014) : 99-110.

[40] Lin G, Wang D, Bie Y, et al. MTBAC:A mutual trust based access control model in cloud computing[J]. Communications, 2014, 11(4) : 154-162.

[41] Kim M, Park S O. Trust management on user behavioral patterns for a mobile cloud computing[J]. Cluster Computing, 2013, 16 (4) : 725-731.

[42] Zhou Z, Wu L, Hong Z, et al. DTSTM: Dynamic tree style trust measurement model for cloud computing[J]. KSII Transactions on Internet and Information Systems, 2014, 8(1): 305-325.

[43] Chiu C, Yeh C, Lee Y. Frequent pattern based user behavior anomaly detection for cloud system[C]. Proceedings of Technologies and Applications of Artificial Intelligence, Taipei, 2013: 61-66.

[44] Gani A, Nayeem G M, Shiraz M,et al. A review on interworking and mobility techniques for seamless connectivity in mobile cloud computing[J]. Journal of Network and Computer Applications, 2014, 43: 84-102.

[45] Fan W, Perros H. A novel trust management framework for multi-cloud environments based on

trust service providers[J]. Knowledge-based Systems, 2014, 70: 392-406.

[46] Gu L, Wang C, Zhang Y, et al. Trust model in cloud computing environment based on fuzzy theory[J]. International Journal of Computers Communications & Control, 2014, 9 (5) : 570-583.

[47] Chen C Y, Tu J F. A novel cloud computing algorithm of security and privacy[J]. Mathematical Problems in Engineering, 2013, (6) : 1-6.

[48] 李瑞轩,董新华,辜希武,等. 移动云服务的数据安全与隐私保护综述[J]. 通信学报, 2014, 34 (12) : 158-165.

[49] Noor T H, Sheng Q Z, Zeadally S, et al. Trust management of services in cloud environments: Obstacles and solutions[J]. ACM Computing Surveys, 2013, 46 (1) : 12.

[50] Li C, Raghunathan A, Jha N K. A trusted virtual machine in an untrusted management environment[J]. IEEE Transactions on Services Computing, 2012, 5 (4) : 472-483.

[51] Zhang W, Wen Y, Wu D. Energy-efficient scheduling policy for collaborative execution in mobile cloud computing[C]. Proceedings of IEEE INFOCOM, Turin, 2013: 190-194.

[52] O'Sullivan M J, Grigoras D. Integrating mobile and cloud resources management using the cloud personal assistant[J]. Simulation Modeling Practice and Theory, 2015, 50: 20-41.

[53] Tan W, Sun Y, Li L X , et al. A trust service-oriented scheduling model for workflow applications in cloud computing[J]. IEEE Transactions on Systems Journal, 2014, 8 (3) : 868-878.

[54] Kaewpuang R, Niyato D, Wang P, et al. A framework for cooperative resource management in mobile cloud computing[J]. IEEE Journal on Selected Areas in Communications, 2013, 31 (12) : 2685-2700.

[55] 周景才,张沪寅,查文亮,等. 云计算环境下基于用户行为特征的资源分配策略[J]. 计算机研究与发展, 2014, 51 (5) : 1108-1119.

[56] Mahbub A, Yang X. Trust ticket deployment:A notion of a data owner's trust in cloud computing[C]. The 10th International Conference on Trust, Security and Privacy in Computing and Communications, Changsha, 2011: 111-117.

[57] 李德毅.云计算技术发展报告 [M].北京: 科学出版社, 2012.

[58] Jemal A. Establishing trust in hybrid cloud computing environments[C]. The 10th International Conference on Trust, Security and Privacy in Computing and Communications, Changsha, 2011:118-125.

[59] Foster I, Zhao Y, Raicu I, et al. Cloud computing and grid computing 360-degree compared[C]. Proceedings of Grid Computing Environments Workshop, Austin, 2008, 1-10.

第 2 章　基于自适应编码的用户正常行为模式挖掘方法

2.1　引　　言

在互联网和大数据技术飞速发展的时代，移动云计算的出现既是时代进步的潮流，又是技术发展的大势所趋。移动云计算给大型企业提供了一种移动业务按需获取的解决方案，使得企业可以租赁云服务提供商的设备或服务来进行数据管理及业务拓展等。大数据和移动云计算两者相互融合、不可分割。大数据处理在技术上依赖大量分布式的计算机实现并行处理，同时，移动云计算所提供的各种技术也为移动时代的大数据挖掘带来无尽可能。

想要在目前数据迸发、生活速度提升的环境下，让海量数据真正反哺于研究和生活，高效和精准的数据挖掘成为首选工具。作为一门热点学科，数据挖掘的主要用途[1]就是帮助人们从隐晦的海量数据中发掘出难以探查的内在联系和规律，为科研和商业提供决策参考及未来预测。数据挖掘领域包含着诸多的子领域，其中模式挖掘是一个重要分支。

模式挖掘技术[2]可以获得数据库、系统和产品的使用情况以及特殊规律信息，很多时候人们面对大量的数据时并不知道它们背后潜在的巨大价值，模式挖掘技术的闪光点就在于它可以探索数据中体现出来的模式知识并反哺给决策者，满足实际需求，甚至系统可以利用这些知识充当决策者。更多地，模式挖掘系统应该能够同时挖掘多种不同模式的相关知识。用户也可以利用一些方法，如参数扰动，来指导系统进行知识探索和决策。需要强调的是，模式挖掘这门学科诞生之时就是为应用而生的，它的价值就在于基于一个数据库，从微观数据中探索、分析和推理出潜在知识，进而从宏观角度来反映数据之间的关联，并做出对未来的推测。

移动云服务终端用户的用户行为多与生活需求、工作性质、操作习惯和兴趣特点等密切相关，研究移动云用户行为模式具有重要的现实意义。一个成功的模式挖掘系统不仅可以探索移动云用户的生活、工作、个性特点，还可以通过用户行为在一定程度上为移动云服务系统提供改良策略，更重要的是，在安全可信方面，挖掘移动云用户的正常时序行为，可以为在线行为识别及异常检测提供丰富且精确的参考样本。

实际上，移动用户调用移动云服务的行为是随性而为的，并不是出于规则的，但是经过统计发现，一个用户长期对云服务进行操作所形成的行为序列是基本稳定的，也就是说可以根据用户的行为数据对用户正常行为的模式进行挖掘。由于用户调用移动云服务的环境因素多变，传统的固态模式挖掘方法不能依据环境变化适当改良自身的挖掘方法，容易出现准确率下降、效率降低等情况。这就如同生物学中的物种进化原则，在环境发生变化时，大自然会选择那些适应度较高的个体存活下来，而淘汰适应度较低的个体，使得整个种群得到进化。移动云服务中的模式挖掘算法，也必须能够根据环境的改变不断自我改良进化，以保持高度的精确性和鲁棒性。

目前，移动设备已经成为人们最重要的生活、工作上的工具，保证其安全的重要性不言而喻。很多不法分子利用其易丢失、安全保障较少的特点，使用攻击手段窃取用户隐私和财产。

本章主要围绕用户可信问题，着重开展用户正常时序行为形式化描述与用户行为模式挖掘的研究。用户正常时序行为是指一个正常的用户调用某个云服务时，用户和云之间相互交互、协作，它们之间的行为形成了一个基于时间和服务的有序集合。本章主要研究如何高效挖掘正常用户的时序行为。首先，将用户时序行为进行形式化定义，并给出行为序列的编码方法，将其作为后续挖掘的基础；然后，提出一种基于自适应编码的模式挖掘算法，这种算法根据用户行为节点之间的耦合关系和时序特点，借用遗传算法(genetic algorithm,GA)的相关思想进行高效快速的增量式挖掘。

2.2　相 关 理 论

2.2.1　遗传算法

根据达尔文的进化论，生物生活在自然界中，会随着时间的推移、环境的变化而不断改变自身特性，以此来适应大自然并壮大自己。生物的进化过程其实是一种自我变化并被自然所筛选的过程，也就是说生物的变化其实是没有特定的方向的，一个种群中的大基数生物同时向着不同的方向发生变化，然后接受自然的选择，只有那些能够适应自然的变化者才会被选中。以万年为单位的时间过去后，生物在不断地变化和被选择中实现了进化过程。

遗传算法就是一种模拟自然界生物循环进化而演化而来的一种随机搜索算法。这种算法是在 20 世纪 70 年代由 Holland 提出的[3]。遗传算法的主要特征是对群体进行有策略的筛选以及个体与个体之间的特征交换，将实际问题转化为编码方式来实现遗传过程中的复杂变化。这种算法不受数据空间大小的限制，对数据的连贯性、可导性、极值性等也不作要求。这种算法经过长时间的研究和优化已经在大量领域中得到应用。

遗传算法的本质类似于数学领域中的搜索寻优算法[4]，核心思路是将初代种群中的个体按照一定的约束和规则，不断地循环运算，通过筛选求得最优解。遗传算法的特点如下。

(1) 遗传算法不是没有规则的全面搜索，也不是随机搜索，而是一种由约束条件和函数引领的探索。遗传算法中引入适应度的概念，可以理解为个体适应环境的程度值，从数学上讲也就是目标函数。适应度作为搜索的规则，可以指引算法不断靠近最终解。

(2) 遗传算法中对个体进行选择、交叉、变异操作，使得个体自身不断变化，经过筛选的下一代优于上一代，通过迭代计算使得种群适应度不断提高，最终找到最优解。

(3) 遗传算法在完成字符串和适应度的建模之后，其余的各个环节如选择、交叉、变异都可以根据规则自动进行，整个流程只需进行数据输入和适应度输出即可，从这个角度来讲，遗传算法是一种“黑箱操作”算法。

(4) 普通的挖掘算法往往需要将所求解的现实问题通过数学建模等方式转化为方程，有时需要对方程进行复杂的求导，过程十分繁杂。而遗传算法只需要对问题进行编码并将适应度用函数表示出来，并不需要对问题进行建模和求导。因此，遗传算法的普适性更强，更加适合求解离散问题以及难以用函数表达的问题。遗传算法的运算简单，可以给求解过程带来极大简便，被更多人所采用。

(5) 遗传算法产生后代的方法是通过选择、交叉、变异算法将上一代种群进化而得到后代。这个运算的对象是种群中的一组个体而不是单个个体，因此遗传算法的本质是一种并行算法，能够实现快速迭代挖掘。

在自然界中，不同环境下的生物，其遗传特征也不尽相同。针对这个问题以及遗传算法的原理，众多专家学者根据实际问题的不同设计出了多种多样的编码方法和函数来进行求解。这些不同的编码方法和函数相互组合，就构成了多种多样的遗传算法组。但是，这些算法都有一些相同之处，即它们都模仿了自然界生物选择、交叉和变异这三大基本进化方式，并以此作为基础算子进行挖掘。这三大算子也分别称为选择算子、交叉算子和变异算子。在其后的各种遗传算法的演化和改良算法中，也是基于这三种算子进行设计的。

传统的遗传算法主要包括以下几个方面。

(1) 染色体编码方法[5]。传统的遗传算法中，将染色体个体编码为相同位数即相同长度的二进制符号串，将其使用(0,1)组成。其中每一位皆称为染色体个体的基因位。初始的种群中，每个染色体个体的基因位皆可以使用均匀分布函数进行随机生成，如染色体个体 $X=\{01101010110110110110\}$。该个体的长度为 n=20。

(2) 个体适应度评价。在自然界中，一个个体越能适应环境，其被自然选择遗传至下一代的概率也会越大。传统遗传算法中也借鉴了这个思想，因此引入适应度来表示个体遗传的概率。计算遗传概率的前提即提前设定适应度的计算函数，需要注意的是此函数的值必须是非负的。

(3) 遗传算子。遗传算法中的选择、交叉、变异运算也包括很多种不同的算子，每种算子各有优缺点，适用于不同的情况，下面将会详细介绍。

(4) 传统遗传算法的运行参数。传统遗传算法的运算过程中需要人为设定至少四个参数才可以保证正常运算，分别是初始种群大小 M、运算结束的迭代次数 T、交叉运算发生概率 P_c、变异运算发生概率 P_m。

遗传算法的执行流程如图 2.1 所示。

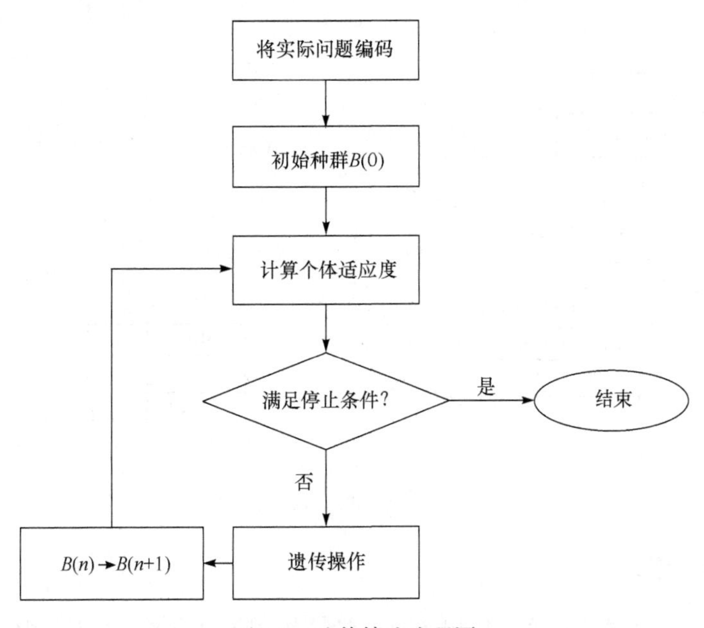

图 2.1　遗传算法流程图

如图 2.2 所示，传统使用选择算子、交叉算子、变异算子的遗传算法运算过程主要包括如下几步。

(1) 编码。将待求解问题的数据表示为一种二进制字符串结构，位与位之间不同的组合即表示个体不同的特征。

(2) 初始化。设置进化代数计数器 t 和最大进化代数 T，随机生成 M 个个体作为初始种群 $B(0)$。

(3) 个体评价。将种群 $B(t)$中每个序列的适应度计算出来。

(4) 选择、交叉、变异运算。筛选出高适应度个体，对个体配对进行基因交叉和基因变异，保留优秀个体，并产生新的个体。根据这三种算子，上代种群 $B(t)$ 经过运算后得到下代种群 $B(t+1)$ 。

(5) 迭代终止。若迭代次数小于迭代最大次数 T，则从步骤(3)开始进行下一次迭代；若迭代次数等于迭代最大次数 T，则终止运算并输出最优解。

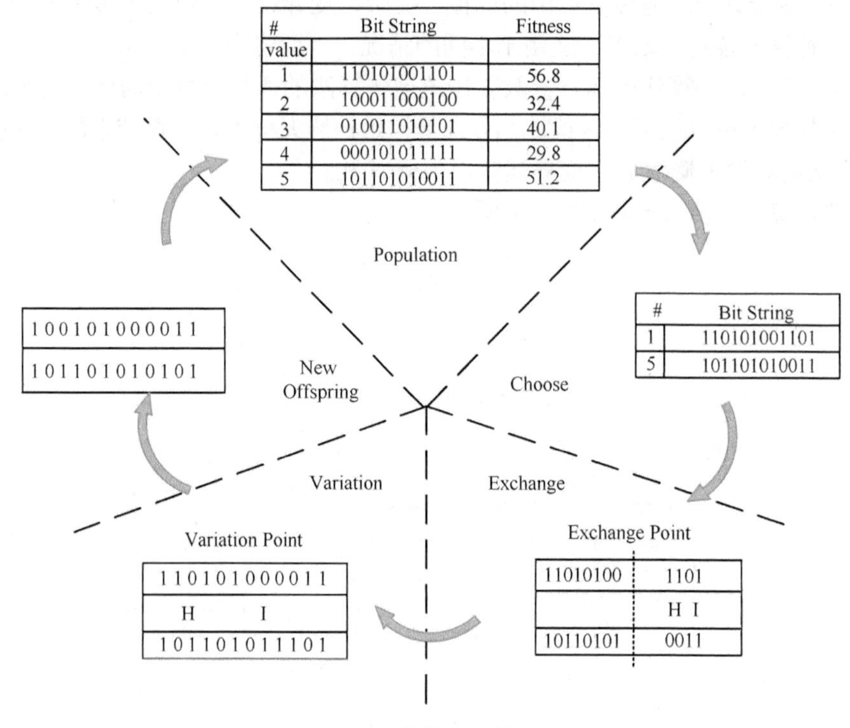

图 2.2　遗传算法运算过程

2.2.2　自律计算

2001 年，IBM 公司率先提出了自律计算的相关概念[6]，该概念由生命科学中的自律神经系统原理演化而来，可以有效提高系统运作效率及鲁棒性。自律计算包含以下四个元素：自配置，系统可以依据运行环境自发进行初始化配置；自恢复，系统可以在遭受入侵或自然灾害时恢复至正常状态，也可以从系统故障中恢复并保障正常运行；自优化，系统可以根据当前的系统状态、用户情况及运行环境进行策略优化，提高运行效率；自保护，系统可以预测并规避危害。

自律计算理论主要包含以下几种关键技术。

(1) 上下文感知与推理技术。自律计算可以赋予系统对未发生事件的推理及预测能力。系统通过对环境中的知识进行归纳总结、推理演化，可以推导出相应的模式或策略，提高系统性能。但是由于环境中的因素复杂多变，大量知识之间存在着不同的语义，这为系统的实现带来挑战。上下文感知技术的原理是将原始上下文演化为统一的知识格式以支持系统的后续操作。上下文感知与推理过程如图 2.3 所示。

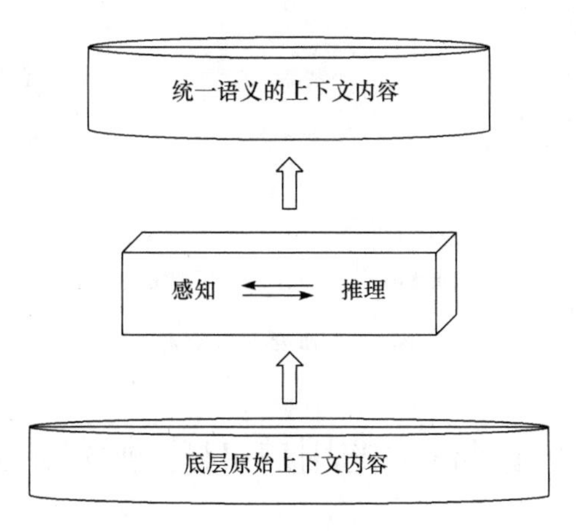

图 2.3　上下文感知与推理过程

(2) 自律智能体(Agent)系统协同技术。目前 Agent 系统协同技术大多借鉴了多智能体(multi Agent system,MAS)[7]的研究成果，目的是让各个 Agent 之间可以相互沟通协作，以达到全局自适应。自律 Agent 系统协同技术主要方法包括以下几方面。

① 组织协同。系统采取分层组织架构，使用更高层的 Agent 来解决各个 Agent 之间的冲突，如客户端/服务器(client/server,C/S)体系架构。

② 协同合约。合同网协议作为著名的协同技术，可以为 Agent 之间确定任务和资源分配策略。

③ 协同规划。此理论注重研究从规划的角度避免多个 Agent 的冲突。

④ 多类型多 Agent 规划。分别有集中式规划和分布式规划两种形式。

(3) 机器学习技术。自律系统要求能够自主地从环境中获取大量知识并通过学习和分析反馈给自身，这决定了系统的自律性。归纳学习是指系统把从环境中获取的知识形式化之后进行基于符号的学习[8]。归纳学习的目的是让系统从大量繁杂的数据中探索数据的内在关联及规律。它包括两个集合，即实例集合和规则集合，它的目的是从规则集合中寻找需要的规则来指导探索实例集合，之后反馈到规则集合进行优化，如图 2.4 所示。

本章将自律计算中的自优化属性引入模式挖掘中，给出一种基于遗传算法的自适应编码模式挖掘算法，实现移动云服务用户层中用户行为序列的自主优化模式挖掘。

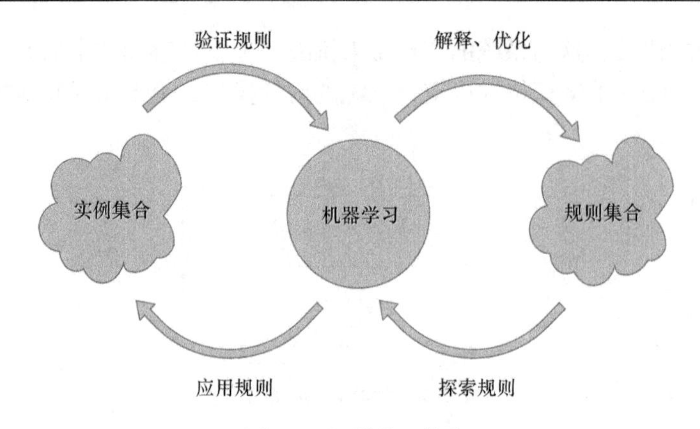

图 2.4　机器学习技术

2.3　用户时序行为的用户-时序-操作形式化描述

在移动用户调用移动云服务的过程中，用户对某个特定的服务功能进行调用请求，将会产生一系列的相关操作。依据时间对这些操作以及用户和服务器的状态值进行有序排列，就形成了用户时序序列。

可以看出，用户时序序列是具有显著的时序特征的。用户时序序列主要反映了用户调用云服务时所进行操作的相关习惯和目的。因此，研究移动云用户可信问题，其实也就是研究用户时序行为序列是否可信的问题。异常行为模式与正常行为模式是有显著差异的，因此这个问题可以通过将用户时序行为序列与正常用户的序列进行比对，然后得出结论：正常或异常。

而研究此问题的前提是要探究一种用户时序行为序列的形式化定义及编码方式，通过一定规则将实际行为转化为序列比对问题。因此，下面介绍用户时序行为的结构化定义及编码方式。

2.3.1　用户时序行为结构化定义

前面提到，只有将用户时序行为(包括用户 ID、时序体现以及操作步骤等要素)进行结构化定义，才可以进行后续研究。本章将用户时序行为的一个步骤结构化定义为如图 2.5 所示的形式。

从图 2.5 所示的用户时序行为步骤形式化描述中可以看出，用户 U_i 的一个用户时序行为步骤可表示为

$$S_{U_i} ::= \left\langle \mathrm{UID} \middle| S_1 \cdots S_n \middle| \mathrm{OP}_1 \cdots \mathrm{OP}_m \right\rangle \tag{2-1}$$

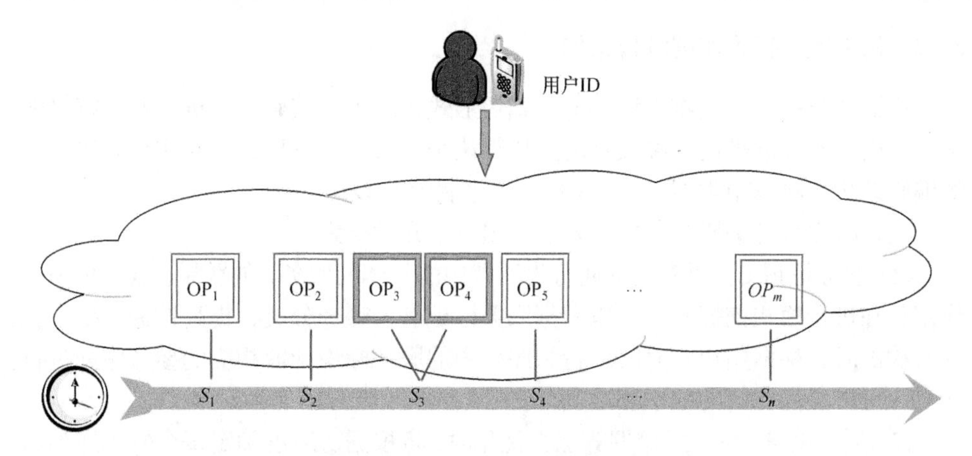

图 2.5　用户时序行为步骤结构化

一般情况下，在服务器对云服务进行实质性服务提供之前，用户对某个云服务的请求包含用户链接请求、链接响应、参数输入、页面调用等一系列操作步骤。实际应用中，这些步骤虽然带有突发性及随机性，但是长期来看，步骤的时序顺序与用户的操作习惯有很大关联，因此对于一个固定的用户，他对某个云服务的操作过程其实是大致固定的。而对于云服务应用本身，被设计之初它们就已经存在相对正常和固定的运行模式和执行步骤。

因此，可以把一个用户时序行为步骤形式化为一个具有独立特征的节点，而不同步骤之间，依据其调用关系可以转化为相互连接的时序步骤图。

用户 U_i 的时序行为是指用户调用某个特定云服务 C_j 时进行的一系列相关操作，将这些操作按照时序先后排列形成的用户时序状态图可由式(2-2)表达：

$$\langle U_i \to C_j \rangle = \{S(C_j)\ (1)u_i,\ S(C_j)\ (2)u_i, \cdots,\ S(C_j)\ (n)u_i\} \tag{2-2}$$

用户时序序列是移动用户调用移动云服务的一系列有序操作，可以简记为

$$U_{ij} = \{S(1)u_{ij},\ S(2)u_{ij}, \cdots,\ S(n)u_{ij}\} \tag{2-3}$$

而该用户对所有云服务的访问请求所形成的用户时序行为集可表示为

$$\langle U_i \to C \rangle = \{U_i \to C_1,\ U_i \to C_2, \cdots\} = \{U_{i1},\ U_{i2}, \cdots\} \tag{2-4}$$

用户正常时序行为〈$U_{Ni} \to C$〉的主要是指用户 U_i 在调用某个移动云服务时，系统可以收集到用户的行为序列，且此序列与正常序列相匹配。可以看出〈$U_{Ni} \to C$〉是〈$U_i \to C$〉的正常子序列集。需要注意的是，庞大的用户正常行为序列中存在着许多不相关的节点，这些节点会对用户行为的判别造成干扰。

2.3.2 用户时序行为序列编码结构

机器学习的重点是将系统获取的知识形式化后进行编码，以进行基于符号的学习。由于本书欲采用一种改良的遗传算法来进行模式挖掘，针对用户时序行为的编码结构，将采用类似DNA序列的二进制编码形式。

用户时序行为编码结构中，要反映出以下几种要素。

(1) 服务标识C。用来表示此行为所调用的具体云服务，如登录。服务标识的作用是在进行模式挖掘时，可以根据服务标识进行筛选分类，提高挖掘效率；在异常检测时，根据用户实时时序行为序列中的服务标识调取相应的参考序列进行比对，可以提高检测的效率和准确率。

(2) 适应度F。在模式挖掘算法自优化时，将根据适应度确定每个候选序列遗传至下一代的概率。另外，在进行异常检测时，适应度同时也表示参考序列的置信度。

(3) 用户标识U。用来表示此时序行为序列所属于哪个用户ID，主要用于在线异常检测。

(4) 状态标识A。用来表示此序列所代表的含义，如异常登录。此标识的作用主要是为今后的在线行为实时判别研究预留字段。异常检测是行为判别的一个重要组成部分。

(5) 时序行为序列S。用来存储用户时序行为，也就是$\{S(1)u_{ij}, S(2)u_{ij},\cdots,S(n)u_{ij}\}$。

用户时序行为序列编码结构如图2.6所示。

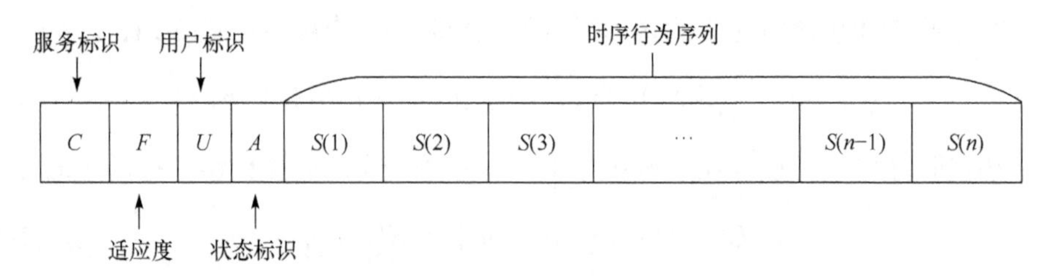

图2.6 用户时序行为序列编码结构

根据上述编码结构，将用户时序行为序列表示为一个基于0和1的字符位串。设总体参考集中序列个数为n个，x_t^i表示模式挖掘第t代的第i个序列，$i\in\{1,2,\cdots,n\}$。需要指出的是，自适应模式挖掘只会改变编码结构中的时序行为序列S部分，并依据新的序列计算适应度F，其余部分不发生改变。这样每个个体可以表示为式(2-5)，其中m表示此序列中行为的个数。

$$x_t^i=\{C_t^iF_t^iU_t^iA_t^iS_t^i(1)S_t^i(2)\cdots S_t^i(m)\} \tag{2-5}$$

第 t 代的参考集就可以表示为

$$X_t = [x_t^1\ x_t^2\ x_t^3 \cdots x_t^n]^t \tag{2-6}$$

2.4　用户正常行为模式挖掘过程

本节借鉴遗传算法，在传统模式挖掘算法的基础上进行改良，使得系统可以自发地在复杂环境中不断自我优化挖掘规则，提高用户正常行为参考集的个体数量及质量，不断修正各个体序列的适应度得分，并使用这些参考序列来进行更加准确的行为判别。用户正常时序行为模式挖掘的基本思路如下。

(1) 功能耦合。针对某个移动云服务，用户对它进行的一系列操作形成的步骤节点之间是存在耦合关系的。首先利用各节点的耦合关系，将已有的用户正常时序行为序列进行子图划分，目的是从参考集合〈U_i→C〉中将有关系的模块单独划分出来，形成若干子序列。

(2) 主干挖掘。针对每个子序列，提取其中节点的调用子序列，目的是通过对庞大的执行序列进行划分，来防止抽取的子序列中有耦合度低的节点。

(3) 序列建模。数据挖掘问题的前提是对实际问题进行建模，并将其转化为数学问题，在此基础上对用户正常时序行为进行模式挖掘，准确快速地探索正常行为的潜在联系和特定模式。

(4) 编码改进。本章主要介绍本课题挖掘算法的自适应部分，即编码改进算法。由于移动云计算用户和环境因素多变，算法必须能够依据环境特点进行自我优化，以实现更加高效的挖掘方法，提高后续异常检测的准确率。

根据本章之前介绍的遗传算法部分内容，本研究将模式挖掘优化过程模拟为生物进化过程。相对应地，生物种群的进化也就是用户正常行为参考集的进化。模式挖掘的优化在这里主要指用户正常行为参考集的自我挖掘及完善，这主要是通过增加参考序列个数以及修正参考序列的适应度参数来实现的。另外，实时异常检测也可以将检测结果反馈给系统，若因环境的改变引起了检测效率和准确率的降低，则反馈结果会指导模式挖掘系统进行相应的调整。

下面将介绍模式挖掘自优化算法中的三种变化，即选择、交叉和变异过程。

2.4.1　选择

在自然界中，自然环境通过各种灾害、个体竞争、疾病等因素，将一些普通的、有缺陷的或者能力较低的个体淘汰，而让适度变异的、竞争力较强的个体存活，从而将优秀个体从种群中筛选出来遗传至下一代，这种选择方式可以很大程度上保留种群中的优秀基因，使得整体的适应度得以提高。但有意思的是，现实情况中，适应度高的个体也并非一定会被自然所选择，同样，适应度低的个体也不一定会被淘汰，这种机制恰恰可以在一定程度上保证种群的多样性。遗传算法中模拟这种选择过程，使用选择算子来对种群中的个体进行优胜劣汰的操作。个体适应度越高，被选择的概率越大；适应度越低，被选择的概率越小。这种算子的主要目的是规定初代种群中的个体按照何种规则遗传至下一代，显然这个运算的前提是个体的适应度。选择算子可以保证初始种群中的优秀个体被遗传，同时保证种群的全局收敛性，避免早熟。选择算子主要分为以下几种算法。

(1) 适应度比例复制方法[9]。适应度比例复制方法的主要思路是做有回放的随机采样，其基本思想是：个体被选择的概率高低与其适应度成正比，个体适应度越高，被选择的概率越大；适应度越低，被选择的概率越小。这种算法的缺陷在于容易遗漏高适应度个体。

(2) 最佳个体保存方法[10]。遗传算法中，交叉算子和变异算子的目的是使个体本身的特征发生变化，从而产生一个新的个体。这两种变化具有不确定性，也就是说变化的结果可能会产生更优秀的个体,但也可能将原本优秀的个体破坏掉。人们总是希望能产生更优秀的个体，同时将上一代中的优秀个体保留。因此，最佳个体保存方法的思想就是将上代种群中的优秀个体直接遗传至下一代，以期种群的适应度是不断提高的。

(3) 排序选择方法[11]。排序选择方法的基本思路是，首先计算种群中每个个体的适应度，按照适应度从大到小的顺序对所有个体进行排序，并设计一张概率表，此表内容按顺序与每个个体一一对应，用来表示每个个体被选中的概率。这种算法主要依据的是所有个体的适应度大小顺序，而不考虑适应度大小的差异。此种算法仍然是一种基于概率的选择方法，最终结果会产生一定误差。

(4) 联赛选择方法[12]。联赛选择方法的主要思路是从种群中抽取若干个个体组成子群，在这个子群中进行联赛，对比子群中的个体适应度，将子群中适应度较高的个体取出并遗传至下一代。对整个种群迭代使用联赛选择，直至下一代的数量满足要求。

本章所提出的选择算法所采用的主要思路是：根据各个参考序列的适应度，按照一定的规则从上一代参考集中选择出一些优良的参考序列遗传到下一代参考集中。本算法综合了以上各种算法的长处，主要流程分为三个步骤：首先按照一定比例挑选适应度最高的参考序列直接进入下一代参考集；然后模拟适应度比例选择方法，将上一代参考集中的所有参考序列按照服务标识 C 进行分类，即将代表相同功能的序列分为一类；最后每类序列都分别采用适应度比例选择方法进行选择，形成下一代参考集。

假设上一代参考集中的序列个数为 N_1，且 N_1 足够大，能够满足适应度比例选择方法进行到下一代序列的个数要求。最高适应度序列的选择比例为 M，云服务

的总个数为C，每个序列的适应度为$f(x)$。每个序列按照适应度比例选择方法被选中的概率为

$$P=\frac{f(x)}{\sum_{n=1}^{N}f(x_i)} \tag{2-7}$$

上一代参考集经过适应度比例选择方法选择后进入下一代参考集的期望个数为

$$E=n\times\frac{f(x_i)}{\sum_{i=1}^{n}f(x_i)},\quad i=1,2,\cdots,n \tag{2-8}$$

则上一代参考集经过选择后的下一代参考集中序列总个数N_2为

$$N_2{=}N_1M+E \tag{2-9}$$

选择流程如图 2.7 所示。如此选择出的下一代序列参考集，既保证了部分最高适应度序列能够完整地保存到下一代，不会使优秀个体发生损失，又提高了运算效率，并使得高适应度序列有较高的概率进入下一代，确保优秀基因有较高概率被遗传。经过选择步骤生成的下一代参考集还不是最终的下一代参考集，还需要经过交叉和变异过程。

图 2.7　选择流程

2.4.2　交叉

在自然界中，生物的两条染色体之间的等位基因可以相互交换，这样原来的两条染色体就变为两条新的染色体。一个生物体内大量的染色体进行交换变化，则这个生物就变成一个新的个体或物种。交叉行为是生物遗传和进化过程中非常重要的一环，这个环节可以保证物种的多样性。遗传算法中也同样引入了交叉算子。交叉算子的基本思想是将两个个体的等位基因相互交换，从而得到两个新个体。在进行交叉运算之前，需要将种群中的所有个体进行随机配对，然后将每对个体按照事先设定的交叉概率参数分别进行交叉操作。下面介绍本章所使用的交叉算子——单点交叉。

单点交叉中，交叉点k的取值范围为$[1,L-1]$，L为序列的位数，以该点为分界位置相互交换变量。例如：

父个体 1　　1 0 0 1 0 1 0 0 1 1

父个体 2　　1 1 0 1 1 1 0 1 1 0

交叉点的位置为 5，交叉后生成两个子个体为

子个体 1　　1 0 0 1 0 1 0 1 1 0

子个体 2　　1 1 0 1 1 1 0 0 1 1

单点交叉算法流程如图 2.8 所示。单点交叉算法生成子代之后，系统会用一定的算法重新计算每个子个体的适应度，保留适应度提高的子个体至下一代参考集中，并排除适应度降低的子个体，但将其父代保留至下一代参考集中。

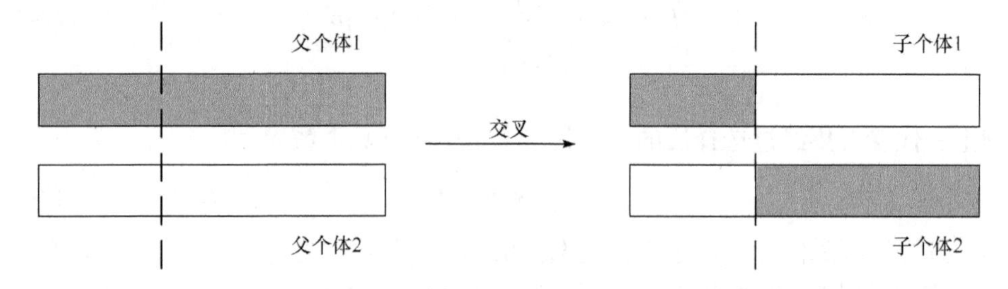

图 2.8　单点交叉算法流程图

2.4.3　变异

在自然界生物的遗传和进化过程中，如果一条染色体的某个基因因为环境因素发生了变异，那么这条染色体就变成了一条新的染色体。当一个个体的染色体大量发生变异行为时，该个体也随之发生变异，拥有新的特征从而变成一个新的个体或新的物种。变异行为同交叉行为一样，也是生物遗传和进化过程中的重要一环，它们为生物种群的多样性提供了保障。在遗传算法中，同样引入了变异算子。变异算子的主要思想是将个体二进制字符串中的某些基因位变异成为其他基因，从而原个体变为新个体。交叉算子是整个遗传算法流程中的主要环节，它的意义在于确保了流程的全局搜索效率；而变异算子只是次要方法，但也不可或缺，因为它决定了算法的局部搜索能力。两种方法缺一不可，相互协作，确保遗传算法在局部和全局最优解求解过程中的效率和准确率。变异算子的主要作用是：①变异算子配合交叉算子，可以使算法在找到适应度较高的个体之后接近全局最优解，同时把握局部细节，使用变异算子适度调整个别基因，在局部使得某些个体靠近最优解，提升算法的局部搜索能力；②同交叉算子一样，变异算子可以让个体的基因值直接发生改变而产生新的编码结构，提升种群的整体多样性，保证算法的收敛效果，防止早熟。

设变异算法中序列变异的概率为 P_{v}，则对于序列 $C=\{x_1,x_2,\cdots,x_n\}$，其编码位变异算法可以表示为

$$x' = \begin{cases} 1-x, & r_x \leqslant P_{\mathrm{v}} \\ x, & r_x > P_{\mathrm{v}} \end{cases} \tag{2-10}$$

其中，x' 为编码位变异后的结果；r_x 为序列中每一位单独生成的随机量，$r_x \in [0,1]$。通常，P_{v} 的取值在 0 到 0.001 之间，所以大部分序列是不会执行变异操作的，仍会保持原样。变异算法流程如图 2.9 所示。

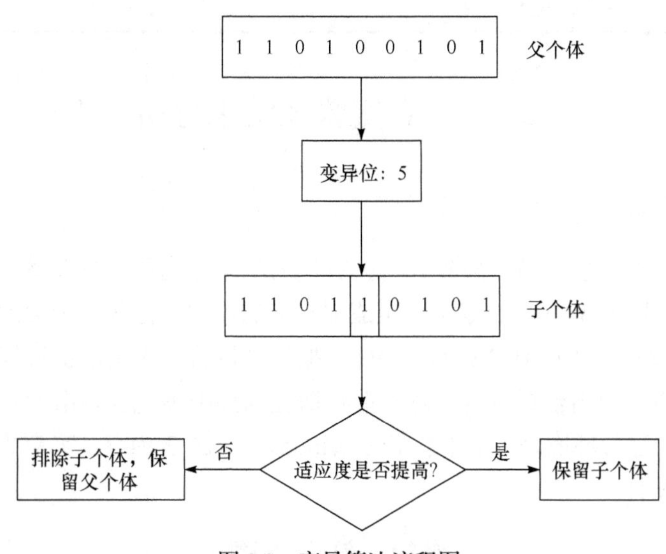

图 2.9　变异算法流程图

2.4.4　算法伪代码

模式挖掘自适应算法的伪代码如算法 2.1 所示。

算法 2.1　模式挖掘自适应算法

1.	P_{c}: Probability of crossover.	9.	Put the sequences with the highest fitness into G_2.
2.	P_{a}: Probability of mutation.	10.	**For** every one sequence S_j in G_1
3.	$G_{\max}$: Generation number of terminating evolution.	11.	**if** (random S_j (0 , 1) < $\frac{f(G_1)}{F(G_1)}$)
4.	$T_{\max}$: Highest individual fitness.	12.	Put S_j into G_2
5.	**do**	13.	**end if**
6.	Initialize an empty collection G_2.	14.	**if** (random S_j (0 , 1) < P_{a})
7.	$f(G_1)$(fitness of each individual).	15.	Variation S_j => S_j'
8.	$F(G_1)$ (The total fitness).	16.	Put S_j' into G_2

17. **end if**
18. **end for**
19. Pairing the sequence $G_1 \Rightarrow G_1'$
20. **For** every one group S_G in G_1'
21. **if** (random $S_G(0,1) < Pc$)
22. Overlapping $S_G \Rightarrow S_G'$
23. Put S_G' into G_2
24. **end if**
25. **end for**
26. Replace G_1 with G_2
27. **until** ($f(G_2) >= T_{max}$ or $G >= G$)

2.5　仿真实验及结果分析

2.5.1　仿真环境

本次实验主要验证自适应模式挖掘算法的动态性能及运行效率。使用 Java 语言进行编码，并在由 IBM 数据集合生成器合成的序列数据集以及 DARPA 1999 评测数据上进行实验。其中 DARPA 1999 数据集是目前最为全面也最权威的用户正常行为数据以及攻击数据集合，本实验截取数据集中不包含攻击的正常数据进行测试。实验的运行环境是：操作系统为 Windows7，2GB 内存。实验的详细参数设置如表 2.1 所示。

表 2.1　仿真参数设置

参数	数值
最小适应度	0.5
初始群体规模	100
交叉概率	0.5
变异概率	0.005

2.5.2　仿真结果

本实验首先使用 IBM 数据集测试自适应模式挖掘算法的动态性能及运行时间，然后使用 DARPA 1999 数据集测试在不同阈值下算法迭代产生的参考序列数量。模式挖掘算法的动态性能是指在算法所有运行时间之内产生的后代序列的平均适应度大小，如式(2-11)所示，其中 $f(t)$ 为 t 时刻的序列适应度之和。

$$F(t)=\frac{1}{T}\sum_{t=1}^{T}f(t) \tag{2-11}$$

仿真实验结果如图 2.10 所示。图中显示的是本算法与传统遗传算法在动态性能方面的仿真对比结果。从图中可以看出，在 80 代之后，本算法的群体适应性较传统算法略低，这表明高代种群中的个体种类较多，种群多样性较好，可以保证种群的个体向多方向发展，从而避免过早收敛。

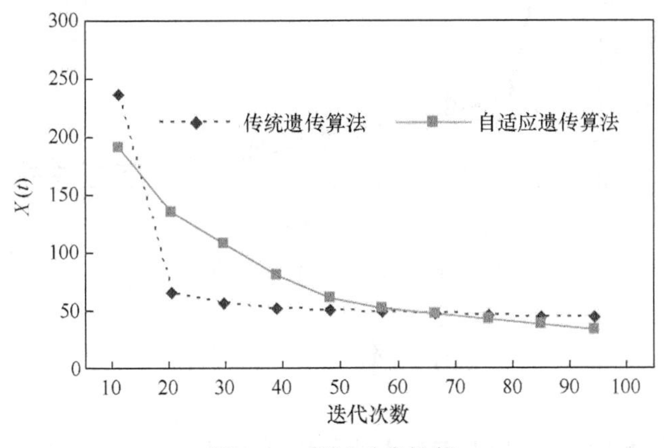

图 2.10　算法动态性能

如图 2.11 所示，实验结果表示了两种算法在不同的最小适应度下的执行时间。从图中可以发现，随着最小适应度的增大，运行时间逐渐变短。而且可以发现提出的算法在最小适应度一样的情况下，运行时间明显短于传统遗传算法。

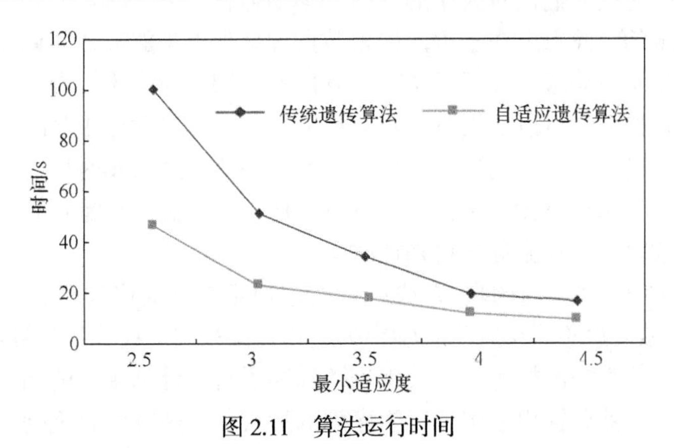

图 2.11　算法运行时间

图 2.12 所示的实验结果表示了在 DARPA 1999 评测数据中，所提出的自适应遗传算法在相同的阈值下，比传统遗传算法得出的参考样本数量要多，结合前两个仿真实验结果可以得出，本章的自适应遗传算法运行效率相比传统遗传算法更高。

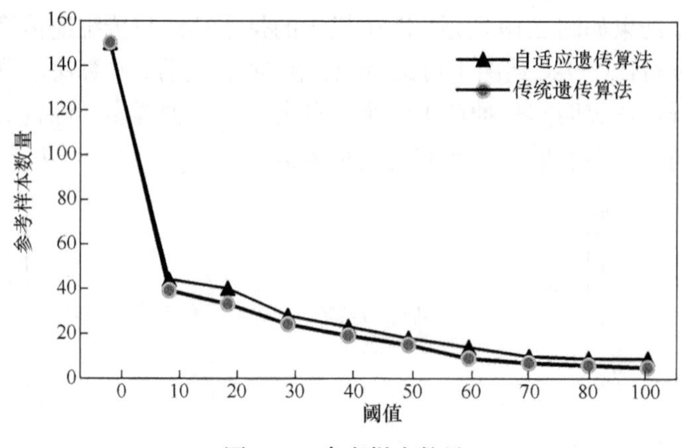

图 2.12　参考样本数量

2.6 本章小结

目前，移动设备已成为人们最重要的生活工具，保证其安全非常重要。如何确保移动用户身份可信，有效识别用户异常行为已经成为亟待解决的科学及社会问题。

模式挖掘技术可以帮助人们从隐晦的海量数据中发掘出难以探查的内在联系和规律。很多时候人们面对大量的数据并不知道它们背后潜在的巨大价值，因此模式挖掘技术的闪光点就在于可以探索数据中体现出来的模式知识并将它们反哺给决策者满足实际需求，甚至系统可以利用这些知识充当决策者。

利用模式挖掘，可以从大量的正常移动用户读写移动云服务时的行为数据中挖掘出其行为模式特点，构造正常行为的参考集合。之后实时地对用户行为进行监督与识别，将用户行为与正常行为进行对比，以检测用户是否异常，从而保障用户层数据读写环境和服务交付来往的安全性。

本章主要基于自适应编码方法进行了用户正常行为序列模式挖掘算法的研究。本算法的核心思想是引入生物学中的遗传算法来实现模式挖掘算法的自优化：首先介绍了遗传算法的概念、相关理论，描述了自律计算领域的相关算法以及模式挖掘的概念；然后提出了用户行为序列的形式化描述及编码规则，为下文的模式挖掘和异常检测奠定基础；接着介绍了自适应编码中的选择、交叉和变异算法；最后介绍了仿真实验，通过实验结果说明了本算法的高运行效率。

参考文献

[1] Lee S J, Siau K . A review of data mining techniques[J]. Industrial Management & Data Systems, 2001, 101 (1-2) :41-46.

[2] 陈卓，杨炳儒，宋威，等.序列模式挖掘综述[J].计算机应用研究，2008, 25(7):1960-1963.
[3] Holland J H . Adaptation in Natural and Artificial Systems[M]. East Lansing: University of Michigan Press, 1975.
[4] Srinivas M, Patnaik L. Genetic algorithms: A survey[J]. IEEE Computer, 1994, 27(6) : 17-26.
[5] 普措才仁.一种新的编码方法解决路径规划问题[J]. 工业仪表与自动化装置, 2011, (1) :63-65.
[6] 王振东,王慧强,冯光升，等.自律计算系统及其关键技术研究[J].计算机科学, 2013, 40 (7) : 15-18.
[7] Wei L, Jie H. Cooperative global robust output regulation for nonlinear output feedback multi-agent systems under directed switching networks[J]. IEEE Transactions on Automatic Control, 2017, 93:138-148.
[8] Jha S, Seshia S. A theory of formal synthesis via inductive learning[J]. Acta Informatica, 2017, 54 (7) : 693-726.
[9] 杨新武，刘椿年. 遗传算法中自适应的比例选择策略[J].计算机工程与应用, 2007, 43 (20) : 25-27.
[10] 孟丽，许峰. 基于基因库的最优个体保存遗传算法[J]. 软件导刊, 2009, 8 (7) : 45-47.
[11] 原民民，董建刚. 一种改进的基于编号的选择排序方法[J]. 科学技术与工程, 2009, 9 (1) : 139-142.
[12] 薛富强，葛临东. 用于调制信号特征选择的改进遗传算法[J]. 计算机工程, 2008, 34 (3) : 213-214.

第 3 章　基于神经网络聚类的用户异常行为分析方法

3.1 引　　言

随着移动云计算的发展，移动互联网业务呈指数级增长，因此人们将各种存储在计算机中的信息转而存放在云端，降低了自身存储和计算资源有限所带来的约束。但随着网络攻击技术的快速发展，各种黑客及入侵行为层出不穷，攻击手段变化多端，传统的被动防御方法很难较好地解决移动云用户信息的安全问题。面对各种被动的防御措施，人们更加倾向于异常行为分析的主动识别技术。

分析用户异常行为的问题实际上就是聚类问题：将正常行为数据聚类在一起，将异常行为数据聚类在一起。该异常分析方法的目标是将待测对象划分为若干个类或簇。

本章立足于移动终端的固有缺陷，融合奇异值分解(singular value decomposition,SVD)、神经网络、信息熵等思想，从用户可信方面研究用户协作层的异常行为分析技术，在计算相似性时引入了信息熵计算权重因子，增加了聚类精度，避免了传统聚类分析对噪声点敏感及过拟合现象。分析和仿真结果表明，本章所提出的方案具有较好的识别能力。

3.2 用户异常行为分析的系统模型

3.2.1 SVD 模型

SVD 模型对随机噪声具有较强的鲁棒性、良好的可扩展性和实用性。SVD 模型可以描述为

$$\text{SVD} = \begin{pmatrix} X_{11} & X_{12} & \cdots & X_{1m} \\ X_{21} & X_{22} & \cdots & X_{2m} \\ \vdots & \vdots & & \vdots \\ X_{n1} & X_{n2} & \cdots & X_{nm} \end{pmatrix} \tag{3-1}$$

对于任意 $n \times m$ 的实矩阵 A，都存在 m 阶正交矩阵 U 和 n 阶正交矩阵 V，使得

$A = USV^{\mathrm{T}}$。式中 $S = \mathrm{diag}(\delta_1, \delta_2, \cdots, \delta_r), \delta_i > 0 (i = 1, 2, \cdots, r)$，$r = \mathrm{rank}(A)$，矩阵 $A^{\mathrm{T}}A$ 的特征值为 $\lambda_1 \geqslant \lambda_2 \geqslant \cdots \geqslant \lambda_r > 0$，$\lambda_{r+1} = \lambda_{r+2} = \lambda_m = 0$，称正数 $\delta_i = \sqrt{\lambda_i} (i = 1, 2, \cdots, r)$ 为矩阵 A 的奇异值。若令 $U = (u_1, u_2, \cdots, u_m)$，$V = (v_1, v_2, \cdots, v_m)$，则 u_i 和 v_i $(i = 1, 2, \cdots, r)$ 分别是 AA^{T} 和 $A^{\mathrm{T}}A$ 对应于 λ_i^2 的特征向量，u_i 和 v_i 是为了使 U 和 V 构成正交矩阵而引入的向量[1]。

3.2.2　SVD 并行处理模型

降维是 SVD 的核心。SVD 使高维矩阵转化为低维矩阵，并对降维后的多个低维子矩阵进行并行计算，极大地提高了运算速度。Map 和 Reduce 是其中的两个主要函数。在 Map 阶段，输入端将每个用户的行为属性划分为一个子任务分配到各个服务器上，任务的分配遵循最小传输代价原则以减少不必要的网络开销。各服务器进行并行处理，将处理结果作为中间结果临时存储在本地存储器上，即 Map 函数接收一个输入的 key/value 对，将输入文件中的 key/value 对映射为中间结果 key/value 对。在 Reduce 阶段，根据中间数据的 key 值合并中间结果，输出最终结果 key/value。

3.2.3　SVD 降噪模型

通过相空间重构含有噪声的信息子矩阵 $X(N) = \{x_1, x_2, \cdots, x_N\}$ 的 Hankel 矩阵。

$$R(X)_{n \times m} = \begin{pmatrix} X_{11} & X_{12} & \dots & X_{1m} \\ X_{21} & X_{22} & \dots & X_{2m} \\ \vdots & \vdots & & \vdots \\ X_{n1} & X_{n2} & \dots & X_{nm} \end{pmatrix} = D_{nm} + W_{nm} \tag{3-2}$$

如式(3-2)所示，$N = m + n - 1$，D_{nm} 是不受噪声干扰的信息子空间，W_{nm} 是噪声信息子空间。首先分解重构的矩阵，得到一系列奇异值和奇异值向量，该矩阵的奇异值降序排列：前 k 个较大的奇异值表示有用属性，后 $n-k$ 个奇异值表示噪声属性。然后通过置零 $n-k$ 个噪声属性的奇异值达到消噪的目的。最后，利用奇异值分解的逆过程得到矩阵 R'，该矩阵为 H 的秩 $k(k < n)$ 的最佳逼近矩阵。有效秩的阶次和重构矩阵的结构是降噪的关键。

3.2.4　BP 神经网络模型

神经网络[2]具有自适应、并行性、联想记忆、容错性好、鲁棒性高等特点，理论上可以逼近任意非线性的函数。神经网络输入层的节点数是特征向量的维数；输出层节点数则根据用户的需求决定；隐含层神经元个数并无特定的规则，数目过少会导致下一层获得的信息不足，分类结果不精确，但数目过多则会导致学习时间过长。隐含层单元数目则需要具体情况具体分析，该过程耗时较多。

3.3　异常行为分析机制

本章从用户可信的角度出发，通过分析移动云用户的异常行为，以期保证移动云环境的可信性。首先，采用 SVD 进行用户行为数据集矩阵的降维，并通过相空间重构实现降噪，在降噪的同时又保证聚类精度。由于在移动云环境下的数据流量和移动终端用户均呈爆炸式增长，运用 Map-Reduce 模型进行并行式 SVD，提高分解速度。其次，通过神经网络实现用户行为的聚类分析。在神经网络的隐含层引入信息熵，计算相似度及正常行为的阈值，在阈值范围内则为正常行为，将其更新到正常行为数据库中，保证数据库的完备性；反之为异常行为，要进行相应的提示和防范措施。每次更新数据库后，相应的阈值都会变化。具体的异常行为分析框架如图 3.1 所示。

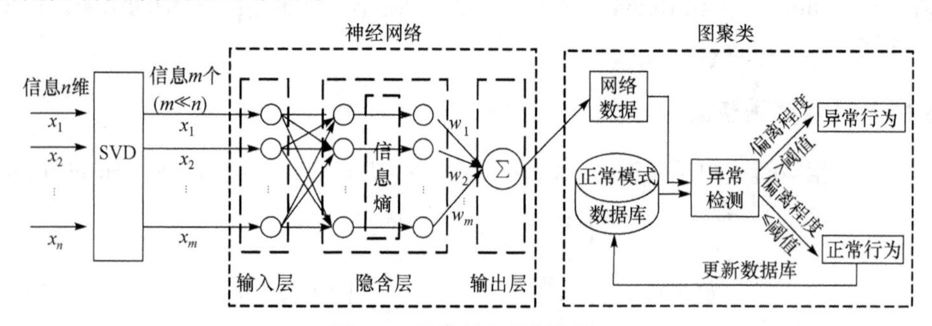

图 3.1　异常行为分析框架

3.3.1　SVD 并行分解模型

大多数数据库均包含异常、噪声等数据，并且存在数据丢失的现象。本章采用 SVD 算法在降维的同时获得较高的信噪比。此外，还可以通过自学习将矩阵中丢失的元素补充完整，算法具有较好的鲁棒性。

每个用户作为一个对象，对象的行为数据集表示该对象的属性。用

$$\mathrm{SVD}=\begin{pmatrix} X_{11} & X_{12} & \dots & X_{1m} \\ X_{21} & X_{22} & \dots & X_{2m} \\ \vdots & \vdots & & \vdots \\ X_{n1} & X_{n2} & \dots & X_{nm} \end{pmatrix}$$

来表示用户-属性结构，其中 X_{ij} 表示第 i 个用户的第 j 个属性。数据分类将在该矩阵的基础上进行。利用 $A=USV^{\mathrm{T}}$ 将矩阵分解为一系列子矩阵，对每个子矩阵进行

SVD 运算，然后将运算结果合并成新的矩阵作为下次迭代的输入。因为多个子矩阵的 SVD 运算是相互独立的，所以可以进行 Map-Reduce 并行处理，以加快运算速度。

3.3.2　SVD 降噪模型

运用上述 SVD 降噪模型，用奇异熵来确定有效阶的阶数。首先已知奇异谱的概念如式(3-3)所示：

$$\sigma_i = \log\left(\lambda_i / \sum_{j=1}^{s} \lambda_j\right), \quad i \leqslant s \tag{3-3}$$

其中，$s = \min(m,n)$，由 $\sigma_i (i = 1,2,\cdots,s)$ 组成的序列为矩阵 $R(X)$经奇异值分解后的奇异谱。

考察信息量随奇异谱阶数的变化规律，引入奇异熵的概念，如式(3-4)所示：

$$E_k = \frac{1}{k}\sum_{i=1}^{k} \Delta E_i, \quad k \leqslant s \tag{3-4}$$

其中，s、k、ΔE_i 分别为矩阵 $H(X)$的奇异值个数、奇异熵的阶数及奇异熵在阶数 i 处的增量，ΔE_i 的计算方法如式(3-5)所示：

$$\Delta E_i = -\left(\lambda_i \sum_{j=1}^{s} \lambda_j\right) \log\left(\lambda_i \sum_{j=1}^{s} \lambda_j\right) \tag{3-5}$$

当奇异熵增量开始降低到渐近值时，信号的有效特征信息量已趋于饱和，特征信息基本完整，之后的奇异熵增量是由宽频带噪声所导致的，完全可以不予考虑。因此，选取奇异熵增量开始降低到渐近值时的奇异谱阶次作为信号奇异谱降噪阶次是合理的。

经 SVD 后的各个子矩阵按照奇异值降序排列，奇异值最高的列向量对应的用户属性最重要，将最后 $n-k$ 个奇异值所对应的列向量属性移除即降噪后的矩阵。

3.3.3　基于信息熵的 BP 神经网络模型

在用户异常行为分析机制中引入神经网络，既可以避免异常分析中的硬化分问题，又能够充分利用其固有特性准确识别异常行为。但是，神经网络一般不能处理具有语义形式的输入，而且神经网络也不能确定冗余信息和重要数据，因此在神经网络模型的隐含层中引入信息熵以确定各信息属性的权重，可以改善神经网络的不足。

神经网络模型的构建过程如下：在输入层，将降维后的矩阵按照奇异值降序所对应的列向量重新组合成一个大矩阵，并将其作为神经网络的输入，维数由包含的神经元个数确定；在隐含层，不需要考虑节点数及相应中心节点位置和宽度，采用信息熵计算各子集的权重，并对各权重进行标准化处理，以提高算法的精确度；在输出层，输出 n 个用户的标准化权重矩阵 $w_{\text{norm}} = \left(w_{\text{norm}(1)}, w_{\text{norm}(2)}, \cdots, w_{\text{norm}(n)}\right)^{\mathrm{T}}$。

该神经网络模型的核心问题是对隐含层中各属性权重的度量，这里主要采用信息熵进行计算，具体度量方法如下。

式(3-6)表征利用信息熵计算各个用户属性的权重。如对于用户 j，有

$$H\left(X^{j}\right) = -\sum_{i=1}^{r} p\left(x_i^j\right)\log_2 p\left(x_i^j\right) \tag{3-6}$$

其中，x_i^j 为用户 j 的第 i 个属性；r 为每个用户的属性维数；$p(x_i^j)$ 为各用户行为在总的用户行为中出现的概率，$\sum_{i=1}^{r} p(x_i^j) = 1$，$0 \leqslant p(x_i^j) \leqslant 1, i = 1,2,\cdots,r$，$j = 1,\cdots,n$。

标准化后的权重如式(3-7)所示：

$$w_{\text{norm}(j)} = \frac{H\left(X^{j}\right)}{\sum_{j=1}^{n} H\left(X^{j}\right)} = \frac{\sum_{i=1}^{r} p\left(x_i^j\right)\log_2 p\left(x_i^j\right)}{\sum_{j=1}^{n}\sum_{i=1}^{r} p\left(x_i^j\right)\log_2 p\left(x_i^j\right)} \tag{3-7}$$

3.3.4 聚类模型

针对传统的聚类模型需要初始化聚类个数、对噪声点敏感等现象，本章提出一种新颖的聚类方法分析移动云用户的异常行为。首先计算相似度阈值。然后比较各用户行为属性与正常行为数据库的相似度，超出阈值范围的行为属于异常行为，反之为正常行为。设定阈值时，若阈值设置得过大，则聚类精度不高，聚类效果不好；若阈值设置得过小，则簇增长速度会过快。所以聚类模型的核心在于相似度的计算和阈值的设定。可以设定聚类结果分为两个类：正常行为类、异常行为类。在聚类的过程中，对用户行为进行迭代划分直至待分类用户为空。

移动云用户 a 与移动云用户 b 之间的相似度可以定义为

$$\begin{aligned}\text{Sim} &= \left(w_{\text{norm}(a)} \frac{X_i^a}{\| X_i^a \|}\right) \cdot \left(w_{\text{norm}(b)} \frac{Y_i^b}{\| Y_i^b \|}\right) = w_{\text{norm}(a)} w_{\text{norm}(b)} \left(\frac{X_i^a}{\| X_i^a \|} \cdot \frac{Y_i^b}{\| Y_i^b \|}\right) \\ &= \frac{\sum_{i=1}^{r} p\left(x_i^a\right)\log_2 p\left(x_i^a\right)}{\sum_{j=1}^{n}\sum_{i=1}^{r} p\left(x_i^j\right)\log_2 p\left(x_i^j\right)} \frac{\sum_{i=1}^{r} p\left(x_i^b\right)\log_2 p\left(x_i^b\right)}{\sum_{j=1}^{n}\sum_{i=1}^{r} p\left(x_i^j\right)\log_2 p\left(x_i^j\right)} \frac{\sum_{i=1}^{r} x_i^a y_i^b}{\sqrt{\sum_{i=1}^{r} (x_i^a)^2 \sum_{i=1}^{r} (y_i^b)^2}}\end{aligned} \tag{3-8}$$

其中，用户总数量用 n 表示；Sim 在[0,1]取值，Sim 的大小与相似度成正比，即

Sim 的值越大越相似。

阈值的设定如式(3-9)所示：

$$\Omega = \mathrm{Sim}_{\max} + (\mathrm{Sim}_{\max} - \mathrm{Sim}_{\min})\sqrt{\frac{\mathrm{Sim}_{\max} - \mathrm{Sim}_{\min}}{\mathrm{Sim}_{\max} + \mathrm{Sim}_{\min}}} \tag{3-9}$$

该算法的大致流程如图 3.2 所示。首先，SVD 用户行为数据集矩阵，以达到降维目的，确定有效秩的阶数实现降噪；然后，将去噪后的矩阵作为神经网络的输入层数据，在神经网络的隐含层采用信息熵计算用户行为各属性的权重并标准化，输出层输出整合后的结果；最后，计算各用户的行为信息与正常行为模型数据库中的行为信息相似度，通过判断其与阈值的大小关系来识别用户行为的正常或异常，并对识别出的正常行为更新至正常行为模型数据库，以保证该数据库的完备性。

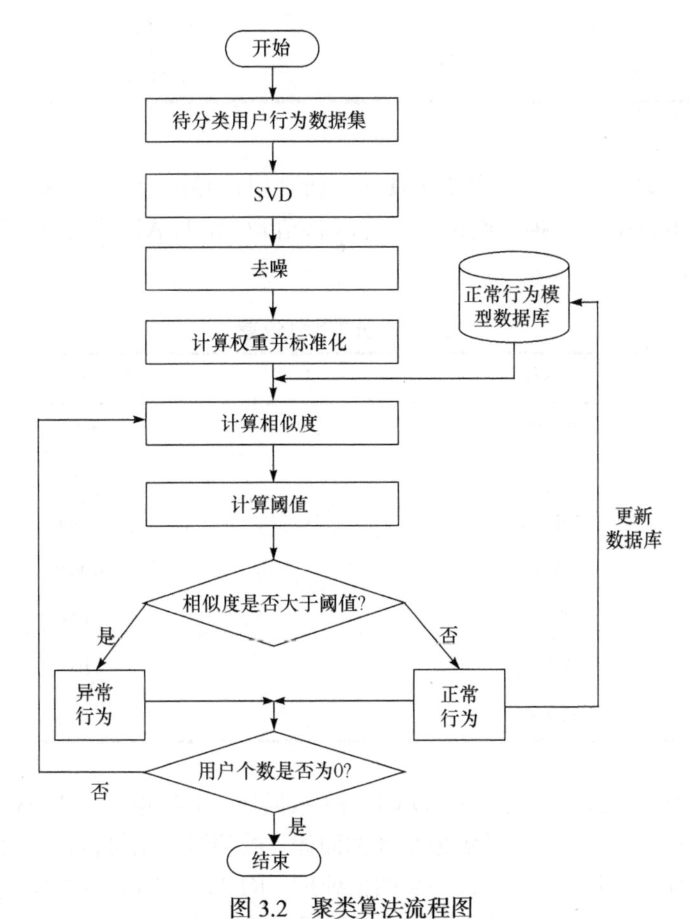

图 3.2　聚类算法流程图

3.4 仿真结果与分析

3.4.1 实验环境

本实验在普通个人计算机上运行，配置如表 3.1 所示。

表 3.1 实验环境

环境	配置
CPU	3.4GHz Intel(R) Core(TM) i3-2130
内存	4GB
硬盘	498GB/7200r/min
操作系统	Windows7 旗舰版
开发环境	MATLAB

注：CPU 指中央处理器。

实验参数设置：本章采用 MATLAB 仿真用户异常行为，实验对象为 KDD CUP99。将本章提出的神经网络聚类算法移植到 MATLAB 框架下，设置场景如表 3.2 所示。

表 3.2 仿真参数设置

参数	值
样本数量	6000
训练样本	5000
测试样本	1000
精度	0.0001
学习率	0.05
训练次数	100
误差变化梯度	1×10^{-7}

数据来源：实验数据集为 KDD CUP99 数据集，此数据集是 1998 年麻省理工学院林肯实验室为进行入侵检测模型评估而建立的测试数据集，随后哥伦比亚大学的 Stolfo 等对该数据集进行了进一步的预处理。KDD CUP99 数据集中包含了大约 500 万条均已被表示为正常或攻击行为的数据记录，每条记录包含 42 个属性。

3.4.2　评价指标

为了检测用户异常行为分析算法的性能，主要考虑检测速度、检测率、误报率、漏报率、准确率五个指标。检测率是检测到的攻击样本数在异常样本数中所占的比例；准确率是所有异常样本中被检测到的样本数占异常样本数的比例；漏报率是异常样本中被误检为是正常样本的样本个数占全体异常样本总数的比例；误报率是正常样本被认为是异常样本的个数占全体正常样本个数的比例。

3.4.3　实验过程

1. 数值化编码

KDD CUP99 数据集已经完成了数据采集及部分数据预处理、特征提取工作。但该数据集的第二维(协议类型)、第三维(服务类型)、第四维(状态标识)都是非数值形式，采用本章设计的用户异常行为算法不能识别，因此在进行计算前需对其进行数值化处理。

1) 协议类型

共出现三种协议类型，其编码情况如表 3.3 所示。

表 3.3　协议类型编码

协议类型	编码
ICMP	001
TCP	010
UDP	100

2) 服务类型

70 种服务类型采用 70 位二进制代码表示，依次按顺序递增的方式在相应位数的二进制位赋值 1，如 aol 编码表示为 000000000000000000000000000000000000000000000000000000000000001，auth 编码表示为 0000000000000000000000000000000000000000000000000000 0000000010。

3) 状态标识

11 种状态标识的编码如表 3.4 所示。

表 3.4　状态标识编码

状态类型	编码	状态类型	编码
OTH	00000000001	S1	00001000000
REJ	00000000010	S2	00010000000

续表

状态类型	编码	状态类型	编码
RSTO	00000000100	S3	00100000000
RSTOS0	00000001000	SF	01000000000
RSTR	00000010000	SH	10000000000
S0	00000100000	—	—

4)规范化行为数据属性值

将 n 条行为数据 X 的属性值归一化到[0,1]区间，如式(3-10)所示：

$$X' = \frac{X - \min}{\max - \min} \tag{3-10}$$

其中，X' 为归一化后的数据；min 为 n 条行为数据中特定属性的最小值；max 为 n 条行为数据中特定属性的最大值。

2. 构造测试样本

KDD CUP99 数据集提供的 kddcup.data.gz 文件中含有几百万条数据，删除重复数据最终选定 614451 条有效数据作为学习样本。

3. 特征选取

庞大的样本数量和每个样本较多的特征属性会急剧增加计算量，并导致训练时间过长，因此采用统计方差和粗糙理论进行属性约简，最终选取对异常行为类型影响较大的六个基本特征，如表 3.5 所示。

表 3.5 基本特征表

序号	特征名称	特征类型	特征说明
1	Duration	continuous	连接记录的时间(s)
2	protocol_type	symbolic	协议类型 TCP、UDP 等
3	service	symbolic	目的端的服务类型 HTTP 等
4	flag	symbolic	连接是错误或正常状态
5	src_bytes	continuous	源端发送到目的端的字节数
6	dst_bytes	continuous	目的端发送到源端的字节数

3.4.4　仿真结果

由于海量用户的移动云服务需求爆炸式增长，如果直接对 KDD CUP99 数据集进行建模，将会消耗大量的资源，且并非数据集中的每个属性都会对该算法性能产生影响。因此，成功降低维度可以大大减少建模的时间，保证在不降低精度的同时提高运算速度。以下仿真结果均是十次随机仿真实验结果的均值。

图 3.3 对比了三种异常用户分析的检测速度，分别是基于聚类的异常识别(user abnormal behavior authentication based on clusting，UABAC)方法、基于神经网络的异常识别(user abnormal behavior authentication based on neutral network，UABANN)方法和本章算法即基于神经网络聚类的异常识别(user abnormal behavior authentication based on neutral network clusting，UABANNC)方法。由图 3.3 可知，当测试样本数量比较小时，UABANNC 的检测速度效果不如其他两种，这是因为算法前期的测试样本数量较少，SVD 的降维和去噪过程耗费了一些时间，检测效率相对较低。当样本数量达到 80 个时，检测速度基本保持一致。此后随着测试样本数量的增多，UABANNC 的检测速度有了明显的提高，这是因为降维后的数据相较于其他两种方法所使用的数据更简单有效。

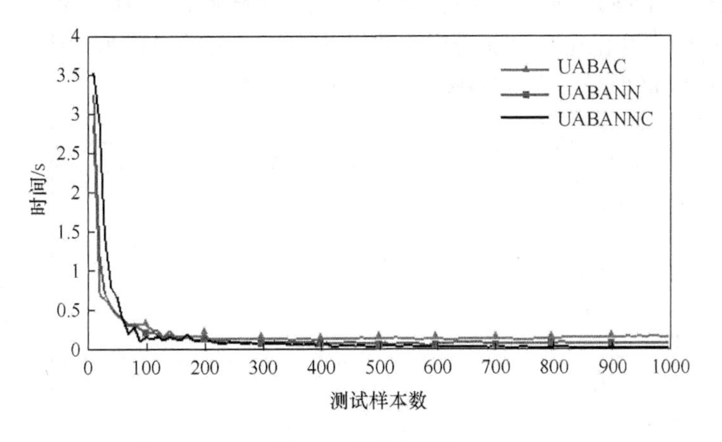

图 3.3　检测速度

一个检测率较高的算法能够中断非法行为的顺利进行，有效保护用户个人行为数据。如图 3.4 所示，当样本数量在 30～90 时，发生了分布式拒绝服务(distributed denial of service attack, DDOS)攻击，这时 UABAC 无法检测出该攻击行为，而将该异常误判为正常行为，造成了检测率的急速降低。同时，UABANN 和 UABANNC 识别出了该攻击行为，保持了稳定的检测率。随着测试样本数量的增加，相比于其他两种算法，UABANNC 因去除了数据的噪声和不相关属性的干扰而获得了较高的检测率和稳定性。

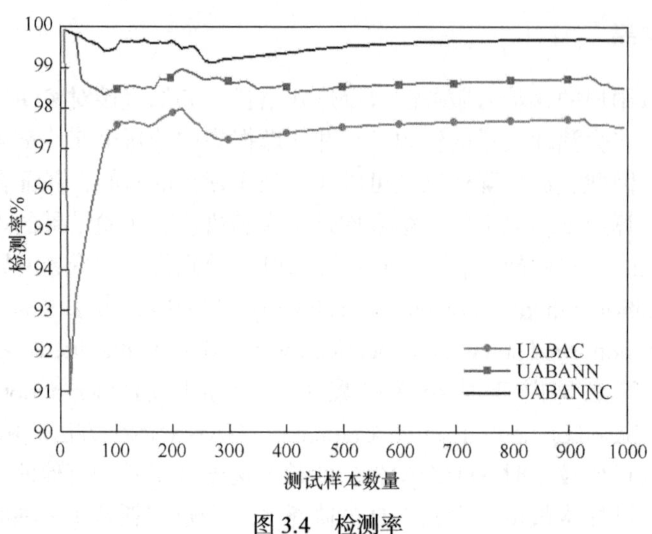

图 3.4　检测率

由图 3.5 可以看出，在 UABAC、UABANN 和 UABANNC 在检测样本数量极少的情况下，准确率几乎都可以达到 100%。UABAC 无法检测出样本数量在 30～90 时所发生的 DDOS 攻击，造成了准确率的急速降低，UABANN 和 UABANNC 则保持了准确率和稳定性。随着样本数量的增加，相比于其他两种算法的数据，UABANNC 因极少受噪声的影响，保持了较高的准确率。

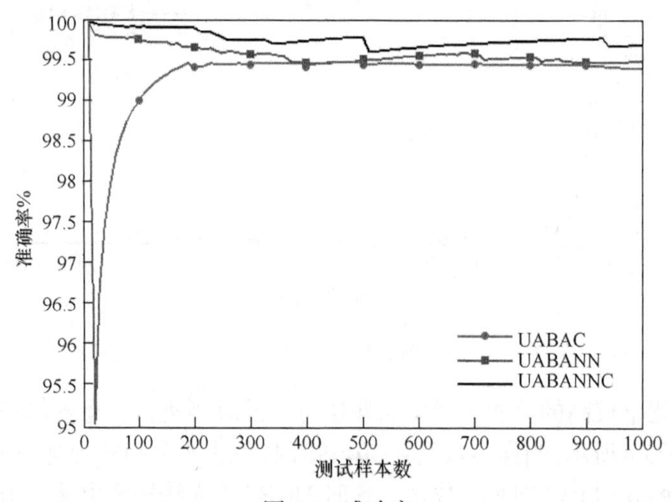

图 3.5　准确率

同样，如图 3.6 所示，当样本数量在 30～90 时，由于 UABAC 无法检测出 DDOS 攻击，造成其漏报率较高。随着测试样本数量的增多，相对于 UABAC 和 UABANN，UABANNC 因极少受噪声的影响而具有较低的漏报率，表现出较好的扩展性、自适应性和较高的识别能力。

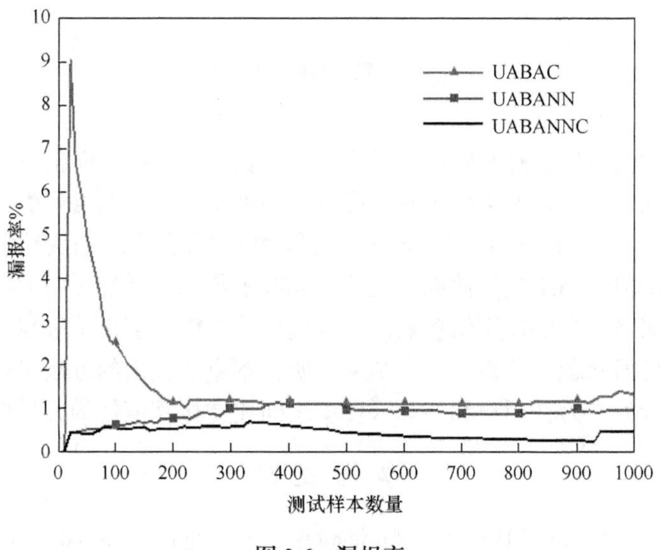

图 3.6　漏报率

由图 3.7 可以看出，随着样本数量的逐渐增大，相比于 UABAC 和 UABANN，UABANNC 的误报率相对较低，表明该算法对用户的异常行为具有较好的识别能力。

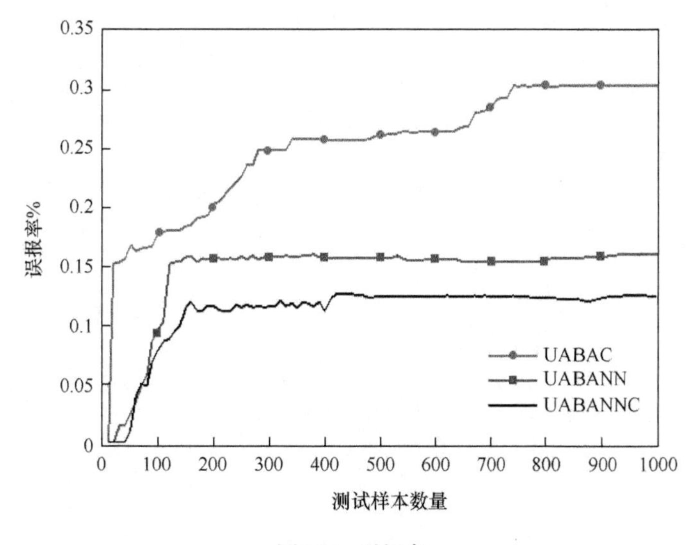

图 3.7　误报率

实验结果表明，UABANNC 在保证检测速度的同时也提高了用户异常行为的检测精度，有效降低了漏报率和误报率，较好地保持了检测性能的稳定性。经过多次实验的验证，仿真结果与以上结果基本一致。

3.5 本章小结

大数据时代的移动互联网业务呈爆炸式增长，入侵行为使信息安全面临严峻考验。本章从用户可信的角度出发，提出了一种基于神经网络聚类的用户异常行为分析方法。首先采用 SVD 对数据进行降维和去噪，降低了行为检测的时间复杂度；然后利用神经网络进行数据软化分，克服了传统聚类过程中的过拟合现象；最后在神经网络隐含层使用信息熵计算各属性的权重，解决了等权重而造成的特征属性被淹没的问题。分析和仿真结果表明，本章所提出的方法可以较好地识别出用户异常行为，为在用户和移动云环境之间建立相互信任的关系奠定了基础。

参考文献

[1] Kang J, Huang D S, Cai H F, et al. An improved SVD algorithm based on virtual matrix[C]. Proceedings of Intelligent Computation Technology and Automation, Changsha, 2010: 595-598.
[2] Ding S, Ma G, Shi Z. A rough RBF neural network based on weighted regularized extreme learning machine[J]. Neural Processing Letters, 2014, 40 (3) : 245-260.

第 4 章　一种基于信誉投票的用户异常行为协同分析方法

4.1　引　　言

随着移动终端数量的急剧膨胀，从全球规模看，移动互联网的用户数量是固定互联网的三倍之多。海量用户的移动云服务需求呈爆炸式增长，移动云计算的广泛应用成为不可逆转的发展趋势，云计算也开始了从桌面向移动市场的转移[1]。

作为一种新型的应用模式，移动云计算[2]给移动终端用户带来了很多便利。但由于移动终端用户对云服务应用的需求呈动态性、个性化、爆炸式增长，移动终端在固有资源等方面又存在缺陷，用户、环境、服务等的可信性问题(如节点是否安全、能量是否充足、服务是否最优等)已经成为制约移动云服务发展的重要因素。相对于传统云服务，移动云服务在用户-环境-服务三个层面的复杂程度尤为突出[3]。

移动互联网业务也伴随着移动云计算的发展呈现爆发式的增长。若采用不甄别用户身份的业务模式来满足所有的用户服务请求，无疑对用户和云服务提供商都可能带来安全威胁和资源浪费。对于用户，这意味着服务体验与服务质量的降低或部分需求无法满足，甚至隐私信息泄露；对于云服务提供商，则必然导致无效的带宽等资源的大量消耗，而可能带来网络拥塞、服务质量下降甚至云端宕机[4]。因此，云环境访问控制的前提是在用户和云之间建立一个相互的信任关系。从用户可信的维度出发[5]，用户可信是指用户对服务实施的操作和动作总是处于用户所属规则允许的范围内，对于用户的异常行为可识别、可控制。如何在云服务进入实质性服务提供流程之前进行用户异常行为的识别成为研究热点。

分析用户异常行为的问题实际上就是聚类问题[6,7]，该异常分析方法的主要问题在于研究在没有训练的条件下如何将待测对象划分为若干个类或簇[8]。这类分析方法一般根据用户的历史行为数据库进行分析[9-11]，使用相似性和相异性来衡量相异度，分析结果主要依赖于用户的历史行为，缺乏自学习、自适应、联想记忆和联想映射能力。此外，用于训练的采样数据未考虑样本数据分布的不平衡性，导致小样本数据的检测率较低。

移动云计算的管理研究从“简单应用”到“复合管理”，管理对象从“单一要素”到“多维元素”的过程，逐渐向服务流程相关要素的整体可信性发展。本章从用户可信性的角度出发，立足移动终端的固有缺陷，将移动云计算的资源可信管理机制作为一个整体，采用用户异常协同分析的方法，提高异常分析识别的精度。

本章的主要贡献如下。①如果对所有用户行为数据进行训练势必增大对内存的需要，本章考虑样本分布率，采用基于欠采样和剪枝技术相结合的方法进行样本数据采样，将其分为三种类型，即绝对安全数据、边缘数据和噪声数据，一定程度上降低了样本的不平衡度。②根据信誉值进行用户异常行为的判定，该信誉值存储在 Chord 环中，采用双向 Chord 环查询的方法提高查询速度；融合选择性集成和信誉计算的方法训练分类器，采用多个基分类器对用户行为进行计算，根据计算结果进行投票，投票结果依据少数服从多数原则。③采用误用检测和异常检测协同的方法提高检测精度，双重保证用户信息的安全。此外，本章对协同分析得出的异常行为根据二次机会制度做出相应响应，并用实验验证本章所提算法的可行性与有效性。

4.2 用户行为异常协同分析模型

4.2.1 相关概念

用户行为的固有属性反映了不同用户行为在统计特征上的不一致性。基于信誉投票的用户行为异常协同分析方法使用部分被标记的训练样本，利用它们固有特性的不同，使其适应正常行为和异常行为的差异，然后使用协同方法进行用户异常行为的分析与识别。为了准确地建立异常分析模型，本章首先给出以下定义。

定义 4.1(用户行为特征) 用户行为的特征能够反映正常行为和异常行为之间的差异，如用户的请求、运行路径、方法的开始时间和结束时间等。它能够用向量 $C_{\text{index}} = \{C_1, C_2, \cdots, C_i, \cdots, C_n\}$ 表示。

定义 4.2(训练样本) 定义表示数据的训练样本如式(4-1)所示，其中 x_{ij} 表示用户 i 的行为特征，$s_i \in \{1, -1, 0\}$，其中1表示正常行为，-1表示异常行为，0 表示未知类型的行为。

$$X = \begin{pmatrix} x_{11} & x_{12} & \dots & x_{1n} & s_1 \\ x_{21} & x_{22} & \dots & x_{2n} & s_2 \\ \vdots & \vdots & & \vdots & \vdots \\ x_{m1} & x_{m2} & \dots & x_{mn} & s_m \end{pmatrix} \tag{4-1}$$

定义 4.3(邻域) 若 $S(i) = \{j \mid d(i,j) \leqslant R\}$，则节点 j 是节点 i 的邻居。若

$\{i \in S(j)\} \cap \{j \in S(i)\}$ 非空，则节点 i 和 j 是邻居，它们的共同邻居组成了邻域集 Ω_{ij}，$\Omega_{ij} = \{(S(i) \cap S(j))\}$，如图 4.1 所示，图中斜线部分是节点 i 和 j 的邻域。

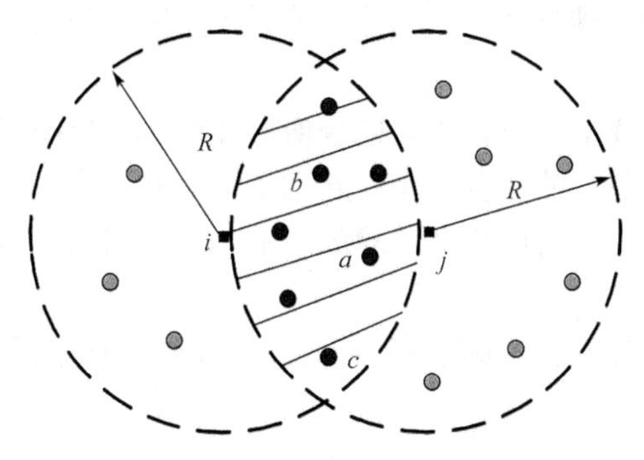

图 4.1　节点 i 和 j 的邻域

4.2.2　信誉模型

对云用户的行为进行信誉度[12]评估的目的是评价云用户的行为对云计算网络正常运行造成的影响程度，根据影响程度判断并识别云用户的异常行为。若仅依赖直接信誉度计算节点(实体)的信誉度，则计算得到的信誉度过于主观，不能全面准确地评估节点的信誉度。因此，为了信誉评估的准确性，本章的信誉模型采用“缓升快降”的思想，综合考虑直接信誉度、间接信誉度和信誉变化率三个方面的因素。

直接信誉度的计算由当前时刻起前(包含当前时刻)若干时间段的历史信誉值加权得到。为了提高计算直接信誉度的准确性，计算时加入时间衰减因子，即越靠近当前时刻的历史信誉值权重越大。因此，该模型更倾向于节点当前或近期的行为。

根据 150 定律，将云计算网络类比为人类社会，每个云节点拥有的稳定邻居云节点数为 150。若邻居云节点数超过 150，则优先选取好友列表中的邻居节点，否则随机选取 150 个云节点作为邻居节点进行间接信誉度的计算。本章的研究基于以下假设：节点的信誉度具有传递性。若节点 i 想知道节点 j 的信誉度(i 和 j 之间没有直接信任关系)，则需要询问中间“朋友”节点 k，形式化描述为

$$h_{ij} = \sum_{k} (c_{ik} c_{kj}) \tag{4-2}$$

根据小世界理论，本章设间接信誉度的计算最大跳数为 6。对于节点数为 n 的云计算网络，设所有的云节点集合为 o。矩阵 $C = [c_{ij}]_{n \times n}$ 作为节点之间的评价矩阵，向量 $h_i = [h_{ik}]_{n \times 1}$ 作为节点 i 对其他节点的信任关系评价向量，形式化描述为

$$h_i = C^{\mathrm{T}} c_i \tag{4-3}$$

若经过多个邻居，需不断迭代式(4-2)。为了提高计算间接信誉度的速度，计算间接信誉度时引入路径衰减因子，推荐路径的长度即计算迭代的深度，当迭代深度大于 6 时，认为该推荐路径上的信誉值为零。路径越长，推荐信誉度可靠性越低。

信誉变化率即当前信誉值与历史信誉值的差值，它反映了目标节点行为的变化趋势，对计算目标节点的综合信誉度起到了预测和指导作用。为了减少或消除目标节点信誉值摇摆行为对信誉度计算的影响，本章引入奖惩因子，以提高信誉度的稳定性。

综合信誉度的计算综合考虑了直接信誉度、间接信誉度及信誉变化率，具体如式(4-4)所示：

$$T_i^t = \alpha D_i^t + \beta H_i^t + \gamma R_i^t \tag{4-4}$$

其中，$\alpha+\beta+\gamma=1$，$\alpha,\beta,\gamma\in[0,1]$，$\alpha$、$\beta$、$\gamma$ 分别是直接信誉度、间接信誉度和信誉变化率的置信因子；T_i^t 为综合信誉度；D_i^t 为直接信誉度；H_i^t 为间接信誉度；R_i^t 表示信誉变化率。

4.2.3　D-Chord 环

本节使用 D-Chord 环存储用户行为的信誉值，可避免云节点私自篡改自己的信誉数据。Chord 环通过分布式散列表(distributed hash table, DHT)算法将节点的信誉评价映射到一组节点上，因节点无法知道存储节点的位置，保证了信誉存储的安全性[13,14]。Chord 算法中节点 ID 为 n 的路由表的第 i 项为

$$\text{finger}(k)=(n+2^{k-1})\bmod 2^m,\quad 1\leqslant k\leqslant m \tag{4-5}$$

D-Chord 环克服了传统集中式管理带来的通信瓶颈、单点失效及分布式管理所面临的负载均衡问题。将 Chord 协议与云计算相融合，可以实现云服务资源的高效检索。同时由于工作在应用层，为了克服 Chord 协议可能进行的大量路由而导致的通信拥堵，采用 2 级 Chord 环结构。该方法在消除相应冗余信息的同时，一定程度上扩展了 Finger 表的覆盖范围，提高了查询效率。

宏观来讲，云计算网络是由多个云服务器连在一起构成的，本章把一个云服务器看成网络中的一个节点，称为云节点。具有相同网络号的云节点归为一组，根据用户行为的每个属性标签的不同信誉值和 ID 的大小顺序组成一个逻辑环，即子 Chord 环。该属性标签中所有子 Chord 环中信誉评价最高的节点组成的环称为主 Chord 环。

图 4.2 是 D-Chord 模型，中间部分是主 Chord 环，每个节点维护四个表，分别是好友节点表(含每个节点的信誉度)、黑名单和两个 Finger 表(包括顺时针

C-Finger 表和逆时针 A-Finger 表)。Finger 表的构造方式如图 4.2 所示。

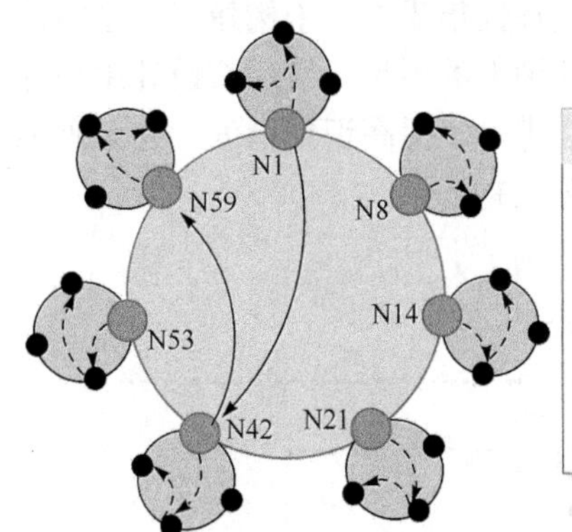

N1的C- Finger表

Finger[i]	Successor
N1+6	N8
N1+12	N14
N1+24	N42
N1+48	N53

N1的A- Finger 表

Finger[i]	Successor
N1–6	N59
N1–12	N42
N1–24	N21
N1–48	N8

图 4.2　D-Chord 模型

假设 D-Chord 环的大小为 2^l，云节点数为 $M=2^k(l>k)$，并且所有节点均匀分布，则任意两节点之间的间隔为 $\tau=2^l/2^k$。由于 Finger 表中最容易出现冗余的是 Finger 表的前几项，如果希望 Finger 表从第一项开始就没有冗余信息，并且基本实现 Finger 表的节点表项均匀分布，引入路由因子，则当 $i=1$ 时，$\varsigma\times2^{i-1}\geqslant\tau$，即 $\varsigma\geqslant2^{l-k}$。因此，本章取 $\varsigma=\lceil 2^{l-k}\rceil$，并综合考虑顺时针 C-Finger 表、逆时针 A-Finger 表及路由因子。

Finger 表的构造如式(4-6)所示：

$$\text{finger}(i)=\begin{cases}o_c+\varsigma\times2^{i-1}\bmod 2^l, & 1\leqslant i\leqslant\lceil k\rceil\\ o_c-\varsigma\times2^{i-1}\bmod 2^l, & \lceil k\rceil<i\leqslant2\lceil k\rceil\end{cases}\tag{4-6}$$

其中，o_c 为当前节点 ID；i 为节点 o_c 的 Finger 表中第 i 项。从图 4.2 的 Finger 表可以看出，Finger 表没有冗余项，且表项中的节点基本实现了选取跳转节点的均匀分布。

当根据属性标签进行检索时，进行顺时针和逆时针同时进行的双向查找。当某个节点接到查询请求时，先从主 Chord 环进行检索，直至搜索到所有的子 Chord 环。

4.2.4　用户行为异常协同分析模型

本节提出基于信誉投票的用户行为异常协同分析方法，该模型的异常协同分析过程描述如下。首先，根据真实数据构造训练数据。由于在云计算网络环境下数据复杂多样，异常行为数据的不平衡性影响分类器的精度，因此需要一个适当的采样方法平衡用户异常数据，尽可能保留真实数据，以提高识别异常行为的精度。然后，使用融合协作学习和半监督学习的信誉计算训练分类器。在半监督学习的过程中，根据成员分类器的精度，使用选择性集成方法来构建集成分类器，以弥补采样方法和半监督学习在分类精度和开销上的不足。最后，设计用户异常协同分析过程，协同异常检测和误用检测方法进一步提高识别精度，并设置相应的响应模块。用户异常行为协同分析模型如图 4.3 所示。

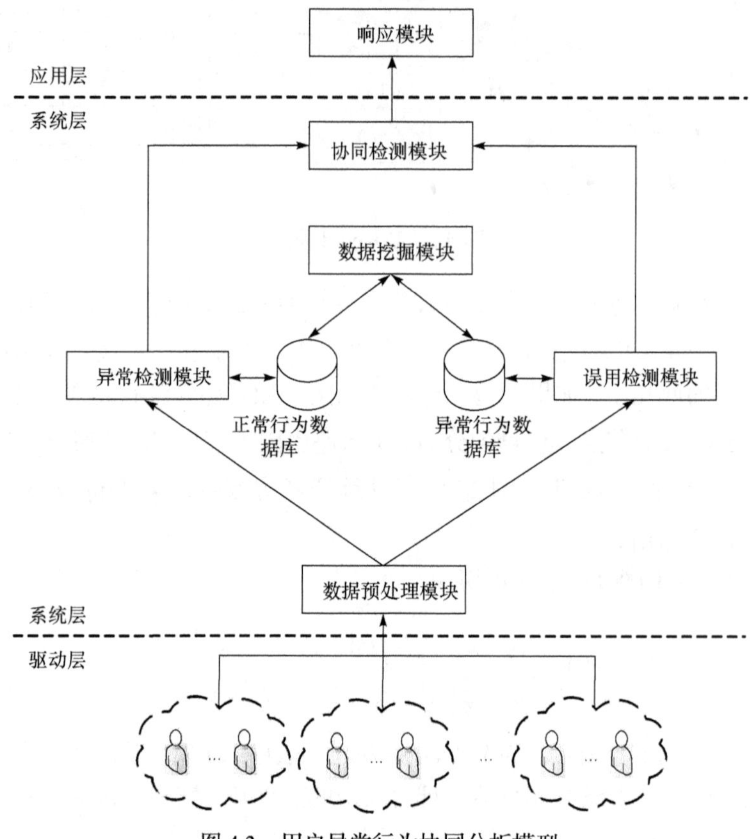

图 4.3　用户异常行为协同分析模型

用户异常行为协同分析主要分为数据预处理模块、误用检测模块、异常检测模块、数据挖掘模块、协同检测模块和响应模块。数据预处理模块中，采用基于采样率的欠采样方法处理云用户的行为，构造训练样本。该方法考虑了采样率的同时还考虑了正常样本的分布情况。误用检测模块中，根据异常行为数据库的行为数据进行云用户的初次匹配，若云用户的数据小于设定的异常阈值，则为正常云用户行为，否则为异常行为。异常检测模块中，融合集成学习和信誉计算训练分类器，赋予集成分类器中各分类器不同的权重，依据少数服从多数的原则进行判定。数据挖掘模块中，采用最大最优路径模式增长方法，构造完整的云用户行为模式增长空间，保证云用户正常行为数据集的完备性，进而优化异常行为的识别。协同检测模块中，采用协同误用检测方法分析用户异常行为。响应模块中，根据识别的结果做出相应的响应。

4.3　用户行为异常协同分析算法

4.3.1　构造训练样本

训练样本的构造对异常识别的精度影响至关重要，异常行为往往只占所有行为的一小部分，如果采用均匀采样方法，可能导致训练样本不平衡，严重影响聚类精度。一般采用过采样和欠采样的方法降低数据集的不平衡问题，但是很容易丢失其重要数据。本章采用剪枝与基于采样率的欠采样相结合的方法，该方法将数据分为三种：绝对安全数据、边缘数据和噪声数据。绝对安全数据的特点是多数类(majority, MA)分布机制产生的概率远大于少数类(minority, MI)分布机制的产生概率；边缘数据的特点是两者的分布机制所产生的概率大致相等；噪声数据的特点则是绝对安全数据产生的概率远小于边缘数据。

在现实应用场景的数据中，未标识数据所占比例远大于已标识数据。为了更好地利用未标识数据，本章采用半监督学习的方法，合理利用少量已标识数据和大量未标识数据，具体过程如下。

(1) 对部分数据手动或通过其他方式进行标识，为了达到训练效果，标记为 -1 的数据累计达到特定的阈值，则采样结束。假设有 r 条数据进行采样：

$$D=\begin{pmatrix} x_{11} & x_{12} & \cdots & x_{1n} & s_1 \\ x_{21} & x_{22} & \cdots & x_{2n} & s_2 \\ \vdots & \vdots & & \vdots & \vdots \\ x_{r1} & x_{r2} & \cdots & x_{rn} & s_r \end{pmatrix}$$

其中，$s_i \in \{1,-1,0\}$ 是标识；x_{ij} 是用户行为数据，其中 $i \in [1,r]$，$j \in [1,n]$。

(2) 采样 K-means 算法将 D 分为绝对安全数据、边缘数据和噪声数据。研究三个子集中被标识为 -1 的数据数量，采用剪枝方法对数据进行剪枝，剪去噪声数据集，剩下两个子集中 -1 数量多的是多数类，反之是少数类。假定多数类与少数类的数据分别为 r_1 和 r_2，其中 $r = r_1 + r_2$，即

$$\text{MA}=\begin{pmatrix} x_{11} & x_{12} & \cdots & x_{1n} & s_1 \\ x_{21} & x_{22} & \cdots & x_{2n} & s_2 \\ \vdots & \vdots & & \vdots & \vdots \\ x_{r_1 1} & x_{r_1 2} & \cdots & x_{r_1 n} & s_{r_1'} \end{pmatrix}, \quad \text{MI}=\begin{pmatrix} x_{11} & x_{12} & \cdots & x_{1n} & s_1 \\ x_{21} & x_{22} & \cdots & x_{2n} & s_2 \\ \vdots & \vdots & & \vdots & \vdots \\ x_{r_2 1} & x_{r_2 2} & \cdots & x_{r_2 n} & s_{r_2'} \end{pmatrix}$$

计算少数类的均值$\overline{x_i}=\sum_{j=1}^{n}x_{ij}\Big/r_2$，$i\in(1,r_2)$，则$\overline{\mathrm{MI}}=(\overline{x}_1,\overline{x}_2,\cdots,\overline{x}_{r_2})$。

(3)采用 Clique 算法将多数类分成r_2个子集$A_1,A_2,\cdots,A_{r_2}$。在A_{r_2}中假设有$n\left(A_{r_2}\right)$个数据，子集$A_i\left(i\in\{1,2,\cdots,r_2\}\right)$被重新排列成$Q_{r_2\times 1}$，$Q_{r_2\times 1}$的第一行元素是$A_1$，第二行元素是$A_2$，以此类推。计算每个子类的均值$\overline{a_i}=\sum_{i=1}^{n(A_{r_2})}x_{i_1}\Big/n\left(A_{r_2}\right)$，则$\overline{A}=(\overline{a_1},\overline{a_2},\cdots,\overline{a_n})$，计算$A_i$和少数类的均值之间的距离如式(4-7)所示：

$$\mathrm{dist}(\overline{A},\overline{\mathrm{MI}})=\sqrt{(\overline{a_1}-\overline{x_1})^2+(\overline{a_2}-\overline{x_2})^2+\cdots+(\overline{a_{n'}}-\overline{x_{n'}})^2} \tag{4-7}$$

(4)计算多数类中子集A_i的采样率，如式(4-8)所示：

$$R_{A_i}=\zeta\frac{\mathrm{dist}(\overline{A_i},\overline{\mathrm{MI}})}{\sum_{i=1}^{r_2}\mathrm{dist}(\overline{A_i},\overline{\mathrm{MI}})}+\left(1-\zeta\right)\frac{n(A_i)}{\sum_{i=1}^{r_2}n(A_i)} \tag{4-8}$$

其中，ζ是$\left(0,1\right)$中的常量。

根据采样率，计算样本A_i的数量，如式(4-9)所示：

$$S(A_i)=\chi\frac{R_{A_i}}{\sum_{i=1}^{r}R_{A_i}}+n(A_i) \tag{4-9}$$

其中，$n(A_i)$是子集A_i中已标识数据的数量；χ是多数类欠采样后预设定的数据数量。

(5)多数类的各子集A_i根据$S(A_i)$随机选取未标识的数据、所有已标识的数据、少数类的所有数据三者构成训练样本，如式(4-10)所示：

$$D'=\begin{pmatrix}x'_1\\x'_2\\\vdots\\x'_{r'}\end{pmatrix}=\begin{pmatrix}x_{11}&x_{12}&\cdots&x_{1n'}&s_1\\x_{21}&x_{22}&\cdots&x_{2n'}&s_2\\\vdots&\vdots&&\vdots&\vdots\\x_{r'1}&x_{r'2}&\cdots&x_{r'n'}&s_{r'}\end{pmatrix}_{r'\times(n'+1)} \tag{4-10}$$

其中，$r'=r_1+r_2$，$s_i\in\{1,-1,0\}$。

4.3.2 选择性集成分类器

在训练阶段，本章引入半监督学习[15]的方法减少对已标识数据的需求，使用部分已标识数据训练基于信誉的分类器。其主要思想是使用已标识数据分类未标识数据，然后将具有高精度分类结果的数据加入已标识数据，以便下次识别。

本章采用集成学习方法，可以整合多个学习系统的结果。集成学习的架构特性使其能够提高训练和测试效率。一个集成学习算法包含多个基分类器，为了提高识别速度，采用同构集成学习算法，生成若干相同类型的基分类器。研究表明，当成员分类器达到最优性能时，成员分类器数量有一个上限 20～30，因此选择性集成能够保证其分类精度[16]。因此，本章采用选择性集成的学习方法识别异常行为，主要分为如下几个步骤。

(1) 基于信誉计算，使用训练数据中的已标识数据训练所有成员分类器，使用这些成员分类器分类训练样本中所有未标识数据。

(2) 结合 Bagging(bootstrap aggregating)方法和 Map-Reduce，取 m 个样本进行训练，并行重复 T 次，得到 T 个基分类器($T \leqslant k$)。

(3) 集成分类结果，计算数据标签项的置信度，$C = \text{Sum}(1)/\text{Num}(\text{classifier})$，其中 $\text{Sum}(1)$ 是投票为 1 的成员分类器数量，$\text{Num}(\text{classifier})$ 是成员分类器的个数。

(4) 选择所有高于设定阈值(本章设定为 0.5)中最高的 h 个置信度的数据增加到训练样本中。

重复以上步骤，直到最高迭代次数或者训练数据集不再更新。迭代过程中获得分类结果的置信度能反映不同成员分类器的精度，因此迭代过程中分类器的精度随着结果的集成而更新。当训练结束时，具有最高精度的一定数量的成员分类器可以直接选作集成分类器，用于识别并判断用户异常行为。

4.3.3　信誉计算

对移动云用户行为分类正确的基分类器进行一定的奖励，否则进行相应的惩罚。对低于一定阈值的分类器实行二次机会制度，即若信誉值 $T < 0.5$ 为恶意分类器，则当 $0 \leqslant T \leqslant 0.25$ 时，直接取消其投票权，并将其加入黑名单；当 $0.25 < T \leqslant 0.5$ 时进入惩罚期，直至信誉值 $T > 0.5$，才能重新获得投票权。

1. 直接信誉度

直接信誉是指在规定的最近时间段 t 内，节点 i 和节点 j 通过直接交互所得到的信誉值。在移动云计算网络中，一个节点的行为是不固定的，经常随时间而变化，但是一般近期经验较历史经验更可信，因此计算直接信誉度时引入时间衰减因子对这一特性进行约束。针对冷启动问题，本章设置新的基分类器的信誉值为 0.5，是异常与可信的临界值。假设在一段时间内，节点 i 对节点 j 的交互次数为 A_t，成功交互次数为 u_t，则节点 i 对于节点 j 直接交互的信誉度可表示为

$$\phi_t = \begin{cases} 0.5 + \dfrac{u_t - (A_t - u_t)}{2G}, & A_t \leqslant G_t \\ \dfrac{u_t}{A_t}, & A_t > G_t \end{cases} \tag{4-11}$$

其中，G_t 表示在特定的时间段 t 内交互次数的阈值。

用户行为中各属性有不同的重要程度，且在不同时间段内，属性的权重也不相同，因此将节点 i 与节点 j 交互的时间分为 d 段，假设节点 i 与节点 j 发生过 n 次交互，则对节点 i 在第 t 个时间段的直接信誉度计算如式(4-12)～式(4-14)所示：

$$D_i^t = \frac{\sum_{j=1}^{q}\sum_{t=1}^{d}(\phi_t^{ij}\tau_t w_i^t)}{q} \tag{4-12}$$

$$\tau_b = \frac{\left|t_{\text{current}} - t_b\right|^{-1}}{\sum_{k=1}^{n}\left|t_{\text{current}} - t_k\right|^{-1}} \tag{4-13}$$

$$w_i^t = \frac{H\left(X^i\right)}{\sum_{i=1}^{n} H\left(X^i\right)} = \frac{\sum_{j=1}^{r} p\left(x_j^i\right)\log_2 p\left(x_j^i\right)}{\sum_{i=1}^{n}\sum_{j=1}^{r} p\left(x_j^i\right)\log_2 p\left(x_j^i\right)} \tag{4-14}$$

其中，q 为与节点 i 有过直接交互的节点个数；τ_t 为第 t 个时间段的时间衰减因子；t_b 为第 b 次交互发生的时间；w_i^t 为经过归一化的节点 i 的各属性权重因子，且 $w_i^t \in [0,1]$；x_j^i 为用户 i 的第 j 个属性变量；$p(x_j^i)$ 为各用户行为出现在所有用户行为中的概率，$\sum_{j=1}^{r} p(x_j^i) = 1$，$0 \leqslant p(x_j^i) \leqslant 1, i = 1,2,\cdots,r$，$j = 1,2,\cdots,n$。

2. 间接信誉度

间接信誉度综合了与目标节点有过直接交互的节点反馈的直接信誉值与可信度，又称推荐信誉度。可信强度是在推荐信誉传递过程中直接信誉度的可信度，用 υ 表示，$\upsilon \in [0,1]$。推荐信誉值的衰减表现为可信度的衰减，可信度随着可信路径的增长而衰减。即时间越近，可信路径越短，信誉度越高，反之越低。本章假设节点 i 的邻居节点个数为 p，间接信誉度的具体计算如式(4-15)所示：

$$H_i^t = \frac{\sum_{j=1}^{p} \ell_{ij}^t \upsilon \tau_b \Psi}{\sum_{j=1}^{p} \partial_{ij}} \tag{4-15}$$

其中，$\varPsi$ 为路径衰减因子，$\varPsi = \mathrm{e}^{-k}$ 且 $k \leqslant 6$；$\upsilon = 1 - \prod_{j=1}^{p}(1-\upsilon_i)$。当 $p=0$ 时，$\ell_{ij}^{t} = 0$；当 $p \neq 0$ 时，$\ell_{ij}^{t} = h_{ij}/p$。

3. 信誉变化率

信誉变化率是当前信誉值与历史信誉值的差值，当前信誉值代表了目标节点在当前时刻分类识别用户异常行为的能力，而历史信誉值则是过去一段时间内目标节点分类识别用户异常行为的体现。计算过程如式(4-16)所示：

$$R_i^t = \frac{\mathrm{pre}(t) - \mathrm{His}(t)}{\left|\sum_{t=1}^{n} \mathrm{pre}(t) - \mathrm{His}(t)\right|} \tag{4-16}$$

其中，$\mathrm{pre}(t)$ 为节点 i 在特定时间段 t 内的当前信誉值；$\mathrm{His}(t)$ 为节点 i 在特定时间段 t 内的历史信誉度值；n 为节点 i 和节点 j 发生过 n 次交互且 $S(i) \cap S(j) \neq \varnothing$。

4. 综合信誉度

本章采用置信因子法综合直接信誉度、间接信誉度和信誉变化率三者之间的关系进行综合信誉度的计算。对加权后的直接信誉度、间接信誉度和信誉变化率进行归一化处理，将其综合信誉值映射到[0,1]区间，如式(4-17)所示：

$$T_i^t = \begin{cases} \dfrac{\alpha D_i^t + \beta H_i^t + \gamma R_i^t}{\sum_t \left(\alpha D_i^t + \beta H_i^t + \gamma R_i^t\right)}, & \sum_t T_i^t \neq 0 \\ \varGamma_i, & \text{其他} \end{cases} \tag{4-17}$$

其中，$\varGamma_i = \begin{cases} 0.5, & i \notin o \\ 0, & \text{其他} \end{cases}$。进行归一化处理的过程分三种情况：①正常情况，$\sum_t T_i^t \neq 0$，可直接计算；②当 $\sum_t T_i^t = 0$ 时，分两种情况，一种是节点 i 是新节点，还没有和其他任何节点进行交互，另一种是节点 i 进行过多次交互，但其信誉度都为零。

4.3.4 双向 Chord 环查找

Chord 环中存储用户行为的信誉值，在查询用户的信誉值时采用双向 Chord 环查找，即顺时针查找和逆时针查找同时进行。假设当前节点为 i，查找键值 ID 为 v 的资源，即要查找 successor(v)。首先在主 Chord 环查找，即当主 Chord 环上的某节点收到查询请求时，若本地拥有该资源，则直接返回；反之则判断本次应该顺时针查询还是逆时针查询，具体如下。

(1) 收到查询请求的节点首先判断本地是否有该资源，若有，则查询结束，否则顺序执行步骤(2)。

(2) 判断 v 是否属于 $(\mathrm{ID}_i+2^{l-1},\mathrm{ID}_i+2^l)$，若属于，则跳转步骤(4)，否则顺序执行步骤(3)。

(3) 顺时针查找主 Chord 环，在路由表第 1 项至第 n 项找到小于 v 的最大键值 ID 对应的节点 node_a 和大于 v 的最小键值 ID 对应的节点 node_b，若 $|v-\mathrm{node}_a|\leqslant|\mathrm{node}_b-v|$，则将请求转发至节点 node_a，否则转发至 node_b，在相应节点对应的子 Chord 环查找。然后循环执行步骤(1)。

(4) 逆时针查找主 Chord 环，然后顺序执行步骤(1)。

4.4　用户行为异常协同分析算法

用户行为异常协同分析方法的具体流程如下。

(1) 抓取用户行为数据。

(2) 根据用户键值 ID，搜索用户行为是否在 Chord 环，若在 Chord 环内，则直接读取信誉度，跳至步骤(10)；否则顺序执行步骤(3)。

(3) 将用户行为与异常行为数据库进行比对，选取用户行为的特定属性，依据欧几里得距离进行判定，小于阈值的行为是正常行为，跳至步骤(9)。

(4) 对大于阈值的异常行为，使用基于采样率和分布的欠采样方法对用户行为进行预处理。

(5) 采用综合信誉计算训练样本数据。

(6) 选择性集成分类器分类待识别数据。

(7) 根据分类结果进行投票，输出结果为 1 表示用户正常行为，–1 表示用户异常行为。

(8) 根据投票结果中 1 和–1 的数量，依据少数服从多数的原则判定用户行为类别，即正常还是异常。

(9) 将正常、异常行为分别更新到正常、异常行为数据库中，并将其信誉度放置 Chord 环中。

(10) 对协同分析得出的异常行为根据二次机会制度做出相应响应。

移动云计算网络环境下的用户行为是实时连续的，因此异常分析过程应是迭代的，如图 4.4 所示。

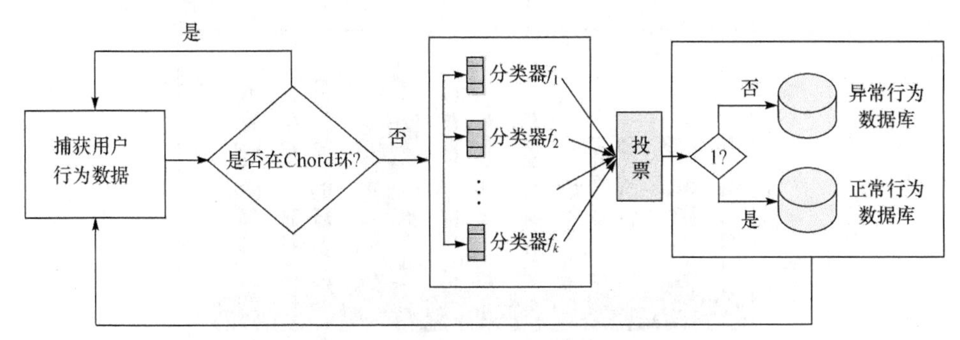

图 4.4　用户异常行为协同分析模型

4.5　实验结果与分析

本章采用真实网络环境验证该算法。真实环境是一个装备有 Kieker 的典型在线商店，其中每条记录包含 11 个属性。实验条件如表 4.1 所示。

表 4.1　真实环境的实验条件

数据集	训练样本	已标识数据比例/%
Data 1	200000	15
Data 2	200000	10
Data 3	200000	25
Data 4	400000	10
Data 5	400000	25
Data 6	400000	30
Data 7	600000	5
Data 8	600000	20
Data 9	600000	30

假设共 n 条行为数据，归一化行为数据 X 的属性值，使其分布在[0,1]，如式(4-18)所示：

$$X' = \frac{X - \min}{\max - \min} \tag{4-18}$$

将用户行为与异常行为数据库依据欧几里得距离进行比对，判定用户行为是否异常，需首先确定阈值的大小。采用十倍交叉验证获取较佳阈值，然后对其进行验证，如图 4.5 所示。由图可知，大量数据点集中于 0.7，此外，大于 0.7 的点数明显多于小于 0.7 的样本个数。因此，选取 0.7 作为判定异常的阈值。

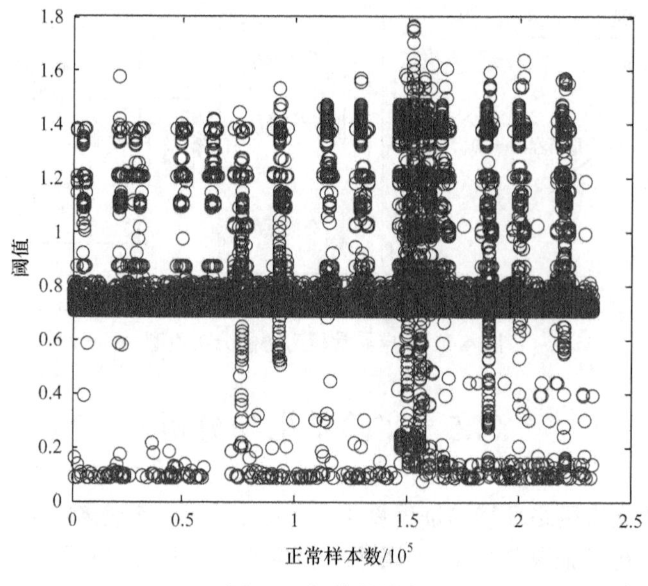

图 4.5　阈值的设定

图 4.6 是三种异常用户行为分析方法随着训练样本数和测试样本数不同而进行的对比。随着测试样本的增多，整体检测率有一定的提高。基于 BP 神经网络算法的整体性能较差，因为其受噪声的影响，稳定性不佳。最近邻检测算法近似呈线性增长，稳定性较弱，而且该方法只能进行模糊分类，不能精确识别，无法识别 DDOS 攻击。本章提出的基于欠采样信誉投票机制算法表现出优势：在不同测试样本情况下，本章采用选择性集成分类器对数据进行分类，并采用双向 Chord 环查询信誉值，整体性能最稳定，平均检测率 0.91。

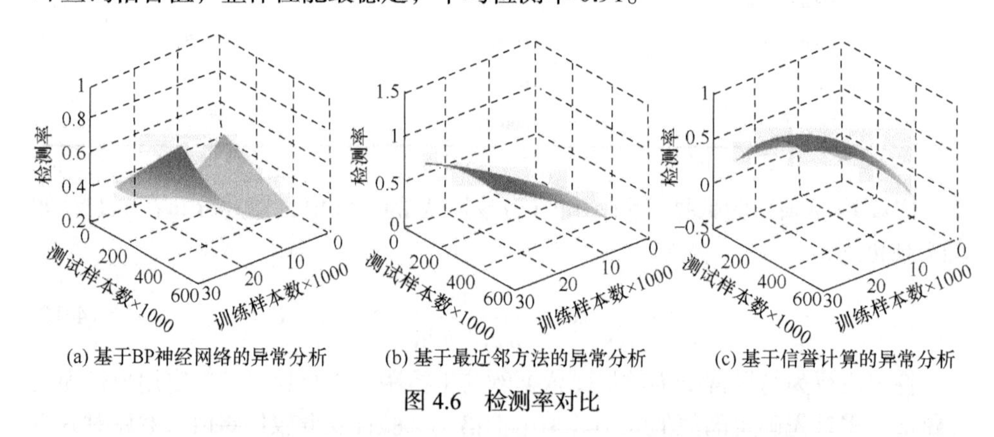

(a) 基于BP神经网络的异常分析　(b) 基于最近邻方法的异常分析　(c) 基于信誉计算的异常分析

图 4.6　检测率对比

在移动云环境下进行云用户的异常行为分析，只对比测试样本较大的情况下的一系列评价指标。图 4.7 是随着训练样本数和测试样本数的不同，三种算法的检测速度的对比。三种用户异常行为分析算法的识别速度随着测试样本的增加均有所提高。本章采用欠采样对数据进行预处理，同时采用双向 Chord 环查询测试样本的信誉值，增加了检测样本的速度。

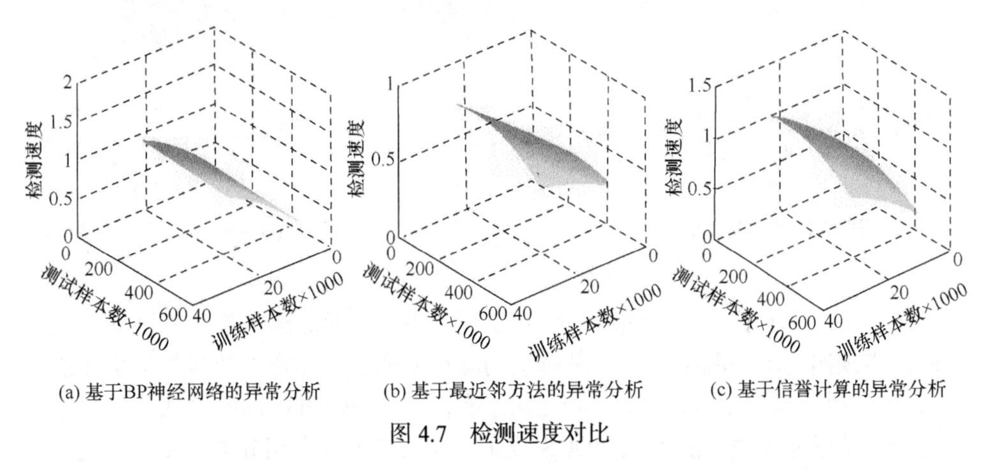

图 4.7　检测速度对比

图 4.8 为三种用户异常行为分析算法随训练样本数和测试样本数的变化进行的准确率对比。随着测试样本的增多，三种算法的准确率都有一定程度的提高，但是由于受噪声影响，基于 BP 神经网络算法的准确率不稳定。基于最近邻的用户异常行为分析方法不能识别 DDOS 攻击，因此其识别异常行为的准确率会受到影响。本章提出的算法不易受噪声影响，且能识别 DDOS 攻击，对未知攻击类型也有一定的识别能力，因此算法稳定性较好，准确率较高。

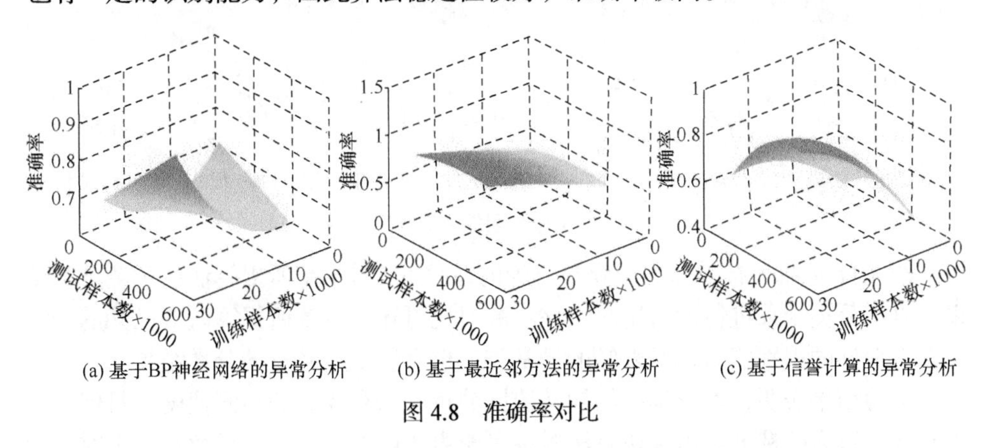

图 4.8　准确率对比

图 4.9 为三种异常行为分析方法随着训练样本数和测试样本数的不同而进行的误报率对比。由图可以看出，三种识别异常的方法随着测试样本数的增多，误报率整体逐渐减小。但是相比于其他两种方法，本章提出的异常识别方法的误报率整体较低，表明该算法对用户的异常行为有较好的识别能力。

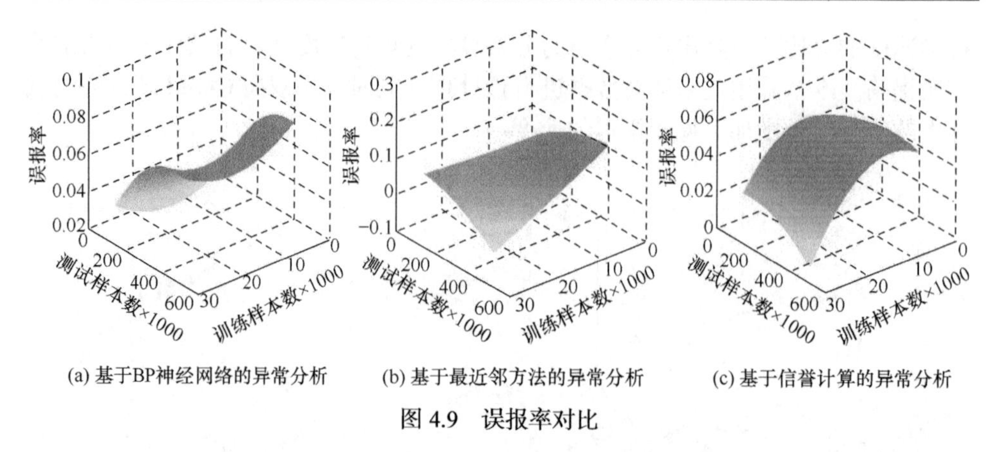

(a) 基于BP神经网络的异常分析　　(b) 基于最近邻方法的异常分析　　(c) 基于信誉计算的异常分析

图 4.9　误报率对比

图 4.10 对比了三种用户异常行为分析方法随着训练样本数和测试样本数的不同而表现出的不同漏报率。三种算法的漏报率随着测试样本数量的增多而逐渐降低。但是由于受噪声的影响及未识别的异常类型，BP 神经网络算法的漏报率相对较高。最近邻算法不能识别 DDOS 攻击，且只能进行模糊分类，漏报率也相对较高。本章算法极少受噪声的影响，且对未知的攻击类型有一定程度的识别能力，相对于其他两种算法具有较低的漏报率。

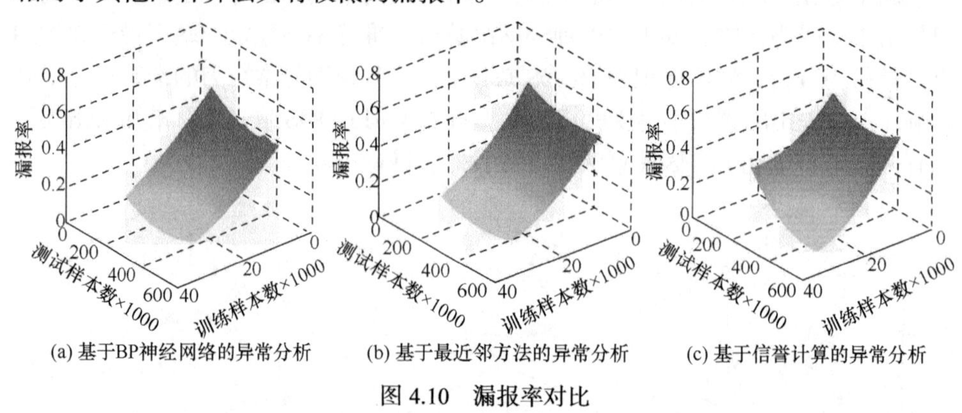

(a) 基于BP神经网络的异常分析　　(b) 基于最近邻方法的异常分析　　(c) 基于信誉计算的异常分析

图 4.10　漏报率对比

图 4.11 是在含有未知类型异常行为的情况下，对本章所提算法的预测分类结果与真实分类结果进行的对比。由该实验对比可知，本章所提算法对已知的异常类型有较好的识别能力，对未知的异常类型也有较令人满意的分类结果。

实验结果表明，本章提出的异常协同分析方法有较高的检测速度，且保证了识别异常行为的精度。由于该算法极少受噪声的影响，当已标识数据较少时，能充分利用半监督学习技术的集成方法对用户行为进行分类，有效识别异常行为并对识别出的异常行为做出相应的响应。

综上表明，该异常行为分析技术拥有较好的扩展性和自适应性，有较高的识别能力。

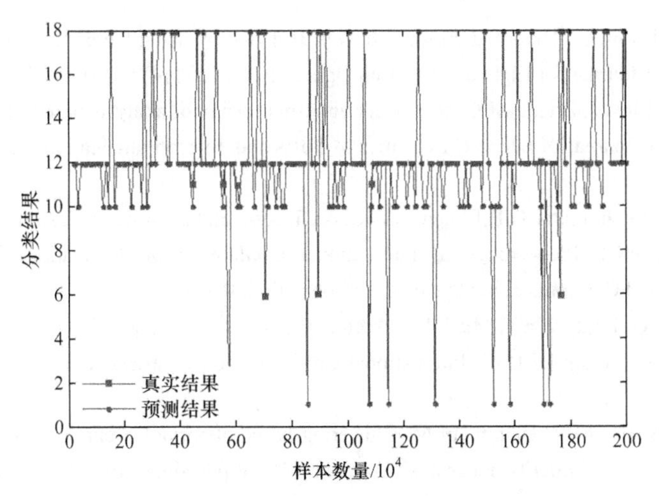

图 4.11　预测分类结果与真实分类结果的对比

4.6 本章小结

本章提出了一种基于信誉投票的用户行为异常协同分析方法。首先，基于剪枝技术的欠采样方法解决了小样本分布不平衡问题，采用 2 级 Chord 环存储信誉值信息，防止用户恶意篡改本地信誉值；然后，根据用户键值 ID 双向查找信誉值，提高了异常行为识别速率；最后，根据二次机会制度，对协同分析得出的异常行为做出相应的响应。仿真实验结果表明，该方案在一定程度上优于其他方案，可以较好地在用户和移动云环境之间建立一个相互的信任关系，为移动云环境的控制访问提供一种安全的保障。

参考文献

[1] Liu K, Peng J, Li H, et al. Multi-device task offloading with time-constraints for energy efficiency in mobile cloud computing[J]. Future Generation Computer Systems, 2016, 64:1-14.

[2] Ahmed E, Gani A, Sookhak M, et al. Application optimization in mobile cloud computing: Motivation, taxonomies, and open challenges[J]. Journal of Network and Computer Applications, 2015, 52: 52-68.

[3] Yang X, Huang X, Liu J K. Efficient handover authentication with user anonymity and untraceability for mobile cloud computing[J]. Future Generation Computer Systems, 2016, 62 (C) : 190-195.

[4] Wei X, Fan J, Wang T, et al. Efficient application scheduling in mobile cloud computing based on MAX-MIN ant system[J]. Soft Computing, 2016, 20 (7) : 2611-2625.

[5] Zheng R J, Zhang M C, Wu Q T, et al. A3srC: Autonomic assessment approach to IOT security risk based on multidimensional normal cloud[J]. Journal of Internet Technology, 2015, 16 (7) : 1271-1282.

[6] Gu X, Cui J, Zhu Q. Abnormal crowd behavior detection by using the particle entropy[J]. Optik-International Journal for Light and Electron Optics, 2014, 125 (14) : 3428-3433.

[7] Zheng R J, Chen J, Zhang M C, et al. User abnormal behavior analysis based on neural network clustering[J]. Journal of China Universities of Posts and Telecommunications, 2016, 23 (3) : 29-44.

[8] Badase P S, Deshbhratar G P, Bhagat A P. Classification and analysis of clustering algorithms for large datasets[C]. Proceedings of International Conference on Innovations in Information, Embedded and Communication Systems, Coimbatore, 2015: 1-5.

[9] Thayasivam U, Hnatyshin V, Muck I B. Accuracy of class prediction using similarity functions in PAM[C]. Proceedings of IEEE International Conference on Industrial Technology, Taipei, 2016: 586-591.

[10] Ghrab N B, Fendri E, Hammami M. Clustering-based abnormal event detection: Experimental comparison for similarity measures' efficiency[C]. Proceedings of International Conference Image Analysis and Recognition, Sfax, 2016: 367-374.

[11] Ni X, He D, Chan S, et al. Network anomaly detection using unsupervised feature selection and density peak clustering[C]. Proceedings of International Conference on Applied Cryptography and Network Security, Cham, 2016: 212-227.

[12] Chen K, Shen H Y, Sapra K, et al. A social network based reputation system for cooperative P2P file sharing[J]. IEEE Transactions on Parallel and Distributed Systems, 2015, 26 (8) : 2140-2153.

[13] Meng X F, Liu D X. GeTrust: A guarantee-based trust model in Chord-based P2P networks[J]. IEEE Transactions on Dependable & Secure Computing, 2016, (99) : 1-14.

[14] Woungang I, Tseng F H, Lin Y H, et al. MR-Chord: Improved chord lookup performance in structured mobile P2P networks[J]. IEEE Systems Journal, 2014, 9 (3) : 743-751.

[15] Fierimonte R, Scardapane S, Uncini A, et al. Fully decentralized semi-supervised learning via privacy-preserving matrix completion[J]. IEEE Transactions on Neural Networks & Learning Systems, 2016, (99) : 1-13.

[16] Tang J, Chai T Y, Yu W, et al. Modeling load parameters of ball mill in grinding process based on selective ensemble multisensor information[J]. IEEE Transctions on Automation Science & Engineering, 2013, 10 (3) : 726-740.

第5章　基于选择性聚类融合的用户异常行为检测方法

5.1　引　　言

随着 Internet 的发展与应用，网络技术、通信技术以及计算机技术正在逐渐改变着人类的工作与生活。移动互联网的迅猛发展使得数据流量呈现出爆炸式增长的趋势。由于智能终端的快速普及和移动互联网的迅猛发展，许多用户将互联网入口从计算机端转移到了智能手机等移动智能终端，给移动互联网带来巨大的潜在应用需求。同时，智能化终端、智慧化宽带网络发展对网络资源服务也提出了更高的要求。云计算技术发展势头迅猛，其在移动通信行业的应用必将开创移动互联网的新时代。在新经济浪潮下，移动云计算保持超过 30%的年增长率，移动互联网相关设备的进一步成熟和完善，诸多新概念、新技术的提出，使得移动互联立于云端之上，让移动云计算迅速发展为移动互联网服务的新热点。

目前移动云服务所涉及的安全性等可信性不高，加快突破关键核心技术，打造云计算环境下安全保障体系，提升移动云计算的可信性成为最迫切的需求。立足移动终端的固有缺陷，补齐多层可信问题短板，才能向用户提供低能耗、高效率、高可靠性的满意服务。这里，用户行为的合法性是首要问题，只有合法用户的合理请求才会被智慧映射层接收，进行进一步的处理。因此，本章旨在从用户可信方面研究用户协作层的异常行为分析技术。

5.2　相关技术

5.2.1　聚类

“物以类聚，人以群分”，聚类这一概念在自然科学和社会科学中都是普遍存在的。通俗来讲，聚类就是将一个较大的对象集合分成几个由类似对象组成的簇的过程。同一个簇中的对象相似，不同簇中的对象相异。聚类分析[1,2]是研究分类问题的一种统计学方法，又称群分析。它起源于分类学，却不等同于分类学。聚类与分类的不同之处在于聚类所划分的类是未知的。聚类分析法是一种理想的多变量统计技术，其内容极其丰富，应用多样，常用的有动态聚类法[3]、有序样品聚类法、模糊聚类法[4]、聚类预报法、图聚类法[5,6]等。聚类在数据挖掘中也是一个重要的概念，传统的聚类分析算法大致可分为如下六种。

1. 基于划分的聚类算法

基于划分的聚类算法简单来说就是将散列的点按照“簇内的点都足够接近，簇间的点都足够远”的思想进行划分计算。对于一个有 N 条记录的数据集，首先确定 K 个点作为初始中心点($K < N$)，然后根据预先设定的启发式算法对数据集进行迭代重置，使得每次计算后的分组方案都比前一次好。基于划分的聚类算法多适用于中等体量的数据集，使用这种思想的算法有 K-means 算法[7]、K-medoids 算法[8]、Clarans 算法[9]等。

大部分基于划分的聚类算法是根据距离来计算的，如图 5.1 所示，首先给定分区数 k ，构造一种初始划分。然后通过迭代，将对象从一个簇移动到另一个簇，使得同一个簇中的对象尽可能相似，不同簇的对象尽可能不同。大多数基于划分的聚类算法都不是对整个数据空间进行搜索，而是对子空间进行聚类。在实际应用中，大多数基于划分的聚类都采用启发式算法，渐近地提高聚类的质量。这些启发式算法适用于中小规模数据库中的球状簇。

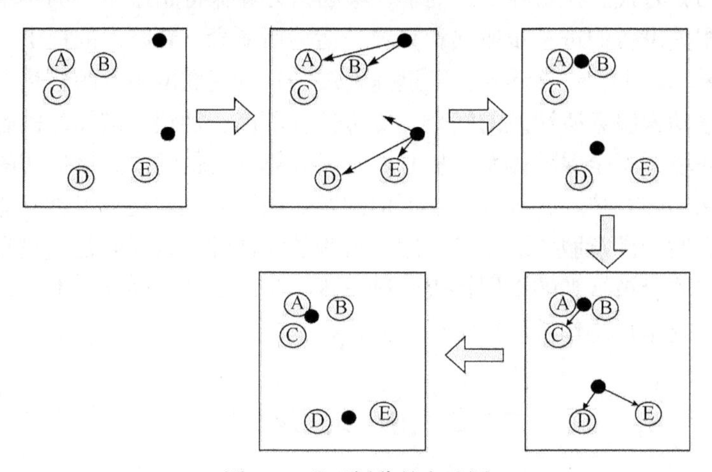

图 5.1　基于划分的方法图

2. 基于层次的聚类算法

基于层次的聚类算法在初始时把每一条数据记录都记录成一个单独的组，在之后的迭代过程中将邻近的组合并在一起，直到满足某种条件。如图 5.2 所示，该算法主要有两种途径，一种是“自下而上法”，另一种是“自上而下法”。这两种路径在本质上没有好坏之分，只是在实际应用中适用的场景不同。Birch 算法[10]、Cure 算法[11]、Chameleon 算法[12,13]等都属于基于层次的聚类算法，其中 Chameleon

算法可以处理非常复杂的形状。

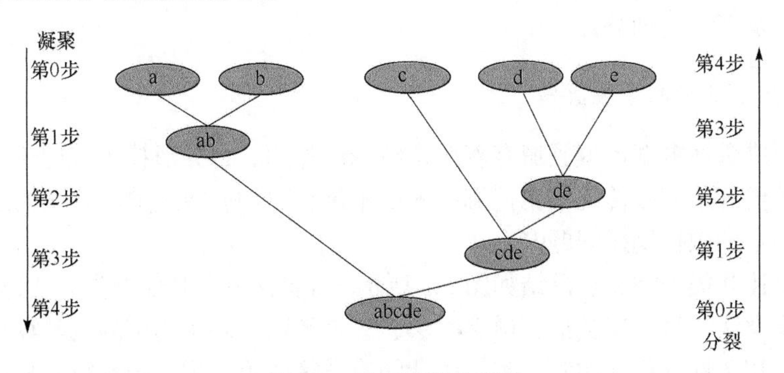

图 5.2　层次聚类示意图

基于层次的聚类算法可以是基于距离的，也可以是基于密度的，还可以是基于连通性的。该算法的一些拓展方法也考虑了子空间的聚类，其缺点在于无法逆转，一旦分裂或者合并完成就无法撤销。

3. 基于密度的聚类算法

基于密度的聚类算法简单来讲就是定义两个参数，一个是圆的半径，另一个是圆内容纳的点数，每一个圆就是一个分类。此算法与其他算法的不同之处就在于其不依赖于距离，而是基于密度。这样就可以克服只能发现球状簇的缺点，Dbscan 算法[14]、Optics 算法[15]、Denclue 算法[16]等都属于基于密度的聚类算法，此类算法对参数的设置非常敏感。

4. 基于网格的聚类算法

基于网格的聚类算法是将数据空间划分为若干个网格单元，再把数据对象映射到这些网格单元里，然后对每个单元的密度进行计算。之后，根据预先设定的阈值对每个网格单元进行判断，看它是否属于该密度单元，邻近的稠密单元则被视为一个“类”。此算法最突出的优点是处理速度很快，执行效率很高，这是因为其执行速度与数据对象的数量没有关联，只与数据空间分成的单元个数有关。Sting 算法[17]、Clique 算法[18]、Wave-Cluster 算法等都属于基于网格的聚类算法，其缺点是对参数设置敏感、无法处理不规则分布的数据并且维度很高，因此可以将这种算法和其他聚类算法集成起来进行应用。

5. 基于模型的聚类算法

基于模型的聚类算法主要包括基于概率模型的算法和基于神经网络的算法。此算法给每一个聚类假定一种模型，再搜索满足这一模型的数据集，主要思想是：

同一“类”的数据属于同一种概率分布。基于模型的聚类算法以概率的形式进行聚类，避免了“硬划分”。

6. 基于分形的聚类算法

分形维数在数据挖掘领域有着非常特殊的作用，将分形技术应用于数据挖掘领域能够更好地克服传统数据挖掘技术的不足，更加有效地解决在结构复杂、高维数据集上的数据挖掘问题[19]。

将上述几类聚类算法总结如图 5.3 所示。除此之外，其他聚类方法还有很多，如直接聚类法、量子聚类法、谱聚类法、核聚类法、基于约束的聚类算法、模糊聚类法、相关性分析聚类法、基于统计的聚类算法等。用户异常行为分析实际上就是聚类问题，将正常行为数据聚类在一起，异常行为数据聚类在一起，并且在同一个类或簇内的相似性高，不同簇间的相似性低。一些经典的聚类算法在一定程度上解决了异常识别过程中遇到的问题，但是在移动云计算的新环境下，需要依托这些经典算法设计出符合移动云环境特征的异常识别机制，有效提高移动云计算的服务质量。

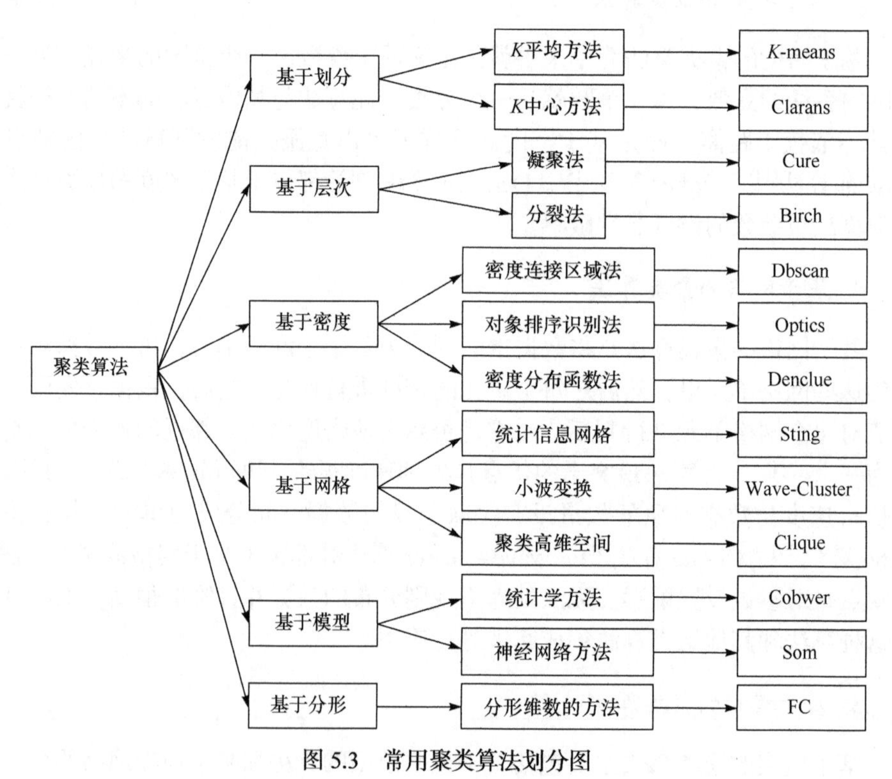

图 5.3 常用聚类算法划分图

5.2.2　基于分形维数的聚类模型

分形在本质上是一种新的世界观和方法论，是现实世界中普遍存在的一种自然现象。它反映了复杂形体占有空间的有效性，与动力学系统的混沌学理论交叉结合，相辅相成。而在数据挖掘中，分形维数可以很好地反映出数据对空间的填充程度，是数据在多维度空间中分布情况的预估。基于分形的聚类算法在数据挖掘中起了非常重要的作用，下面对它的一些相关定义进行简要介绍。

定义 5.1(分形维数)　将 n 维空间中的数据放入每一个单元格边长为 r 的 n 维格子中，$r \in (r_{\min}, r_{\max})$。$(r_{\min}, r_{\max})$ 表示边长度量的变化范围(边长度量具有分形特征)。放入第 i 个单元格中数据点的数目可表示为 c_i^q。对于一个在区间 $(r_{\min}, r_{\max})$ 内呈现统计自相似特征的数据集，其分形维数 F_q 定义为

$$F_q = \frac{1}{q-1}\frac{\partial \log_a \sum C_i^q}{\partial \log_a r}, \quad r \in [r_{\min}, r_{\max}] \tag{5-1}$$

需要指出的是，式(5-1)中的底数 a 可以为任意正整数其中；q 取不同的值以用来计算不同的分形维度，从而反映了数据集的不同特征。当 $q=0$ 时，分形维数为 Hausdorff 维数；当 $q=1$ 时，分形维数为信息维，其变化对数据集的变化趋势做出了说明；当 $q=2$ 时，分形维数为关联维，其变化对数据集中数据点的分布变化情况做出了解释。

定义 5.2(分形影响度)　当有新的数据点 p 加入数据集 X 之后会得到新的数据集 X'，$F(X)$ 和 $F(X')$ 分别为数据集 X 和 X' 的分形维数，因此数据点 p 对数据集 X 的分形影响度 FID 定义为

$$\text{FID} = \left|F(X) - F(X')\right| \tag{5-2}$$

每一个新加入的数据点对不同数据集的分形影响度是完全不同的。这个新的数据点与数据集合之间的自相似性由分形影响度 FID 的大小来直接反映。分形影响度 FID 的数值大小与数据集的自相似性成反比。

基于分形维数的聚类算法通常由两阶段组成，基本框架如图 5.4 所示。第一阶段称为初始聚类阶段，先随机抽取数据集中的部分数据，再利用 *K*-means 算法将数据划分为几个簇；第二阶段是增量聚类阶段，该阶段根据分形维数将尚未聚成类的数据或者是刚刚到达的数据分配到分形影响度最小的簇中(对每一个点，计算其分形影响度，从中找出分形影响度最小的簇，若此时的分形影响度小于预先设定的阈值，则将该点加入这个簇中，否则认为该点为离群点)。

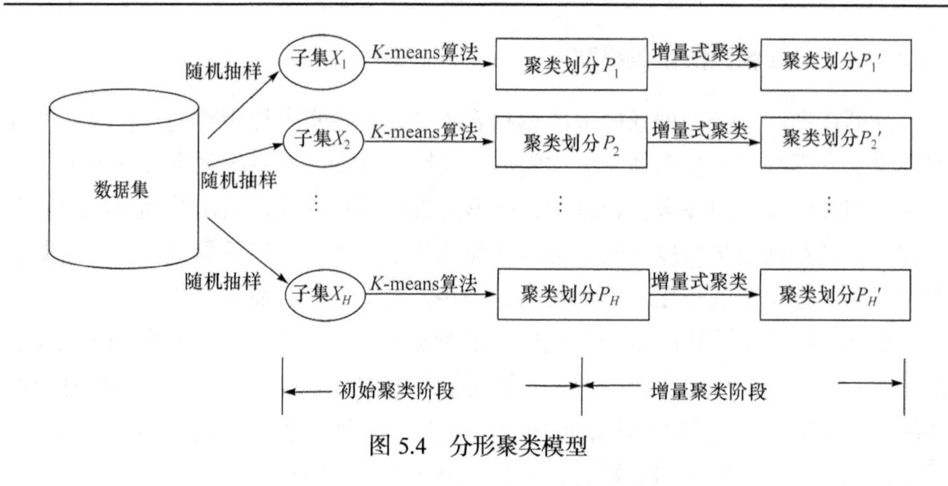

图 5.4　分形聚类模型

5.3　基于分形维数的异常行为分析机制

本节算法借鉴了经典分形算法和数据流聚类算法，在云环境下的选择性聚类融合算法的基本思路描述如下。首先配置单机，在单机上对数据进行采集。然后采用 *K*-means 算法产生初始聚类，再将初始聚类中未分配的数据点加入聚类结果，完成增量聚类的过程。针对在分形阶段产生的每一个聚类结果计算 Duun_index，高于阈值的则视为优质的聚类成员，将优质的聚类结果用共识函数进行融合计算，避免低质量的聚类成员对结果产生影响，完成聚类阶段。将当前的正常行为数据库进行关联矩阵转换，计算其平均差异度，再将聚类结果加入其中，再次计算平均差异度：若平均差异度变大，则视为异常，进行提示或防范；若平均差异度变小，则认定为正常行为，并更新正常行为数据库。基于分形维数的异常行为分析框架如图 5.5 所示，Δ 表示经过初始聚类阶段和增量聚类阶段之后产生的聚类结果，Γ 表示筛选之后的聚类结果，λ_F 表示融合后的聚类结果。

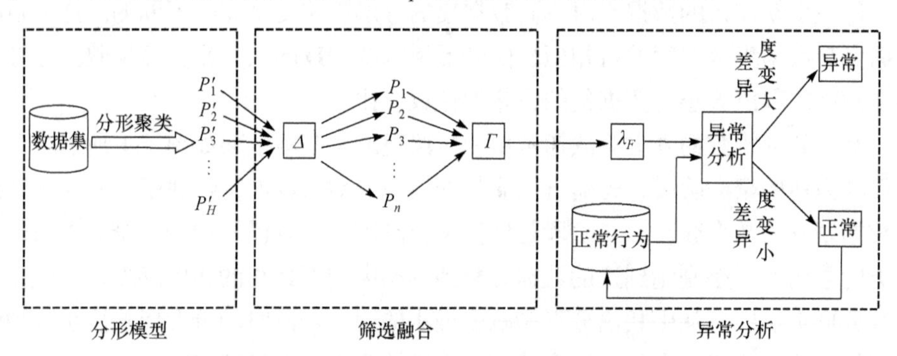

图 5.5　基于分形维数的异常行为分析框架图

5.3.1　数据获取

随着移动互联网的迅猛发展，数据流量呈现爆炸式增长。数据规模不断增大，数据维度也不断提高，怎样快速准确地处理大量的高维数据成为一个难题。运用经典的滑动窗口模型，可以很好地反映出数据流动态演化情况，如图 5.6 所示。

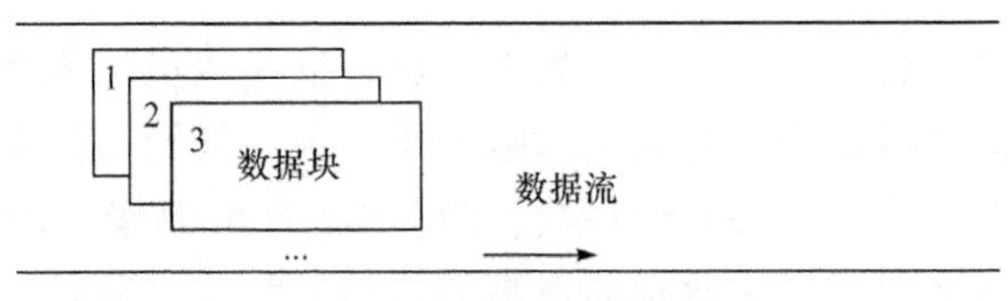

图 5.6　滑动窗口模型示意图

使用经典的滑动窗口模型[20]处理现今的海量数据，在聚类时采用分形聚类的方法，会在一定程度上降低聚类算法的运行代价，且不会影响数据流动态演化的情况。

5.3.2　聚类成员

在初始聚类阶段，先使用滑动窗口获取部分数据，对其进行 *K*-means 聚类。再采用随机划分的方法产生若干训练集，对每一个训练集都使用 *K*-means 聚类算法进行计算，获取聚类中心，之后再以此作为整个数据集的聚类中心进行全局聚类。这样，可以有效地利用数据点的扰动，增加簇间差异度，有利于后期的融合。同时，因为每次只针对部分数据进行聚类计算，还可以降低整体运算开销。在增量聚类阶段，计算初始聚类阶段未分配点的分形影响度，并根据分形影响度的大小对其进行合理分配。

这里采用滑动窗口模型获取数据，基于分形维数的聚类算法产生聚类成员，该过程主要包括两个步骤。其中，输入为数据集 $X=\left\{x_1,x_2,\cdots,x_n\right\}$，子集数 H，聚类中心个数 k，设定阈值为 FID_ε，输出为数据集 X 的聚类结果 Γ。

(1)初始聚类阶段。将数据流的数据点存储在时间跨度为 Δt、大小为 W 的滑动窗口中。在某时刻，从滑动窗口中获取数据集 X，把其划分为 H 个子集 $\left\{X_i\right\}(i=1,2,\cdots,H)$。针对其中的 X_i，采用 *K*-means 聚类算法产生 k 个簇，利用 k 个簇的聚类中心重新聚类数据集 X。如此，对 H 个数据子集进行聚类，得到 H 次聚类结果 $\lambda=\left\{\lambda_1,\lambda_2,\cdots,\lambda_H\right\}$，其中 $\lambda_i=\left\{C_i^1,C_i^2,\cdots,C_i^k\right\}(i=1,2,\cdots,H)$，$\lambda_i$ 表示 H 组数据子集中的第 i 个聚类，C_i^k 表示 H 中第 i 个聚类中的第 k 个簇。

(2)增量聚类阶段。对于在初始聚类阶段尚未分配的数据点 P ($\forall P\in X$)，$C_i'=C_i\cup P(i=1,2,\cdots,H)$，计算 C_i 与 C_i' 的分形维数 F_i、F_i' 及其分形影响度 $\mathrm{FID}_i=\left|F_i-F_i'\right|$，也就是要在 k 个类中找到 P 加入后对原来类的分形影响度 FID_i

最小的一个类，记为 $\hat{i}$ ，$\hat{i} = \min \text{FID} = \min |F_i - F_i'|$ 。若 $\min |F_i - F_i'| < \text{FID}\varepsilon$ ，则 $P \in C_i$ ，否则认为该点是离群点，删除点 P ，完成增量聚类阶段，获得 H 个聚类结果。

5.3.3 选择策略

增量聚类阶段之后，会产生多个聚类成员，这些成员的聚类质量参差不齐。如果对所有成员都进行融合，势必会影响聚类效果，甚至可能会降低聚类质量。大量的实验表明选择性聚类融合通常会获得比融合全部聚类成员更好的聚类结果。因此，如何在聚类成员中挑选质量高的成员成为关键问题。

采用 Duun_index(DI)来衡量增量阶段之后产生的聚类结果的清晰程度：

$$\text{DI} = \min_{1<i<m} \frac{\min\limits_{1<j<m, j\neq i} \text{dist}(C_i, C_j)}{\max\limits_{1<k<m} \text{diam}(C_k)} \tag{5-3}$$

其中，$\text{dist}(C_i, C_j)$ 函数表示两类点之间的距离，即

$$\text{dist}(C_i, C_j) = \left\| \frac{1}{|C_i|} \sum x_q - \frac{1}{|C_j|} \sum x_r \right\|$$

$\text{diam}(C_i)$ 函数用来测量一个类的点的直径：

$$\text{diam}(C_i) = \frac{1}{|C_i|} \sum \left\| x_q - \frac{1}{|C_i|} \sum x_r \right\|$$

显然，DI 越大，类间距离的可视化就越清晰，聚类效果也就越好。在此设定一个阈值 DI_ε ，高于阈值 DI_ε 的视为优质聚类结果，低于阈值 DI_ε 的则不进入最后的融合阶段。

5.3.4 聚类融合

在改进分形维数聚类算法获得聚类成员后，采用 DI 来衡量聚类成员的聚类质量，选择初始聚类成员。在共识函数设计阶段，采用经典的投票算法对选择后的成员进行融合。

首先，设定矩阵 $B[N, K]$ ，N 为数据集中的数据个数，K 为类的个数，用来存放每个数据属于某个类的次数；然后，扫描矩阵 $B[N, K]$ ，记录每个数据属于某个类的最大值。次数最大的列所标识的类即该数据最终归入的类，由此得到最终的聚类结果。

矩阵 $B[N, K]$ 的产生过程描述如下：预先设定一个矩阵 $G[X, Y]$ ，X 为属于某个类的总数据点数，Y 为数据的维数，用来存放隶属于某个类的所有数据。设

定另一个矩阵 $V[N,Y]$，N 为数据集中数据个数，Y 为数据的维数，用于存放原始数据集。扫描并计算矩阵 $V[N,Y]$ 中的每个数据在每个类矩阵 $G[X,Y]$ 中出现的次数，据此填充 $B[N,K]$。

5.3.5　异常检测

在对 H 个聚类结果进行投票融合后，得到了最终的聚类结果。将该聚类结果与数据库中已有的正常行为进行关联矩阵转换。先对正常行为数据库中的结果进行平均差异度计算，然后将融合结果加入其中，再次进行平均差异度的计算。若平均差异度增大，则认定为异常行为；若平均差异度减小，则认定为正常行为，并更新正常行为数据库。具体过程如下。

假如正常行为数据库中 N 个聚类结果的聚类成员集为 $P=\{P_1,P_2,\cdots,P_N\}$，则任意正常行为聚类成员 P_i 的关联矩阵为

$$M^i(j,k)=\begin{cases}1, & P_j^i=P_k^i(1\leqslant j\leqslant N,1\leqslant k\leqslant N)\\0, & 其他\end{cases} \tag{5-4}$$

根据式(5-4)，可以将正常行为数据库中的 N 个正常行为数据集 $P=\{P_1,P_2,\cdots,P_N\}$ 转化为相应的关联矩阵 $M=\{M_1,M_2,\cdots,M_N\}$。这样，正常行为数据库中的成员就拥有了一致的标签。

转换标签之后，利用正常行为数据库中 N 个成员之间的差异进行异常检测，对正常行为数据库的平均差异度定义如式(5-5)所示：

$$\mathrm{DIV}=1-\frac{\sum_{i=1}^{N}\sum_{j=1,j\neq i}^{N}\left\|M_i,M_j\right\|}{N(N-1)} \tag{5-5}$$

其中，M_i 和 M_j 是正常行为数据集 $P=\{P_1,P_2,\cdots,P_N\}$ 所对应的关联矩阵 $M=\{M_1,M_2,\cdots,M_N\}$ 中的任意两个成员；$\left\|M_i,M_j\right\|$ 是两个矩阵的相似性，$1\leqslant i\leqslant N$，$1\leqslant j\leqslant N$。

然后，将融合后产生的新用户行为加入其中，再次进行平均差异度计算，若平均差异度降低，则认定为该行为是正常行为，更新正常行为数据库；若平均差异度升高，则认定该行为是异常行为。相应的算法描述如算法 5.1 所示。

算法 5.1　基于选择性融合的用户异常行为检测方法	
1.	对滑动窗口采集的数据进行初始聚类；
2.	对新到达的数据点进行增量聚类；
3.	利用式(5-3)进行 DI 运算，设定阈值，高于阈值的进入下一步融合，否则直接舍弃；
4.	直接采用投票法对选出的优质成员进行聚类融合；

算法 5.1	基于选择性融合的用户异常行为检测方法
5.	根据式(5-4)对正常行为数据库中的行为进行标签一致化处理，并根据式(5-5)计算正常行为数据库中用户行为的平均差异度；
6.	将聚类融合的结果加入正常行为数据库；
7.	再次进行平均差异度计算；
8.	if 平均差异度增大，系统做出相应的提示以及防范措施
9.	else 认定其为正常行为
10.	end if
11.	将正常行为更新至正常行为模型数据库中等待下次分析用户行为

5.4 仿真实验及结果分析

5.4.1 实验环境

实验在 64 位 Windows7 操作系统环境下进行，硬件为 Intel Core i5-2400CPU、主频 3.10GHz、内存 4GB，编程工具使用 MATLAB(R2010a)。

5.4.2 评价标准

本章实验数据集为 KDD CUP99。在 1998 年美国国防部高级研究计划局的一项入侵检测评估项目中，林肯实验室模拟了一个空军局域网的网络环境，用了 9 周时间收集了系统审计数据和网络连接数据，并以此来仿真各种不同类型的用户、攻击手段以及网络流量。采集到的原始数据分为两大部分，一部分是 7 周时间获取到的 5000000 多条网络连接数据，记为训练数据；另一部分则是剩下 2 周内收集到的 2000000 条网络连接数据，记为测试数据。该数据集中的每条记录包含 42 个属性，用于标识正常或特定的攻击行为。数据集从 1999 年举行的 KDD CUP 竞赛被应用至今，虽然年代久远，但仍然可以作为网络入侵检测领域的测试基准，为网络入侵检测的研究奠定了基础。

为了检测用户异常行为分析算法的性能，考虑了检测率、准确率和误报率三项指标，一个检测率高、准确率高、误报率低的检测算法被认为是一个较好的检测算法。

检测率 = 检测到的攻击样本数/攻击样本总数×100%；

准确率 = 所有被检测到的异常样本数/异常样本数×100%；

误报率 = 所有正常样本被误报为异常的样本数/正常样本数×100%。

5.4.3 实验过程

1. 数值化编码

KDD CUP99 数据集的第二维(协议类型)、第三维(服务类型)、第四维(状态标识)都是非数值类型的，为采用本章所提出的用户异常行为检测方法进行识别，需对其进行数值化处理。

1) 协议类型

数据集中一共出现了三种协议类型，其编码如表 5.1 所示。

表 5.1　协议类型编码

协议类型	编码
ICMP	001
TCP	010
UDP	100

2) 服务类型

对数据集中的 70 种服务类型进行编码，过程如下：采用 70 位二进制代码表示每种服务类型，依次按顺序递增的方式在相应位数的二进制位赋值 1。

3) 状态标识

数据集中一共出现了 11 种状态标识，其编码如表 5.2 所示。

表 5.2　状态标识编码

状态标识类型	编码	状态
OTH	00000000001	异常
REJ	00000000010	异常
RSTO	00000000100	异常
RSTOS0	00000001000	异常
RSTR	00000010000	异常
S0	00000100000	异常
S1	00001000000	异常
S2	00010000000	异常
S3	00100000000	异常
SF	01000000000	连接正常建立并终止
SH	10000000000	异常

4) 规范化行为数据属性值

对数据属性值的规范化和归一化处理，一方面可以方便后续的数据处理，另一方面可以加快程序运行时的收敛速度。假设共存在 n 条行为数据，每条行为数据 X 的属性值归一化为[0,1]，如式(5-6)所示：

$$X' = \frac{X - X_{\min}}{X_{\max} - X_{\min}} \tag{5-6}$$

其中，X' 为归一化后的数据；$X_{\min}$ 为 n 条行为数据中特定属性的最小值；$X_{\max}$ 为 n 条行为数据中特定属性的最大值。

2. 攻击类型描述

网络连接数据是指网络中一段时间内形成的数据包及相关信息。在此期间，数据从一个地址被传递到另一个地址。数据集中所记录的每一条数据，或者为正常行为，或者为异常行为。其中，训练集中出现了 22 种异常数据，测试集中出现了全部的 39 种异常数据(这样可以检测分类器模型的泛化能力)。样本数据的类别及数量如表 5.3 和表 5.4 所示。

表 5.3　样本分布表

标签	类别	训练集	测试集
0	NORMAL	97278	60593
1	DDOS	391458	229853
2	PROBE	4107	4166
3	R2L	1126	16189
4	U2L	52	228

表 5.4　样本具体分布情况表

标签	类别	训练集	测试集	类别	训练集	测试集
1	Ipsweep	1247	306	portsweep	1040	354
	Mscan	—	1053	saint	—	736
	nmap	231	84	satan	264	1633
2	apache2	—	794	pod	—	759
	back	2203	1098	processtable	280790	164091
	land	21	9	smurf	979	12
	mailbomb	—	5000	teardorp	—	2
	neptune	107201	58001	upstorm	—	16

续表

标签	类别	训练集	测试集	类别	训练集	测试集
3	buffer_overflow	30	22	ps	10	13
	httptunnel	—	158	rootkit	—	2
	loadmodule	9	2	sqlattack	—	13
	perl	3	2	xterm	—	2046
4	frp_write	8	3	snmpguess	—	2406
	guess_passwd	53	4367	spy	2	—
	imap	12	1	warezclient	1020	—
	multihop	7	18	warezmaster	20	1602
	named	—	17	worm	—	2
	phf	4	2	xlock	—	9
	sendmail	—	17	xsnoop	—	4
	snmpgetattack	—	7741	—	—	—

3. 测试样本构造

在 KDD CUP99 数据集中筛选出最终选定的 600000 条有效数据作为学习样本。

4. 特征选取

KDD CUP99 数据集不但样本数量大，而且每个样本的特征属性很多。数据集中的每一个连接样本都被描述为 41 种不同的特征，其中包含 9 种 TCP 连接基本特征、13 种 TCP 连接的内容特征、9 种基于时间的网络流量统计特征以及 10 种基于主机的网络流量统计特征。过多的数据特征势必会增加计算复杂度，导致训练时间过长。所以，在进行特征选取时，需要对 41 种不同特征进行约简。这里采用统计方差和粗集理论进行属性约简，最后选取 6 种对异常行为类型影响较大的连接基本特征进行实验，详细特征如表 5.5 所示。

表 5.5　基本特征表

特征名称	特征类型	特征说明
Duration	连续型	连接持续的时间/s
protocol_type	离散型	协议类型(ICMP、TCP、UDP，共 3 种)
service	离散型	目的端的服务类型(aol、auth 等，共 70 种)
flag	离散型	连接是否为正常状态(共 11 种)
src_bytes	连续型	表示源主机到目标主机发送的数据字节数
dst_bytes	连续型	表示目标主机到源主机发送的数据字节数

5.4.4　仿真结果

所使用的 KDD CUP99 数据集共有 4898431 个数据点，如果直接对数据集进行建模，会消耗大量资源。因此，从数据集中随机选取 600000 条数据作为实验数据。测试集中，选取 20000 条数据对算法的性能进行验证，其中 1000 条进行了初始化处理，然后模拟数据流环境，采用滑动窗口连续获取其他数据。这里滑动窗口得到的数据集 X 划分成为 $H=20$ 个基本数据子集。

对用户行为进行识别之前，先采用十倍交叉验证确定最佳离群点阈值 FID_ε，然后随机选取一个异常节点进行验证，如图 5.7 所示。

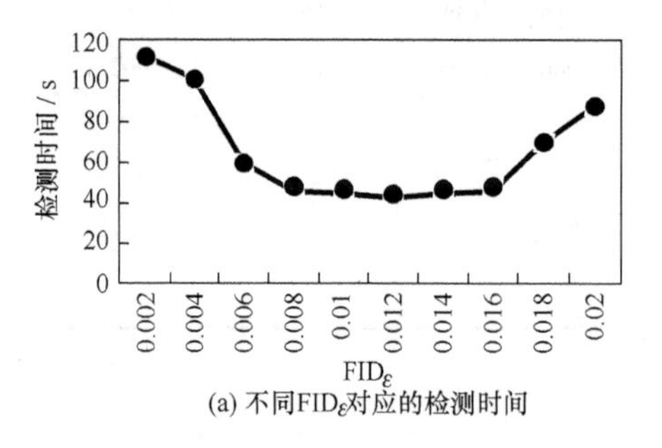

(a) 不同FIDε对应的检测时间

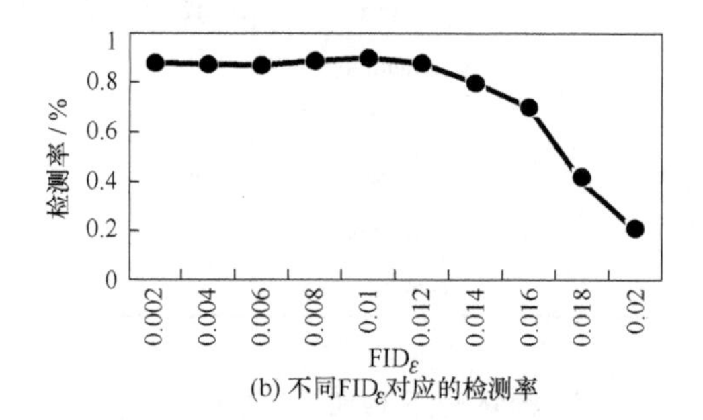

(b) 不同FIDε对应的检测率

图 5.7　离群点阈值的确定

由图 5.8 可知，离群点的阈值越大，判定为离群点的要求越低，增量聚类的效果越差，检测率也越低；反之，离群点的阈值越小，增量聚类效果越好，检测率越高。但是，若离群点的阈值过低，增量阶段会无法运行，检测率会急剧降低。根据仿真结果，权衡响应时间和检测率二者之间的关系，得出最佳离群点的阈值为 0.01。

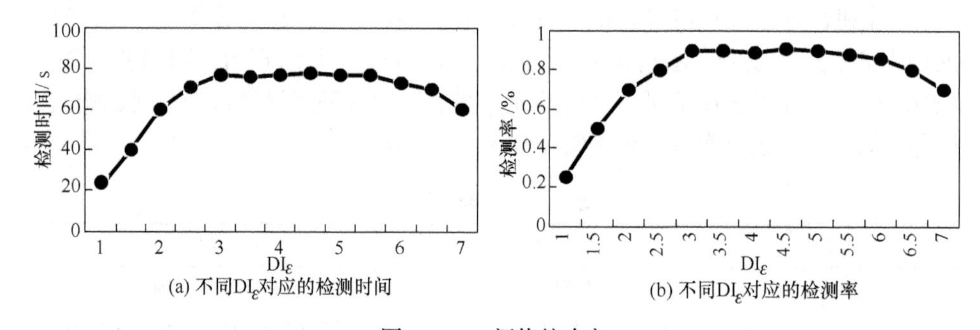

(a) 不同DIε对应的检测时间　　(b) 不同DIε对应的检测率

图 5.8　DI 阈值的确定

根据前文讨论，将离群点的阈值 FID_ε 设定为 0.01，采用十倍交叉验证获取 DI 的最佳阈值 DI_ε，然后随机选取一个异常节点进行验证。由图 5.8 可知，随着 DI_ε 的增大，检测率逐渐升高。但随着 DI_ε 的增大，判定为优质聚类结果的要求更加严格，所需时间也更多。根据仿真结果，权衡响应时间和检测率之间的关系，得出最佳 DI_{ε} 为 3.50。

一个检测率较高的算法能够更加准确地分析异常行为，从而可以及时中断攻击行为，有效保护用户个人行为数据。由图 5.9 可知，当测试样本数量极少时，各类算法的检测率都能达到 100%。当样本数量在 2000～4000 时发生了异常攻击，但是 *K*-means 聚类的用户异常行为检测方法误将该行为判定为正常行为，造成检测率急速下降；此时，FC 聚类算法和本章算法等用户异常行为分析方法可以准确识别出该攻击行为，所以保持了稳定的检测率。随着测试样本数量的增加，相比于传统的 FC 聚类算法，本章算法增加了选择步骤，减少了劣质聚类成员对融合结果的干扰，提高了聚类质量，检测率相对较高，且比较稳定。

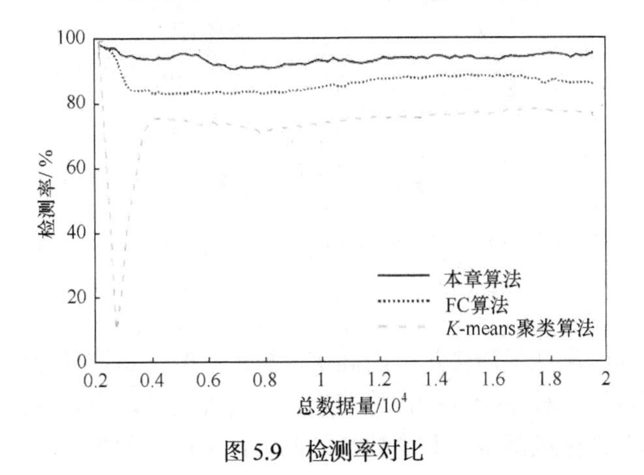

图 5.9　检测率对比

由图 5.10 可以看出，三种用户异常分析算法在检测样本数量极少的情况下，准确率可以达到 100%，由于样本数量在 2000～4000 时发生了异常攻击，*K*-means 聚类的用户异常行为检测方法的准确率急速降低，而另外两种检测方法可以检测出

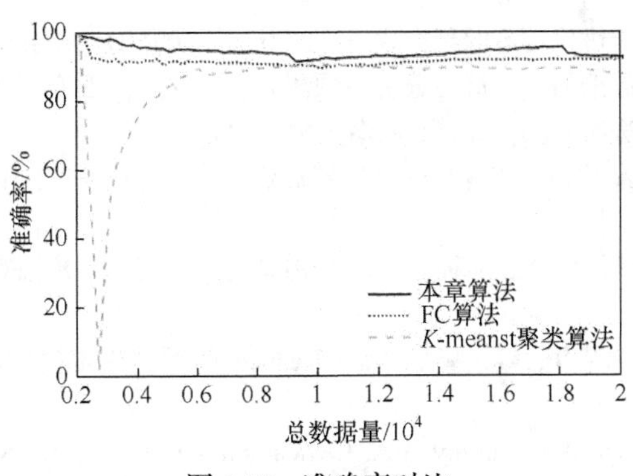

图 5.10　准确率对比

异常攻击，使得准确率相对比较稳定。随着样本数量的增加，本章算法的准确率较高。

由图 5.11 可以看出，对于三种检测方法，误报率随着样本数的增多逐渐增大，但是相比于其他两种算法，本章所提出的用户异常行为分析方法的误报率相对较低，表明该算法对用户的异常行为具有较好的识别能力。

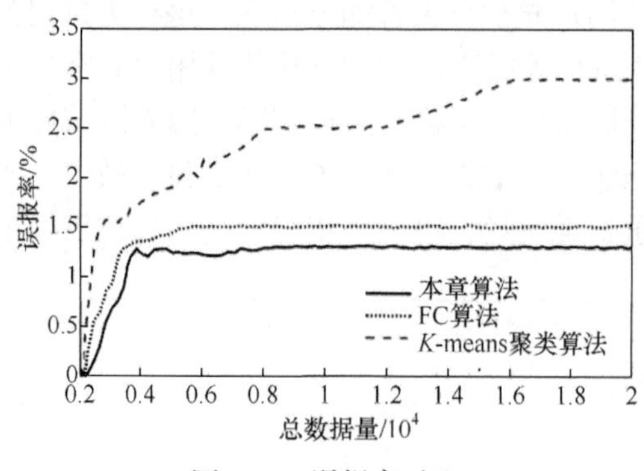

图 5.11　误报率对比

5.5 本 章 小 结

针对传统 FC 算法只能满足一般高维数据的实时动态挖掘却没有高准确性的问题，本章提出了一种基于选择性分形聚类融合算法的用户异常行为检测算法。该算法在提高分形聚类准确性和有效性的同时也可以实现数据的挖掘。实验表明，本章算法的检测率和准确率都有明显提升，具有良好的鲁棒性，可以较好地在用户和“云端”之间建立相互信任的关系，为移动云的可信服务环境奠定良好的基础。

参 考 文 献

[1] 周瑞红. 基于群智能优化理论的聚类改进方法及应用研究[D]. 长春: 吉林大学, 2017.

[2] 梁柱. 基于校园大数据的学生行为分析与预测方法研究[D]. 西安: 西安理工大学, 2017.

[3] 徐艺萍. 动态聚类法研究[D]. 重庆: 西南大学, 2006.

[4] 杜景霏. 基于模糊聚类和遗传算法的制造资源优化配置方法研究[D]. 西安: 西安理工大学, 2017.

[5] 李振军, 代强强, 李荣华,等. 一种多维图结构聚类的社交关系挖掘算法[J].软件学报, 2018, 29(3): 839-852.

[6] 张伟鹏, 李振军, 李荣华, 等. 基于 Map Reduce 的图结构聚类算法[J]. 软件学报, 2018, 29(3): 627-641.

[7] Ayeldeen H, Hassanien A E, Fahmy A A. Lexical similarity using fuzzy Euclidean distance[C]. International Conference on Engineering and Technology, Cairo, 2015:1-6.

[8] 寇磊. 基于 SOM 算法改进的 *K*-medoids 算法及其研究[D]. 太原: 太原理工大学, 2017.
[9] 魏佳. Clarans 改进算法在音乐网站智能推荐系统中的应用[D]. 长春: 吉林大学, 2011.
[10] Raj S S A, Nair M S, Subrahmanyam G R K S. Satellite image resolution enhancement using nonsubsampled contourlet transform and clustering on subbands[J]. Journal of the Indian Society of Remote Sensing, 2017, 45(6): 979-991.
[11] 邱荣财. 基于 Spark 平台的 CURE 算法并行化设计与应用[D]. 广州: 华南理工大学, 2014.
[12] 吴雲玲. 结合 AP 算法的 Chameleon 聚类算法研究[D]. 长春: 东北师范大学, 2014.
[13] 陈恒飞. Chameleon 聚类算法研究[D]. 西安: 西安理工大学, 2017.
[14] 罗启福. 基于云计算的 Dbscan 算法研究[D]. 武汉: 武汉理工大学,2013.
[15] 曾依灵, 许洪波, 白硕. 改进的 Optics 算法及其在文本聚类中的应用[J]. 中文信息学报, 2008, (1): 51-55.
[16] 张志兵. 空间数据挖掘关键技术研究[D]. 武汉: 华中科技大学, 2004.
[17] 杨洁, 王国胤, 王飞.基于密度峰值的网格聚类算法[J].计算机应用, 2017, 37 (11): 3080-3084.
[18] 项响琴, 李红, 陈圣兵. Clique 聚类算法的分析研究[J]. 合肥学院学报 (自然科学版) , 2011, 21 (1) : 54-58.
[19] 倪丽萍, 倪志伟, 吴昊, 等.基于分形维数的数据挖掘技术研究综述[J].计算机科学, 2008, 35 (1): 187-189
[20] 李海峰, 章宁, 朱建明, 等. 时间敏感数据流上的频繁项集挖掘算法[J].计算机学报, 2012, 35 (11): 2283-2293.

第 6 章　基于 Needleman-Wunsch 算法的用户时序行为实时判别方法

6.1　引　言

云计算安全联盟列举了当前云计算服务提供商所面临的七大威胁：①云计算服务被一些用户用于非正常或违法的活动；②云服务较少考虑云计算应用程序接口的安全性；③云计算厂商之间的矛盾影响到了云计算的运营；④云计算的共享技术虽然能为数据处理带来一些优势，但是也会引发问题；⑤云计算数据中心的数据泄露和丢失问题仍然没有得到妥善解决；⑥不法分子会利用非法手段盗取用户账号，或假借用户账号窃取服务；⑦云计算领域还面临着许多未知的威胁。业界目前针对云计算安全的研究主要目标就在于找到可以预防和检测上述各种威胁的方法。

除了云计算安全所面临的各类问题，现阶段对云计算服务器的系统故障检测主要依靠的是系统自检和用户监督手段。世界各大云服务提供商都曾有过宕机的经历，并公布了各自的宕机报告。从报告中能够看出，从发生宕机到恢复系统正常往往需要较长的时间。这段时间包括人员发现故障以及解决故障的时间。首先，发现故障并非是指系统突发性宕机或出现缺陷，而是系统由于某些原因产生运行效率下降、错误增多、用户读取延迟等情况，这些情况更多的是由云用户感知并反馈给服务人员的。之后，服务人员需要根据系统的运行日志及数据情况，依据经验推理故障发生的来源。对于大型的云服务中心，如此缓慢的检测和维修环节是令人难以接受的。可以从 Google 公司之前发布的宕机报告中得知，有时由于故障不够明显、故障原因模糊等，维修人员可能会采取不当的手段进行补漏，这有可能延长系统恢复正常的时间，有时甚至会让故障更加严重。云服务提供商有时也会通过数据备份来减少宕机对服务性能的影响。当数据出现问题时，工作人员需要现场编写调试程序并修正错误数据，但这个过程工作繁杂且容易出错。

可见，可信的云计算研究面临的技术挑战主要包括以下几个方面。

(1) 云计算服务数量和数据量的增多，会使系统故障的诊断越发困难。现阶段所使用的诊断流程难以适应云计算的发展。如果在故障初始阶段无法精确、快速地检测出故障原因，那么就会给故障恢复工作带来极大的困难。因此，云计算体系架构和安全措施的研究都应将此因素纳入参考范围。

(2) 故障的恢复过程主要依赖人工干预，通过调用脚本程序进行现场调试和问题排查，这种方式所需时间太长，且在干预过程中容易因为各种原因产生疏漏，容错率较低，甚至可能导致数据丢失、系统崩溃等严重且无法挽回的后果。在后续的研究中，需要考虑一种故障修复辅助工具或机制，来保证修复的速度和可靠性。

(3) 针对云计算服务过程中故障潜伏期较长且难以发现的问题，云计算架构、应用等在设计时应更多地考虑如何实现系统更高效准确的监测，通过对运行参数的收集和分析，发现系统潜在的隐患，为工作人员提供判定参考。

当前，人们大量的工作、生活信息和沟通交流越来越多地依赖于移动设备，而移动设备本身的易丢失、动态性、易被盗取等特征都使得不法分子将更多的入侵手段使用在移动云服务上，企图非法获取资源和财产。对于移动云服务用户身份和行为的识别及控制，具有重要的现实意义。因此，本章引入 Needleman-Wunsch 算法，基于用户正常时序行为集合，实现对用户异常行为的识别和检测。

用户行为的异常通常是由如下原因造成的：①用户本身设备出现故障，或受外部因素干扰和入侵，导致用户调用移动云服务时产生的操作和状态序列异于平时，使得资源和服务提供失败；②用户本身并未发生异常，但是其操作顺序产生了变化，这类情况可能被判定为用户时序行为异常。

在用户调用某个云服务接口时，用户与服务之间产生了用户时序操作序列 $\langle \mathrm{UID}|S_1\cdots S_n|\mathrm{OP}_1\cdots \mathrm{OP}_m \rangle$，本章提出一种基于 Needleman-Wunsch 算法的异常检测技术，将其与前文通过挖掘得到的用户正常时序行为参考集合 $\langle \mathrm{UN}_i \rightarrow C \rangle$ 做对比，通过判断两个序列的匹配程度，得出用户行为的异常得分，进而判断用户行为正常或异常。

6.2　Needleman-Wunsch 算法概述

Needleman-Wunsch 算法是 20 世纪 70 年代提出的一种序列全局比对算法，主要运用于生物信息学的 DNA 序列比对问题。用户时序行为形式化之后所产生的序列与 DNA 序列具有相似性，因此本章将 Needleman-Wunsch 算法的主要思想引入时序行为序列的全局比对。

Needleman-Wunsch 算法的基本思路如下。设定两个用户时序操作序列 S_1、S_2，则算法步骤为：初始化 S_1、S_2 矩阵→指定得分规则→填写每个字符对应的得分→从矩阵右下角最大分值进行路线回溯→将回溯路线转化为对比结果。此结果为 S_1、S_2 最佳全局比对。例如，给定两个用户时序操作序列 S_1=GAGCG、S_2=GGCT。

设定在最终的比对序列中，若对应位的字符相等，则得 10 分，若不相等，则得–3 分，若有空字符，则得–5 分。判定用户正常的得分阈值为 30。

算法的填分规则：

当 $a=b$ 时，这个格的值等于左上侧的值加上 10 即可。

当 $a \neq b$，即不匹配时，这个格的值等于左上侧的值减 3，或者上侧或左侧的值减 5，这三者中最大的一个值即这个格的值。

注意：当上侧、左侧或左上侧减掉相应的分得到相同的值时，优先选择指向左上侧方向。

Needleman-Wunsch 算法得到的矩阵如图 6.1 所示。

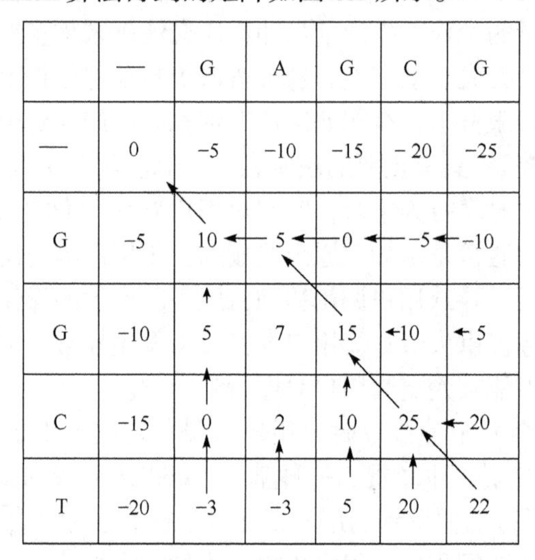

图 6.1　Needleman-Wunsch 算法实例图

按照路线回溯，得到最佳比对序列如下：

G A G C G

G _ G C T

因得分为 22，低于正常阈值 30，判定此用户为异常用户。则此算法得到的最终最优比对序列如式(6-1)所示：

$$S_{i,j} = \max\{S_{i-1,j-1} + s(a_i,b_j), \max_{x_1}(S_{i-x,j} - w_x), \max_{y_1}(S_{i,j-y} - w_y)\} \tag{6-1}$$

6.3　基于 Needleman-Wunsch 算法的用户时序行为实时判别算法

异常检测就是云计算系统通过对比用户的行为序列与正常行为，判断其状态是正常还是入侵的过程。通过异常检测方法，一方面可以保证系统本身的安全，使其免遭攻击，另一方面也可以保证用户的安全。一个优秀的检测算法应该可以同样检测出已知类型的攻击和未知类型的攻击,同时能够保证低误报率和漏报率。现阶段，有三种类型的检测系统被广泛使用：集中式入侵检测、等级式入侵检测和分布式入侵检测。这三种检测系统主要在系统架构方面有所差别，它们互有优缺点，适用于不同情况。应用于云计算的入侵检测技术主要有专家系统、神经网络(neural network, NN)、遗传算法、支持向量机(support vector machine，SVM)等。基于专家系统的入侵检测技术由计算机安全专家通过经验推理制定一套检测规则，对用户行为进行检测以达到自动检测的目的。神经网络检测系统主要依靠神经网络本身具有的强学习能力来对大量数据进行挖掘,探索出用户正常行为模式。遗传算法在挖掘和检测方面具有明显的优越性，支持向量机则能够通过数学模型和推理进行异常检测。

移动云计算服务器中存储着大量的企业信息和个人信息，这些隐私信息可以成为不法分子牟取利益的源泉，所以移动云计算环境目前已经成为网络入侵者的攻击目标，如图 6.2 所示。例如，移动用户的移动端设备被他人盗取后，他人利用此设备浏览用户隐私或盗取财产；用户的个人信息遭到窃取后，他人可通过移动云服务非法得利；不法分子利用移动设备进行基于云服务的类似常规入侵攻击等。可以发现，移动云环境下的入侵攻击更难以察觉和预防。相对于传统的云计算，移动云计算环境更加复杂，数据更加庞大。因此，适用于移动云计算的异常检测方法对其性能和稳定性有了更高的要求，无法将传统云计算中的异常检测技术照搬使用。本章提出的用户时序行为实时判别算法，引用基因学的 DNA 序列比对思想，可以提高算法效率；同时与模式挖掘模块互相协作进行系统的自我改进，使得系统能够更好地应对移动云环境的复杂性。

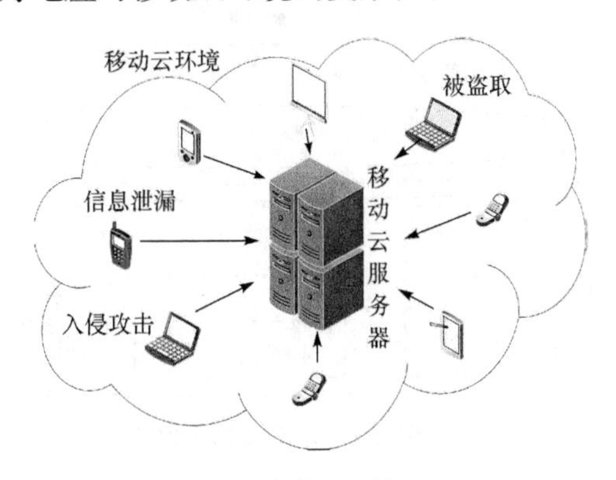

图 6.2　移动云环境

6.3.1　算法概述

移动云服务的用户异常检测是在用户实时调用云服务时进行的。系统配置的测试数据库会对异常检测程序进行不间断的调试。本算法的主要思想是比对用户实时行为序列和用户正常行为参考集中的序列，依照 Needleman-Wunsch 算法对实时行为序列进行评分，若评分高于设定的阈值，则判定为正常，反之判定为异常。算法可以分为以下几个步骤。

(1)筛选参考序列。系统根据用户所调用的移动云服务 C_j，在用户正常行为集中选取服务标识同样为 C_j 的序列，进入参考集 A 当中。

(2)根据用户实时行为序列设定阈值 T。此阈值表示判定为正常用户行为的最低 Needleman-Wunsch 算法得分。

(3)提取参考集 A 中的每个参考序列，将其与用户实时行为序列进行比对，并得出每次得分。

(4)按照投票机制，统计所有比对结果，根据结果的比例确定用户行为是否异常。

(5)考察每个参考序列，若它的判断结果与最终结果一致，则提高其适应度，反之则降低其适应度。

(6)系统不间断地使用模拟测试数据对自身进行检测，并将检测结果反馈给模式挖掘模块，若检测效率或准确率下降，则模式挖掘模块会启动自适应算法对自身进行改进。

异常检测流程如图 6.3 所示。

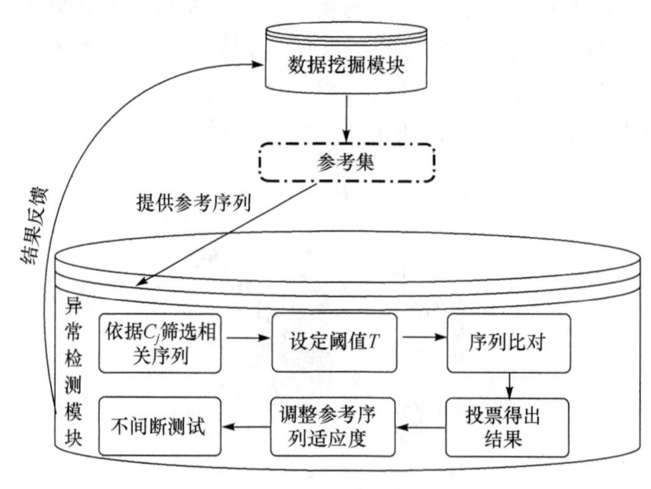

图 6.3　异常检测流程图

6.3.2　序列适应度

序列的适应度参数表示此参考序列的可信度，也就是检测目前移动云环境下用户行为的能力大小。这里采用 Needleman-Wunsch 算法进行序列适应度参数的计算。

系统在初始运行阶段，会得到少数的初始用户可信的行为序列。这些序列为系统各服务模块的逻辑调用序列，其可信度最高。在进行模式挖掘的过程中，通过交叉和变异操作不断产生新的序列，在该过程中，系统使用 Needleman-Wunsch 算法将其与最初可信序列进行比对，得到算法的得分，最后经过加权得到后代参考序列的适应度。

在系统实时检测用户行为的过程中，检测结果会不断调整序列的适应度。

6.3.3　参考序列筛选

用户调用云服务时，总是以某个服务单元为单位进行操作。在系统生成用户实时行为序列之后，抽取序列中的 C_j 位串，然后在所有参考序列中选取与 C_j 一致的序列，组成参考集，之后采用这个参考集进行后续比对。

此步骤的意义在于，根据用户调用的云服务减少系统比对的总次数，提高比对效率和准确率。

6.3.4　序列比对算法

Needleman-Wunsch 算法解决序列比对问题的基本思想可描述为：计算两个序列的比对结果值，将其放置于得分矩阵之中，再通过该得分矩阵回溯查找最优比对序列。根据前文的算法概述，Needleman-Wunsch 算法填充矩阵时，每个格的值由式(6-2)迭代计算确定：

$$M_{ij} = \min\begin{cases} M_{i-1,j+1} + \sigma(S_i, T_j) \\ M_{i-1,j} + \sigma('-', T_j) \\ M_{i,j-1} + \sigma(S_i, '-') \end{cases} \tag{6-2}$$

其中，M 为矩阵；S 和 T 为两个待比对序列；i 和 j 表示矩阵的行和列。利用式(6-2)计算得分矩阵，以得分矩阵的矩阵元素 $M_{m+1,n+1}$ 至右下角单元格为回溯范围，寻找一条最优路径。最终可能得到多条最优路径，这些路径具有相等的得分和相似度。

本研究中使用的算法伪代码如算法 6.1 所示。

算法 6.1　序列比对算法

1.	$M[0][0]=0$	6.	$M[x][y] = \min\begin{cases} M[x-1][y+1] + \sigma(S_x, T_y) \\ M[x-1][y] + \sigma('-', T_y) \\ M[x][y-1] + \sigma(S_x, '-') \end{cases}$
2.	Set the S sequence to the X axis		
3.	Set the T sequence to the Y axis		
4.	**for** every position in S	7.	**end for**
5.	**for** every position in T	8.	**end for**

从伪代码中可以看出，若 S 序列的长度为 m，T 序列的长度为 n，则本算法的时间复杂度为 $O(m\,n)$ 。

6.3.5　自适应阈值算法

由于异常检测算法主要是通过计算实际行为的得分，再将该得分与阈值进行比对，并最终依据比对结果来确定实际行为的正常或异常的。因此阈值的大小决定着检测结果中异常和正常的比例，对检测结果具有较大影响。不适当的阈值会使系统产生错报或漏报。

同位编码一致、缺失和不一致所对应的得分 S_s 、S_L 和 S_D 反映了 Needleman-Wunsch 算法对于序列相似性的侧重点，也会影响序列最终的比对结果，即算法性能。因此，在 Needleman-Wunsch 算法中，如何计算参考序列和实时序列同位编码在不同情况下的得分，也是本章需要考虑的要素。

据此，本章设计了基于时间自适应的阈值算法。算法的基本思路如下。

(1) 模拟文献[1]中的阈值计算方法，根据已有的庞大数据对系统进行测试实验，利用专家系统对测试结果进行分析，初步确定每天 24 小时对应的阈值。

(2) 在某个时刻，系统引用上一周对应此时刻的阈值进行异常检测。

(3) 在本日 24 时，系统按照本日所检测的所有数据结果，对检测准确率和误报率进行分析，并重新计算阈值。

可以将该阈值计算的思路应用于 S_s 、S_L 和 S_D 的计算。

6.3.6　投票机制

在使用 Needleman-Wunsch 算法得到每个参考序列的比对得分之后，将其与事先设定的阈值一一比对，若得分大于阈值，则判定结果为正常；若得分小于阈值，则判定结果为异常。然后，按照每个参考序列的适应度，对所有比对结果进行加权统计投票：适应度较高的序列，其结果所占权值较高；适应度低的序列，所占权值较低。最后统计所有加权之后的结果，按照少数服从多数的原则，将最终检测结果确定为权值较高的那个结果。此结果即此用户实时行为的检测结果。

6.3.7　结果反馈

若之前所有参考序列给出的结果与最终结果相同，则提高其适应度，反之则降低其适应度。对于用户，若最终结果检测为异常，则系统会对此用户 ID 施加相应的措施，如信息保护、操作限制、停封 ID 等。

同时，在系统运行过程中，会不断地使用测试数据库对系统进行测试。测试数据库中的数据应尽可能地模拟目前移动云环境的复杂度，以期测试的过程与实际情况有更高的相似度。将测试结果实时反馈给数据挖掘模块。根据测试的准确率，数据挖掘模块启动自适应程序对自身参考序列进行优化。

6.4　仿真实验及性能分析

6.4.1　仿真数据

本章使用两种数据集对所提出的方法进行测试和分析，一种是被业界广泛使用的 KDD CUP99 数据集，另一种是 DARPA 1999 数据集。在实验中，用三种异常检测算法对数据集中的攻击数据进行测试，以检验本章异常检测算法在误报率方面的优越性。

KDD CUP99 数据集中有海量的测试数据，且都已经被标记了是正常数据还是异常数据，因此本实验从测试集中抽取 4000 条记录，并将其分为四组子集，即 A1、A2、A3 和 A4，每个集合中包含 1000 条记录，其中正常行为占 90%，异常攻击占 10%。各个子集中攻击类型的分布如表 6.1 所示，攻击种类组成对比如图 6.4 所示。

表 6.1　测试集攻击类型分布

攻击一级分类	攻击二级分类	A1	A2	A3	A4
PROBR	Ipsweep	19	10	5	4
	Nmp	2	11	1	5
	Portsweep	12	12	2	10
	Satan	18	5	5	8
DOS	Back	4	14	4	5
	Mailbomp	4	9	7	2
	Smurf	4	6	7	3
	Neptune	4	3	3	2
U2R	Apache	6	1	11	2
	Httptunnel	1	5	15	1
	Buffer_overflow	5	8	18	4
	Mscan	7	8	8	12
R2L	Guess_password	1	1	7	26
	Saint	11	4	4	13
	warezmaster	2	3	3	3

从图 6.4 可以看出，将所有数据分为四个测试子集的目的是人为地区分它们的攻击类型组成，以此来检测本算法应对不同攻击类型的性能。

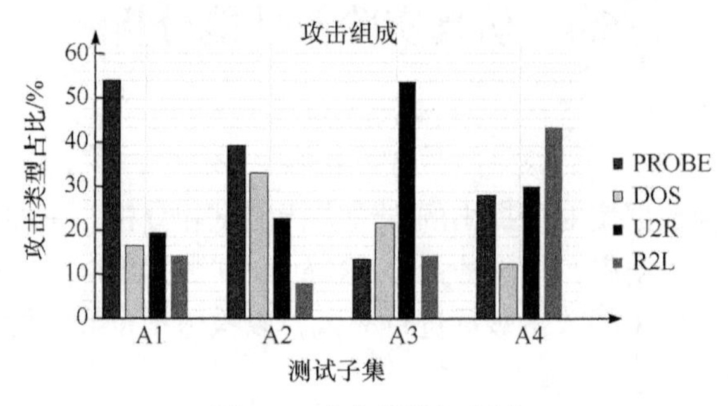

图 6.4　攻击种类组成图

6.4.2　算法验证

利用本章提出的基于 Needleman-Wunsch 算法的异常检测方法，针对数据集中不同的攻击类型，计算和输出数据集对应的检测数、检测率、误报率及 ROC(receiver operating characteristic)曲线，验证所提算法的可用性和有效性。通过仿真实验，得到算法的最大检测率和误报率如表 6.2 所示。

表 6.2　算法的检测结果

攻击二级分类	检测数	检测率/%	误报率/%
Ipsweep	108	100	0
Nmp	41	89	0.2
Portsweep	20	100	0.1
Satan	16	88	0.3
Back	16	100	0.1
Mailbomp	16	100	0
Smurf	15	75	0.1
Neptune	13	89	0.1
Apache	12	89	0.2
Httptunnel	11	90	0.1
Buffer_overflow	11	80	0.1
Mscan	8	81	0.1
Guess_password	8	100	0.1
Saint	7	78	0.1
warezmaster	7	90	0.2

从表 6.2 中可以发现，本章算法对于目前已知的各种攻击方式具有较高的兼容性，对于不同的攻击方式有良好的检测率和较低的误报率。在表 6.2 的攻击方式中，由于 DOS 和 PROBE 攻击所占比例较高，所以其检测率更高，而 U2R 和 R2L 攻击较难检测，这是由它们本身的潜藏性和复杂性所决定的，对大多数泛用异常检测方法，这两种攻击都是较难检测的攻击种类。

之后，调整阈值的大小，计算并连接本章算法检测各类攻击所得的检测结果，得出本章算法针对不同攻击的 ROC 曲线。ROC 曲线简单直观地反映了异常检测算法对攻击的识别能力，如图 6.5 所示。

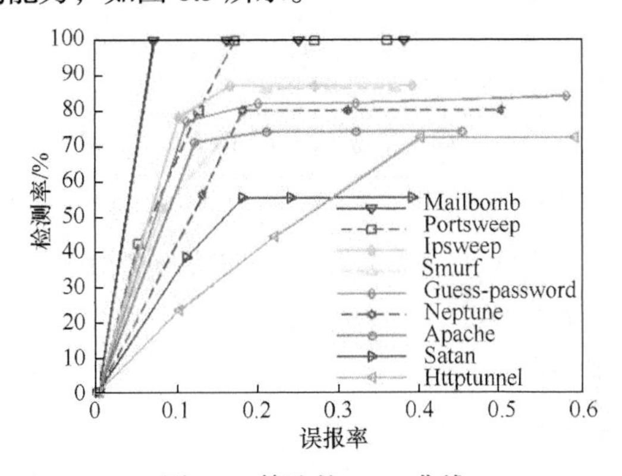

图 6.5　算法的 ROC 曲线

图 6.5 显示，本章算法对于不同的攻击，所绘制出的曲线斜率都大于 1，这表明其图像都处于上三角。对于 Mailbom、Portsweep 等攻击类型，本章算法的检测率可以达到饱和。实验证明本章算法对于网络中常见的攻击能够做出有效检测。

6.4.3　性能比较

6.4.2 节的实验结果反映本算法应对多样攻击均能表现出较好的检测率和较低的误报率，有很强的鲁棒性。本节基于 KDD CUP99 数据集，将本章算法同 SVM、*K*-means 聚类两种算法进行对比，检测本章算法同其他主流算法的性能差异，验证其可用性和可靠性。实验结果如图 6.6 和图 6.7 所示。

图 6.6 中可以看出，对比 SVM、*K*-means 聚类两种算法，本章算法在检测率方面呈现出明显优势，主要表现在针对不同的攻击类型都能表现出较高的检测率，且比较稳定。图 6.7 则表明本章算法保持了较低的误报率。此外，本章算法针对四组攻击，漏报率都较低且浮动不大。所以，实验表明本章算法对主流攻击的检测具有更高的可靠性。

表 6.3 中展示了本章算法与 SVM、*K*-means 聚类两种算法同时对 DARPA 1999 数据集中周 2、周 4、周 5 的三类攻击数据进行检测之后的误报率统计情况。可以看出，本章算法的误报率较其他两种算法更低。

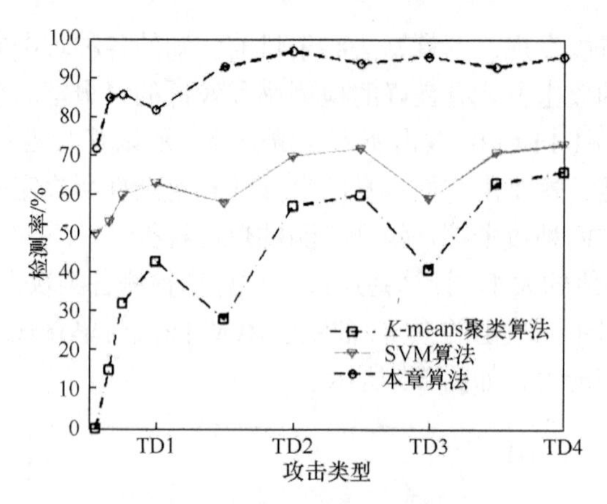

图 6.6　算法检测率对比

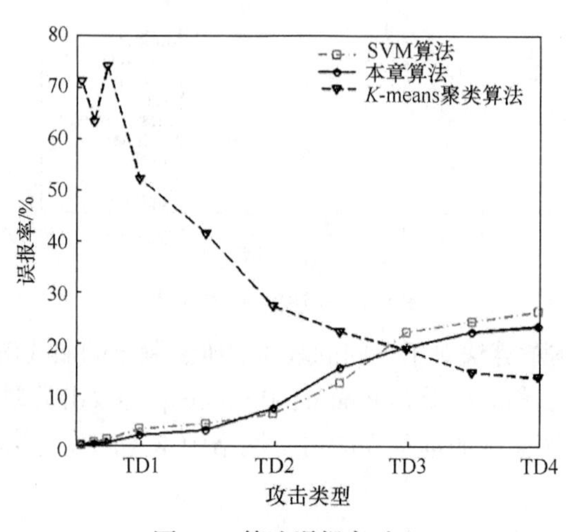

图 6.7　算法误报率对比

表 6.3　算法的检测结果

算法	误报率		
	周 2	周 4	周 5
K-means 聚类算法	0.129	0.204	0.131
SVM 算法	0.155	0.221	0.141
本章算法	0.017	0.201	0.102

6.5　本 章 小 结

人们的生活越来越离不开移动设备，而且移动设备本身的易丢失、动态性、易被盗取等特征都使得不法分子将更多的入侵手段使用在移动云服务上，以此来非法地获取资源和财产。因此，如何识别移动云服务用户身份和行为，具有很高的现实意义。

用户行为异常是由多种原因造成的。用户本身设备出现的故障，或者外部因素干扰和入侵,可能导致用户调用移动云服务时产生的操作和状态序列异于平时，使得资源和服务的提供不成功；也可能用户本身虽然并没有异常问题，但是其操作顺序有了变化，从而被判定为用户异常时序行为。

本章的主要研究集中在引入生物学中的序列比对算法，即 Needleman-Wunsch 算法进行用户行为的异常检测。首先介绍了 Needleman-Wunsch 算法的基本概念和机制；然后阐述了本章序列的适应度确定方法、参考序列的筛选、序列的比对过程、投票机制以及最终结果的反馈；最后介绍了仿真实验及实验结果，证明了算法的高准确率、低误报率。

参考文献

[1] Lakshminarayanan K, Rangarajan A, Venkatachary S. Algorithms for advanced packet classification with ternary CAMs[C]. Proceedings of the ACM SIGCOMM 2005 Conference on Applications, Technologies, Architectures, and Protocols for Computer Communications, Philadelphia, 2005:193-204.

第 7 章　基于多标签超网络的云用户行为认定模型

7.1　引　　言

近年来，信息技术飞速发展，世界经济迅速融为一体，人类已经进入了大数据时代。伴随着移动终端数量的急剧增长，移动云计算的广泛应用成为不可逆转的趋势。云计算从桌面市场转向移动市场是主要的发展方向，但同时也产生了各种各样的复杂问题，其中在“用户–环境–服务”三个方面表现得尤为明显。以智能终端作为信息接入口的移动云服务，通过移动互联网实现各类综合服务。如何向用户提供绿色、可靠、稳定的终端服务是移动云服务领域的核心与关键。站在用户的角度来看，如何在用户和云之间建立一个信任关系成为研究热点。其中，如何在云服务进入实质性服务提供流程之前，对用户行为进行细粒度划分和识别，成为首要问题。

7.2　相 关 理 论

7.2.1　分类算法

分类算法是模式识别、数据挖掘、异常检测等领域中一个重要的研究方向，一直受到国内外研究学者的重视。分类(classification)简单来讲就是按照某种标准为对象贴上相应的标签，再根据这些标签来对它们进行区分归类。随着对分类算法研究的不断增多和深入，越来越多的应用成果涌现出来。当前，在单标签分类问题上，已经进行了较为深入的研究，提出了很多成熟的相关算法。SVM 具有很高的分类正确率，但在内存需求和参数设置上比较烦琐。决策树(decision tree, DT)分类模型是非参数的，但是容易出现过拟合现象。朴素贝叶斯[1,2](naive Bayes, NB)算法简单，对缺失数据不敏感，并且收敛速度很快。*K* 最邻近(*K*-nearest neighbour, KNN)分类算法本身简单有效，但是计算量很大。

多标签分类算法利用行为标签间的依赖关系来提升分类器的性能，对于一些不太复杂且规模较小的关系数据，能够获得较好的分类精度，但节点的特征却难以通过关联分类模型的学习获得。算法适应和问题转换是多标签分类中的两大难点。算法适应是指将处理单标签分类问题所用到的算法进行处理改造，使之成为处理多标签问题的算法，如 Adaboost MH 算法、RankSVM 算法[3]及 Boos Texter 算法。问题转换是指将多标签分类问题转换成多个单标签问题来解决，转换后可以用之前提到的算法进行标签判定，常用的转换方法有密集法、一对一解法及一对多解法等。

7.2.2　传统的超网络模型

超网络是一个加权随机超图，其中顶点之间的高阶相互作用被表示为超边。正式来讲，超网络可以表示为 $H=(V,E,W)$，其中 V、E、W 分别表示顶点、超边和超边权重。在超网络中，顶点对应于特征或数据变量，超边表示两个或多个顶点之间的任意关系。超网络的每个超边都与权重相关联，以指示顶点之间关系的重要性。因此，超网络被认为是表征特征之间高阶关系的超集的大集合。

在超网络中，学习任务可以认为是存储或记忆给定的数据集 $D=\{x_i|1\leqslant i\leqslant N\}$，其中 $x_i=[x_{i1},x_{i2},\cdots,x_{id}]$，是由 d 维特征向量表示的数据实例。令 $\varepsilon(x_i;W)$ 表示超网络的能量函数，其中 x_i 是第 i 个存储的数据实例，W 表示超边的权重，由吉布斯分布给出超网络生成数据实例的概率，定义为

$$P(x_i|W)=\frac{1}{Z(W)}\exp\left(-\varepsilon(x_i;W)\right) \tag{7-1}$$

其中，exp 为玻尔兹曼因子；$Z(W)$ 为一个归一化项，定义为

$$Z(W)=\sum_{i=1}^{N}\exp\left(-\varepsilon(x_i;W)\right) \tag{7-2}$$

在监督学习中，每个训练数据实例与标签 y 相关联。可以通过向顶点集合 V 添加额外的顶点 y 来表示超网络分类器。因此，超网络表示输入实例 x 和类标签 y 的联合概率分布，如式(7-3)所示：

$$P(x,y|W)=\frac{1}{Z(W)}\exp\left(-\varepsilon(x,y;W)\right) \tag{7-3}$$

对于使用超网络的数据分类，给定输入实例 x，其类标签 y^* 通过计算每个类的条件概率，并选择具有最高条件概率的类标签作为输出来确定。超网络分类方法如式(7-4)所示：

$$y^*=\arg\max_{y\in Y}\left(P(y|x)\right)=\arg\max_{y\in Y}\left(\frac{P(x,y)}{P(x)}\right) \tag{7-4}$$

超级网络表示一个超边群体及其权重的数据概率模型，可以用于训练数据集。超网络的任务是更新超边的权重，最小化训练数据上的分类误差。

7.3　云用户行为认定模型

7.3.1　特征选择

特征选择[4]和特征构造是提高特征集识别能力的常用方法。从原始特征集中选择相关特征向量，减少特征数目，并将它们结合起来，可以构建新的高层次特征，从而使它们具有更好的辨别力。本章定义 Dis 来度量特征的重要性，评估各个特征向量的辨别能力。它用于最大化类之间的特征距离并最小化同一类中的特征距离，计算每个特征向量的辨别能力并排序，选取辨别能力好的 D 个特征向量进行特征构造。计算过程如式(7-5)所示：

$$\mathrm{Dis}=\frac{1}{1+\mathrm{e}^{-5\left(D_p-D_q\right)}} \tag{7-5}$$

其中，D_p 为一个特征向量与它最邻近的不同类特征向量之间的平均距离；D_q 为一个特征向量与它最远的同类特征向量之间的平均距离。用行为实例 S 作为训练集，计算 D_p 和 D_q，如式(7-6)和式(7-7)所示：

$$D_p=\frac{1}{S}\sum_{i=1}^{|S|}\min \mathrm{Dis}\left(V_j,V_k\right) \tag{7-6}$$

$$D_q=\frac{1}{S}\sum_{i=1}^{|S|}\max \mathrm{Dis}\left(V_j,V_k\right) \tag{7-7}$$

其中，$j\neq k$ 且 $\mathrm{class}\left(V_j\right)\neq \mathrm{class}\left(V_k\right)$

在式(7-6)和式(7-7)中，$\mathrm{Dis}\left(V_j,V_k\right)$用于表示两个近似特征向量 V_j 和 V_k 之间距离的度量。在此，引入 Czekanowski 距离来评估两个特征向量的不相似性，如式(7-8)所示，它是基于两个特征向量之间的共享部分来进行计算的，d 代表特征维度，其值在 $[0,1]$ 范围内有界。

$$\mathrm{Czekanowski}\left(V_j,V_k\right)=1-\frac{2\sum_{d=1}^{n}\min\left(V_{jd},V_{kd}\right)}{\sum_{d=1}^{n}\min\left(V_{jd}+V_{kd}\right)} \tag{7-8}$$

7.3.2　特征选择

特征选择旨在选择尺寸为 D 的特性子集，从而消除冗余的无关特征，降低计算复杂度，提高分类性能，也提高模型的可解释性。训练集大小为 N，为 $\{(x_1,y_1),\cdots,(x_i,y_i),\cdots,(x_N,y_N)\}$，对于第 i 个样本，$x_i=[x_{i1},x_{i2},\cdots,x_{iN}]^{\mathrm{T}}\in R^D$ 是 D 维特征向量，$y_i=[y_{i1},y_{i2},\cdots,y_{iC}]^{\mathrm{T}}\in\{1,0\}^C$，代表 C 维二进制标签向量，1 代表相关，0 代表无关。使用两个矩阵来描述训练集，如式(7-9)和式(7-10)所示：

$$X=[x_1,\cdots,x_i,\cdots,x_N]^{\mathrm{T}}=\left[x^{(1)},\cdots,x^{(k)},\cdots,x^{(D)}\right] \tag{7-9}$$

$$Y=[y_1,\cdots,y_i,\cdots,y_N]^{\mathrm{T}}=\left[y^{(1)},\cdots,y^{(l)},\cdots,y^{(C)}\right] \tag{7-10}$$

其中，$x^{(k)}$ 为第 k 个特征向量；$y^{(l)}$ 为第 l 个二进制标签向量。

7.3.3　基于多标签超网络的异常行为划分机制

多标签分类利用训练集训练分类器 $f(x)$，并据此预测不可预见的样本的相关标签。本章提出一种基于多标签超网络的云用户行为认定模型，通过用户行为的细粒度划分，提高异常检测的准确率。该模型将用户正常行为数据库训练成一个超网络，将当前的用户行为作为实例输入超网络中进行分类，如果一次分类成功找到标签，则认定为正常用户；若没找到标签，则更新超网络权重，替换超边，进行标签的二次查找：若找到标签，则认定为风险型用户，反之则认定为恶意用户。基于多标签超网络的云用户行为认定模型流程如图 7.1 所示。

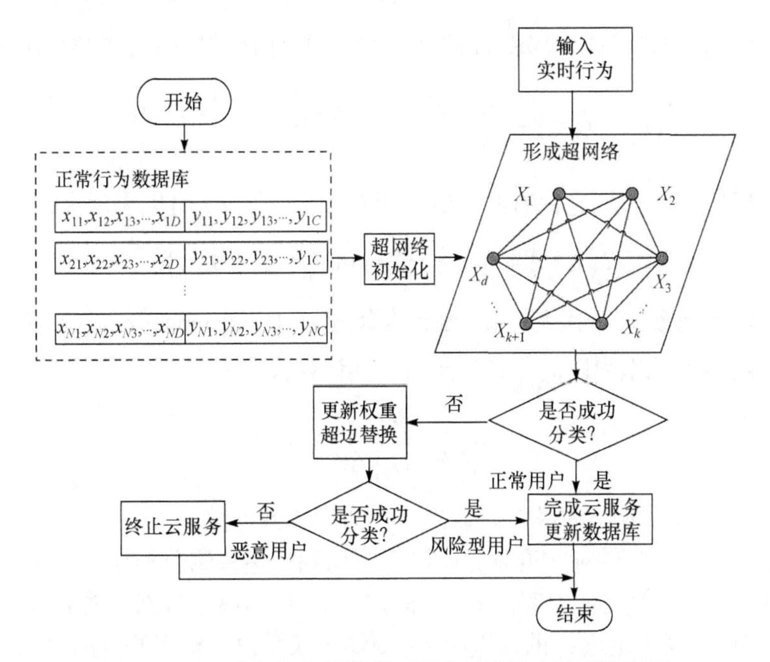

图 7.1　基于多标签超网络的云用户行为认定模型流程图

多标签超网络 $H=(V,E,W)$ 有三重定义：V 表示对应于数据特征的顶点集合，E 表示一组超边，$W=\left[w_1,w_2,\cdots,w_{|E|}\right]^{\mathrm{T}}$ 表示一个实数矩阵，其中每一行代表一个特定超边的权重向量。在多标签超网络中，每个超边 e_i 由三部分组成：顶点集 $v_i\subseteq V$，标签向量 $y_i=\left[y_{i1},y_{i2},\cdots,y_{iC}\right]$ 和权重向量 $w_i=\left[w_{i1},w_{i2},\cdots,w_{iC}\right]$。$v_i$ 和 y_i 是从训练数据实例生成的，w_i 是从训练数据获得的参数。在监督学习中，$P(x,y_i\,|\,W)(1\leqslant i\leqslant m)$ 的每个训练数据实例 x 通过超边与其权重向量 w_i 和标签 y_i 关联起来，如式(7-11)所示：

$$P(x,y_i\,|\,W)=\frac{1}{Z(W)}\exp(-\varepsilon(x,y_i;W)) \tag{7-11}$$

其中，$\varepsilon(x,y_i;W)$ 称为能量函数，可以是对数函数或者 S 型函数；$Z(W)$ 为归一化项；W 为权重矩阵，由用户正常行为数据集训练而来，可以不断更新；$y_i\in\{0,1\}$ 为类标签。

在此，用对数函数来计算能量函数，如式(7-12)所示，其中 $|E|$ 表示超边总数，w_{ji} 是超边 e_j 的标签权重。

$$\varepsilon(x,y_i\,|\,W)=-\ln\left[\sum_{j=1}^{|E|}w_{ji}I(x,y_i;e_j)\right] \tag{7-12}$$

$I(x,y_1;e_j)$ 是式(7-12)中定义的匹配函数，其计算过程如式(7-13)所示：

$$I(x,y_i;e_j)=\begin{cases}1, & \text{distance}(x;e_j)\leqslant\delta \text{ 且 } y_{ji}=y_i\\ 0, & \text{其他}\end{cases} \tag{7-13}$$

对于任何标签 y_i，它只有两个值，即 0 和 1，所以 I 可以表示为式(7-14)：

$$I(x;e_j)=I(x,y_i=1;e_j)+I(x,y_i=0;e_j) \tag{7-14}$$

对于匹配函数，y_{ji} 代表标签 i 是否在超边 e_j 中，$\text{distance}(x;e_j)$ 表示实例 x 与超边 e_j 之间的欧几里得距离，δ 为阈值，其计算公式为

$$\delta=\frac{1}{|D|}\sum_{x\in D}\frac{1}{|G_x|}\sum_{x'\in G_x}\|x-x'\| \tag{7-15}$$

其中，G_x 为数据实例 x 的最邻近集合；D 为训练数据集。

在用户异常行为的细粒度划分阶段，将用到标签预测分类算法。对于使用超网络的数据分类，给定输入实例 x，根据式(7-16)计算属于数据实例的每个标签的概率，其中 w_{ji} 表示超边 e_j 的权重向量的第 i 个权重值。对于给定的输入实例 x，

其类标签 y_i^* 根据式(7-17)计算每个类的条件概率，并选择具有最高条件概率的类标签作为输出。

$$P\left(y_i=1|x\right)=\frac{P\left(x,y_i=1\right)}{P\left(x\right)}=\frac{\sum_{j=1}^{|E|}w_{ji}I\left(x,y_i=1;e_j\right)}{\sum_{j=1}^{|E|}w_{ji}I\left(x,y_i=1;e_j\right)+\sum_{j=1}^{|E|}w_{ji}I\left(x,y_i=0;e_j\right)} \tag{7-16}$$

$$y_j^*=g\left(P\left(y_j=1|x\right),\sigma_j\right)=\begin{cases}1, & P\left(y_i=1|x\right)\geqslant\sigma_j\\0, & \text{其他}\end{cases} \tag{7-17}$$

其中，σ_j 是标签 j 的阈值，计算过程如式(7-18)所示：

$$\sigma_j=\arg\max\left(\sum_{i=1}^{N}f\left(y_{ij},y_j^*\right)\right),\quad 0\leqslant\sigma_j\leqslant1 \tag{7-18}$$

$f\left(y_{ij},y_j^*\right)$ 的计算如式(7-19)所示：

$$f\left(y_{ij},y_j^*\right)=\begin{cases}1, & y_{ij}=y_j^*\\0, & y_{ij}\neq y_j^*\end{cases} \tag{7-19}$$

其中，y_{ij} 为第 i 个训练实例的标签 j 的真实值；y_i^* 为阈值预测的标签 j 的值。如前所述，若一次找到当前实例的标签，则认定此行为为正常用户行为。否则进行权重更新，替换超边，再次进行标签预测。

为了减少标签预测的不确定性，引入 K 最近邻方法，在学习和分类过程中，首先识别每个实例的 K 个最近邻居，然后从这些最近邻居生成的超边中匹配此实例。

由于超边的产生存在随机性，有必要在第一次分类未成功时进行超边替换，使训练数据更好地适应超边。在替换过程中，对于每个超边 e_i，首先计算其适合度，然后从生成 e_i 的相同训练实例中生成新的超边集合，并计算新集合的适应度。如果新超边的适应度大于 e_i 的适应度，那么 e_i 将被新的超边替代。适应度计算公式为

$$\text{fitness}(e_i)=\frac{1}{|G|}\sum_{(x_i,y_i)\in G}\frac{1}{m}\sum_{j=1}^{m}\left|\left\{j\,|\,y_{ij}=y_j'\right\}\right| \tag{7-20}$$

其中，G 为与超边 e_i 匹配的训练实例集合；m 为可能的标签数量；y_{ij} 为实例

(x_i, y_i)的标签 j 的值；y'_j 为超边 e_i 的标签 j 的值。

超边的适应度为超边标签与训练样本的标签之间的平均值,与训练样本匹配，相似度越高，适应度越大。从式(7-14)中可以看出，训练实例的标签和匹配的超边标签之间的相似度越高，实例被正确分类的概率越高。替换超边之后，再次对实例进行分类，若分类成功，则认定其为风险型用户；若还未成功分类，则认定其为异常用户。本章相应的算法描述如算法 7.1 所示。

算法 7.1 基于多标签超网络的云用户行为认定模型

1. 对用户正常行为数据库中的数据用式(7-5)～式(7-8)进行特征选择并构造
2. 用式(7-1)、式(7-12)～式(7-15)形成最初的超网络模型
3. while 将实时行为 x 输入初始化的超网络 do
4. if 用式(7-16)～式(7-19)成功分类找到标签，则认定为正常用户，更新数据库
5. else 用式(7-20)进行超边替换，更新超网络
6. end if
7. end while
8. while 将用户行为输入更新后的超网络，再次利用式(7-16)～式(7-19)进行标签寻找 do
9. if 成功分类找到标签，则认定为风险型用户
10. else 认定为恶意用户，进行警报
11. end if
12. end while

7.4 仿真实验及结果分析

本节通过仿真数据集来验证本章算法，证明本章提出的模型能够直观、准确地描述用户的行为，并且能够区分恶意用户及风险型用户。此外，将本章算法与经典的基于 K-means 的异常分析算法、基于最邻近方法的异常分析算法在检测率、检测速度以及准确率三个方面进行对比，实验证明本章所提出的基于多标签超网络的云用户行为认定模型在恶意用户识别方面具有高效性与准确性。

7.4.1 实验场景

本章实验硬件环境为 Intel Core i5-2400CPU，主频 3.10GHz，内存 4GB，操作

系统为 Windows7，64 位。编程工具使用 MATLAB(R2014b)。

实验数据来源于 KDD CUP99 数据集。KDD CUP99 数据集包含两个集合，其中一个作为训练集，另一个作为测试集。训练集中的攻击类型可分为 DDOS、R2L、U2R 及 PROBE 四大类别。

实验数据集比较庞大，为了方便计算，仅选取训练集和测试集的 10%进行仿真实验，攻击类型和数目如表 7.1 所示。

表 7.1　攻击类型及数目

标签	类别	训练集的 10%	测试集的 10%
0	NORMAL	2923	4869
1	DDOS	7422	3629
2	PROBE	2152	271
3	R2L	99	358
4	U2R	5	22

为了方便计算，使用数据集的最后一列(即第 42 位)记录攻击的类型，本实验只对攻击和正常两种状态进行区分。当最后一列(即数据的第 42 位)属性标注为“NORMAL”时，记为正常行为，值为 1；其余为攻击行为，赋值为–1。

首先，构建不同异常比例的数据集作为训练样本进行多标签训练，如图 7.2 的(a)、(b)给出的 1%、5%、10%、20%、30%和 40%，据此来分析不同的异常比例对分类算法性能的影响。然后，使用相同的实验数据比较在不同平衡度下训练样本对 *K*-means、最邻近算法和本章算法的准确性，选择出一个合适的平衡程度。从图 7.2 中可以看出，*K*-means 算法和最邻近算法的准确性都随着异常比例的提升而变高，但本章算法在总体性能上比较稳定，且在 20%时更为平稳。因此，在接下来的仿真实验中，异常行为数据的比例选定在 20%左右。

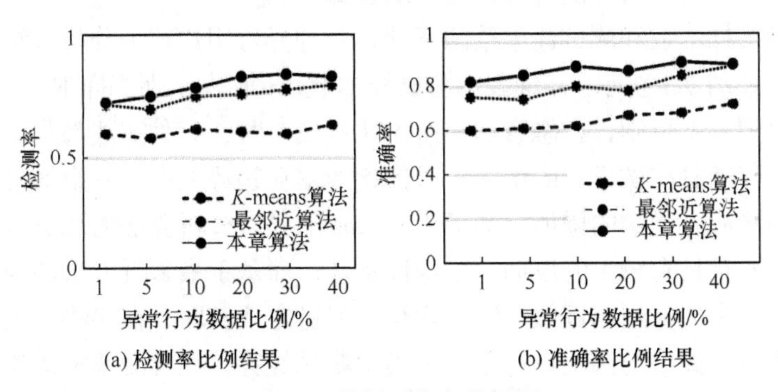

图 7.2　数据平衡度分析图

确定了数据平衡度之后，下面将对用户的细粒度划分进行验证。从异常行为比例为 20%的数据集中随机抽取两组不同用户，分别记为 TRAIN 和 TEST，其中 TRAIN 用于训练多标签超网络，TEST 用于算法验证。为了验证本章所提出的行为认定模型对恶意用户和风险型用户的识别能力，利用 KDD CUP99 数据集分别模拟两种用户的行为。其中，恶意用户是指数据集中第 42 位属性位标识为 DDOS、R2L、U2R 及 PROBE 的数据。而风险型用户只在某一些时刻会表现出行为异常，在大多数情况下的行为表现为正常。因此，改变基于时间的网络流量统计特征，在某时刻向目标主机发送大量的 HTTP 请求，模拟风险型用户。该行为在表面上与恶意用户非常类似，但是由于攻击时间很短，第 42 位标识属性仍然为 NORMAL。

7.4.2 仿真结果

本实验选用数据集 TEST 测试云用户行为认定模型，并将本模型与经典基于 *K*-means 的异常分析算法以及基于最邻近方法的异常分析算法进行对比。选取 50000 条数据进行模型训练(异常行为数据的比例选定在 20%左右)。然后随机抽取测试集进行测试。通过在某随机时刻发送大量随机内容的 HTTP 请求模拟风险型用户的行为，其请求内容为随机页面。这种用户对敏感页面的访问次数增加，导致吞吐量和点击次数异常，但是攻击时间很短，第 42 位标识属性仍然为 NORMAL。

实验选取了检测率、检测速度与准确率三个关键性指标来衡量本章所提出算法的检测效果。其中，检测率是指攻击用户的检出量与攻击样本总数的比例，准确率是指恶意用户的检出量与异常样本总数的比例(主要体现在对风险型用户的检测数上)。为此通过改变恶意用户和风险型用户的比例来测试本章所提算法的检测率、检测速度及准确率，并且与经典的基于 *K*-means 的异常分析算法以及基于最邻近方法的异常分析算法进行比较，结果如下。

随着训练样本数和测试样本数的不同，三种异常用户行为分析方法获得了不同检测率，如图 7.3 所示。x 轴表示测试样本数，y 轴表示训练样本数，z 轴表示检测率。由图 7.3 可知，在恶意用户所占比例较小时，三种算法都具有较高的检测率，并且伴随着测试样本的增多，整体检测率在趋势上都有一定的提升。但伴随着恶意用户所占比例的增加，基于 *K*-means 的异常分析算法的恶意行为检测率明显下降，并且具有较大的波动，稳定性不佳；而基于最邻近方法的异常分析算法对于恶意行为的检测率近似呈线性增长，但稳定性较弱，在趋势上表现出小幅度下降。本章所提出的云用户行为认定模型略显优势，在检测率整体趋势上表现出了较好的稳定性和较高的检测率。

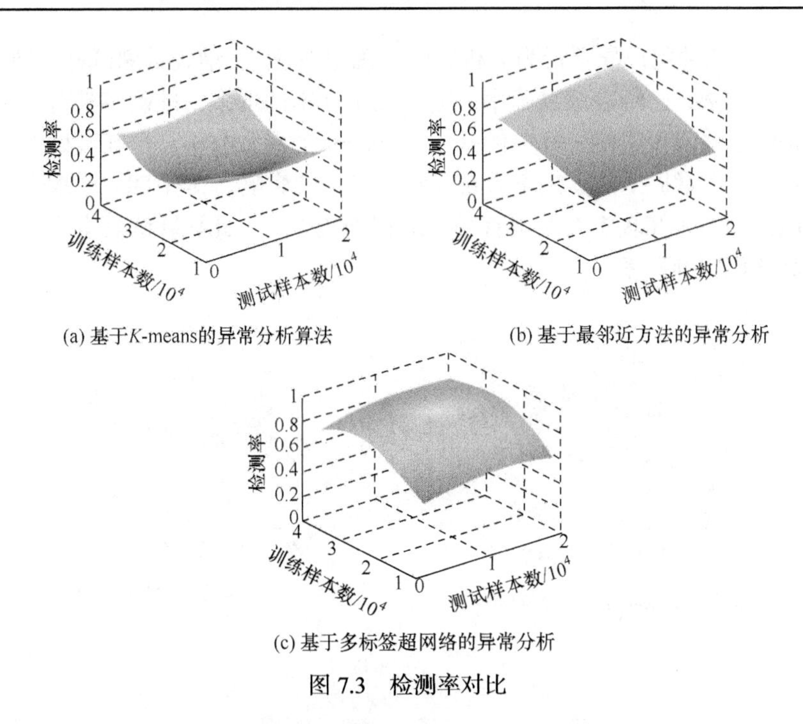

(a) 基于K-means的异常分析算法　(b) 基于最邻近方法的异常分析

(c) 基于多标签超网络的异常分析

图 7.3　检测率对比

如图 7.4 所示，本章采用多标签超网络对用户行为进行训练，并将当前行为进行直接分类，提升了检测样本的检测速度。

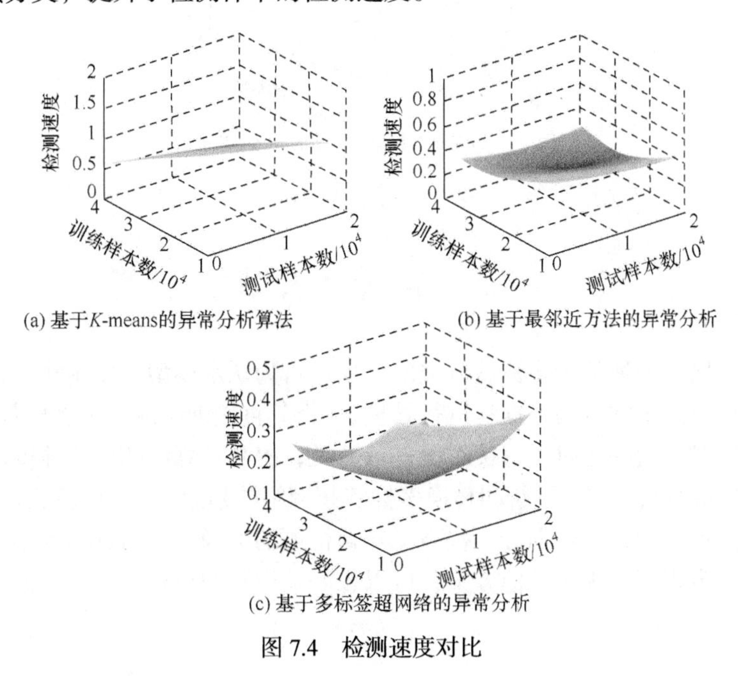

(a) 基于K-means的异常分析算法　(b) 基于最邻近方法的异常分析

(c) 基于多标签超网络的异常分析

图 7.4　检测速度对比

图 7.5 为三种用户异常行为分析算法准确率对比。x 轴表示测试样本数，y 轴表示训练样本数，z 轴表示准确率。随着测试样本的增多，准确率都有一定的提高，但是由于受噪声影响，经典的基于 *K*-means 的异常分析算法在准确率上的表现很不稳定。本章提出的算法不容易受噪声带来的影响，具有 DDOS 攻击识别的能力。同时，对未知攻击类型也有一定的识别能力，因此该算法具有良好的稳定性和较高的识别准确率。

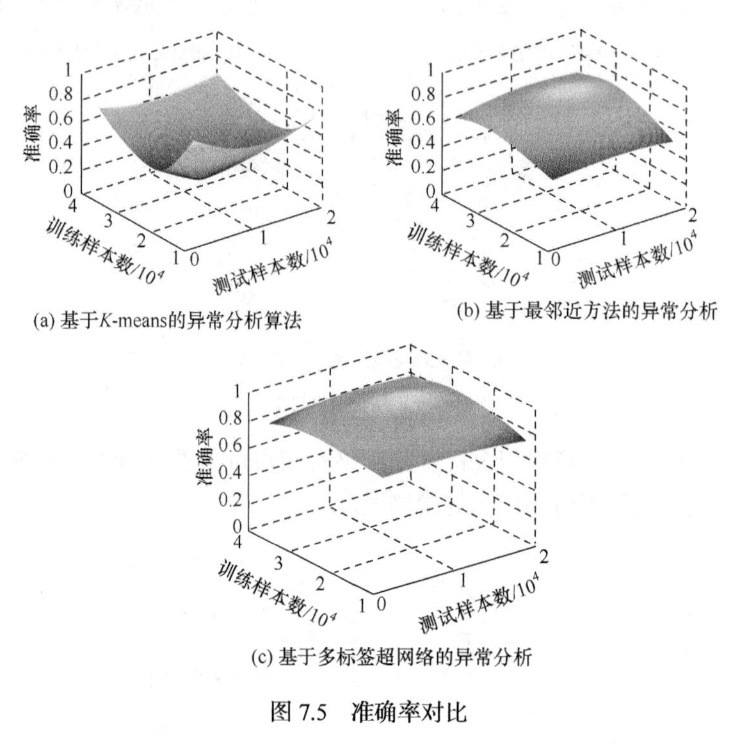

(a) 基于*K*-means的异常分析算法

(b) 基于最邻近方法的异常分析

(c) 基于多标签超网络的异常分析

图 7.5 准确率对比

7.5 本 章 小 结

本章提出了一种基于多标签分类的云用户行为认定模型。使用特征选择及构造技术对用户的正常行为数据集进行处理,并将其直接训练成一个多标签超网络。当有用户实时行为到达时，直接对其进行分类，提高了算法的检测速度。当用户第一次标签寻找失败时，更新和替换多标签超网络的超边，对当前行为进行分类，实现了用户行为的细粒度划分，提高了异常检测的准确率。仿真实验结果表明，该方案在一定程度上优于其他方案，可以较好地识别用户行为的正常或异常。

参考文献

[1] Agius P, Ying Y, Campbell C. Bayesian unsupervised learning with multiple data types[J]. Statistical Applications in Genetics & Molecular Biology, 2009, 8 (1) : 1-27.

[2] Varando G, Bielza C, Larrañaga P. Decision functions for chain classifiers based on Bayesian networks for multi-label classification[J]. International Journal of Approximate Reasoning, 2016, 68:164-178.

[3] 聂慧, 彭娇, 金晶, 等. 基于多核系统的并行线性 RankSVM 算法[J]. 计算机应用研究, 2017, 34 (1) : 46-51.

[4] Brankovic A, Falsone A, Prandini M, et al. A feature selection and classification algorithm based on randomized extraction of model populations[J]. IEEE Transactions on Cybernetics, 2017, 99: 1-12.

第 8 章　基于模式增长的异常行为识别与自主优化方法

8.1　引　　言

研究用户可信性，即研究用户身份和带有用户时序操作的可信问题[1]。通过用户时序行为序列的比对识别用户的行为是正常还是异常。异常行为中，无论其属于何种异常类别，均表现出新的行为模式或者是与以往的行为模式不相同。伴随着对云服务访问和用户/服务器端交互的逐渐深入，“用户-时序-操作”标识片段的分支与干扰也将随之增加，因此需要研究剪除动态“用户-时序-操作”标识片段在用户身份认定、时序特征判定和操作特征比对等维度干扰因素的方法，准确完成时序行为图与正常时序行为集的匹配[2,3]。

对于云服务请求，各用户的请求有一定的突发性和随机性。但是长期来看，特定用户对云服务的请求操作有迹可循，具有一定的稳定性，因此可以使用挖掘模型对其行为进行挖掘。用户异常行为的识别存在以下两个问题：如何在进行用户身份及其行为的可信性判定与识别之前获得“用户-时序-操作”有序集合；如何完成对“用户-时序-操作”有序集合的实时判别与自主优化，以实现用户对服务实施的操作和动作行为的可识别、可控制。

针对以上问题，本章提出一种基于模式增长的用户时序行为自主优化方法。本章所做的贡献如下。

(1) 采用正常行为模式挖掘方法构建用户行为有序树，采用最近最久未使用的置换方法，节省存储空间，提高识别速度。

(2) 将预处理后的样本数据与用户正常时序行为数据库进行比较，采用基于分层匹配的方法判断用户行为是否超出可信容忍范围，提高检测精度；此外，采用黑名单机制激励异常用户获取服务，对黑名单设置一级、二级、三级三个级别，将超过可信容忍范围的行为加入黑名单后实行二次机会机制。

(3) 采用用户时序行为自主优化方法，构造完整的用户行为模式增长空间，利用较少的用户时序行为步骤提前判定用户时序行为。

(4) 用实验验证本章所提方法适用于识别移动云环境下移动设备的异常行为。仿真实验数据表明，该方法的检测速度、检测率、漏报率等评价指标在一定程度上表现出较好的效果。

8.2　基于模式增长的异常行为识别与自主优化模型

终端用户申请访问移动云服务时，生成具有动态特性的“用户-时序-操作”标识片段。通过该标识片段的特征，尽可能早地对其操作意图进行判别、对其兴趣进行挖掘、对其所处的访问阶段和层次进行分析，对于该用户行为的实时判别至关重要。为了准确建立异常分析模型，给出以下定义。

8.2.1　相关概念

定义 8.1(用户时序行为)　用户 U_i 的时序行为步骤表示为 Sui::=〈UID|S_1⋯S_n|OP_1⋯OP_m〉，具体形式化如图 8.1 所示。

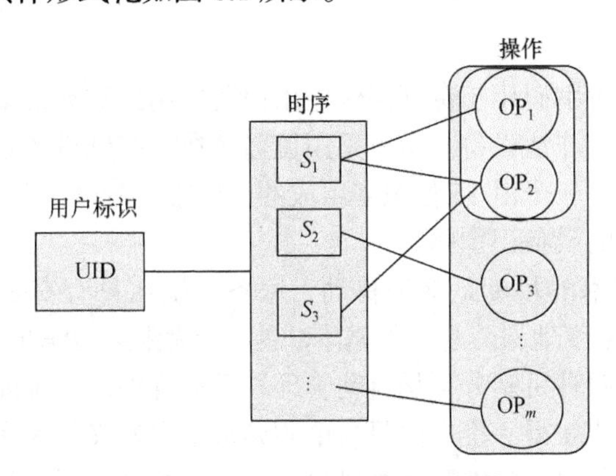

图 8.1　用户时序行为步骤形式化

定义 8.2(用户时序行为的唯一性)　一条长度为 *n* 的用户时序行为由记录值、深度、标号和记录时间组成，它是一组元素的有序集合，记为 $X=(\langle x_1,d(x_1),l_1,t_1\rangle,\langle x_2,d(x_2),l_2,t_2\rangle,\cdots,\langle x_n,d(x_n),l_n,t_n\rangle)$。通常，用户时序的采样间隔时间相等，大致为 $\Delta t=t_i-t_{i-1}$，可以认为 $t_1=0$，$\Delta t=1$，则时序行为可记为 $X=(\langle x_1,d(x_1),l_1\rangle,\langle x_2,d(x_2),l_2\rangle,\cdots,\langle x_n,d(x_n),l_n\rangle)$。

8.2.2　Map-Reduce 模型

本章采用 Map-Reduce 模型来提高识别速度。相似度计算模块作为一个 Mapper，识别样本模块作为一个 Reducer，组合成一个独立的 Hadoop 任务，提高用户行为模式挖掘与在线识别的工作效率。

相似度计算模块输出的唯一结果是置信区间，不涉及任何其他模块；识别样本模块只关注输入的置信区间。通过相似度联系起来的两个模块是相互独立的，因此相似度计算模块和识别样本模块可以组成一个“Map-Reduce”。Map-Reduce任务管理模块的处理过程如图 8.2 所示。

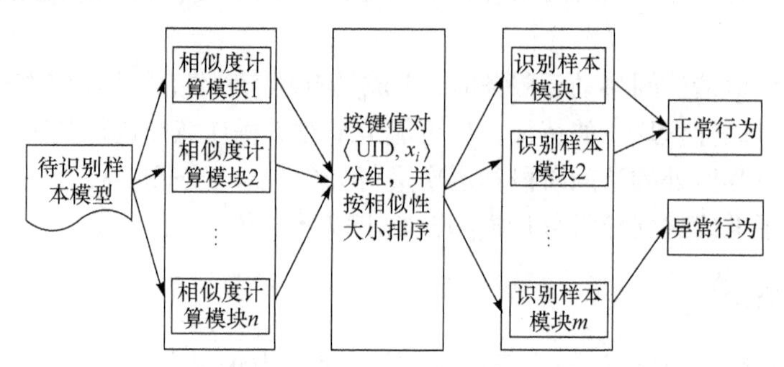

图 8.2　Map-Reduce 任务管理模块的处理过程

8.2.3　黑名单技术

设备名和设备识别码用于保证系统中用户所使用的移动设备的合法性，即该移动设备不是盗用或非法设备。本章采用黑名单技术存储设备名和设备识别码。这里的设备识别码是一个由 15 位数字组成的全球唯一的“电子串号”，每台移动设备均有自己独特的设备识别码。

使用黑名单技术的目标是保证移动云服务系统在具有安全风险威胁的环境中，依然能够最大限度地保障系统的基本功能，最大限度地满足用户的服务请求。管理标注黑名单的两种机制分别是自动管理和手动管理，系统最初会通过自动检测或人工标注的方式获得一份类似黑名单的异常用户列表。为降低误报率，对黑名单中的用户进行分级，分别为一级风险用户、二级异常用户和三级恶意用户，并将其作为正常行为的最大偏离。当偏离度 $H \in [0,0.4)$ 时，用户为一级风险用户，被认为是伪正常用户，不对其采取任何措施，保留事件记录并实时监督其行为；当 $H \in [0.4,0.8)$ 时，用户为二级异常用户，只能进行浏览网页等一些非敏感数据的访问操作，保留事件记录并进行文件系统保护；当 $H \in [0.8,1]$ 时，用户为三级恶意用户，直接终止其一切请求并隔离出网。

每次操作之前，异常用户都会被计算偏离度，并对比偏离变化率，当偏移变化率为负时，与设定的阈值进行比较，若大于阈值，则激励该节点行为，即降低其黑名单等级。例如，对一级风险用户的异常行为进行降级时，将其从黑名单中清除，节点可以作为正常节点访问请求云服务；否则惩罚该节点，将其黑名单等级升级，以降低其对服务请求的权利。在实际应用过程中，只有通过降低该节点的黑名单等级其才可以作为正常节点访问请求云服务，否则就会被隔离，甚至永久不能访问云数据。设定用户节点 i 的第 m 次偏离度为 $H(i,m)$，相应黑名单等级的动态变化策略的伪代码如下。

算法 8.1　黑名单等级的动态变化算法

input：可信容忍范围 TH，激励因子 $\Delta = e^{D(i,m) - \sum_{i=1}^{l} D(i,m) / l}$，惩罚因子 $\Lambda = D/\Delta$，惩罚计数因子 ε，用户节点 i 在惩罚期间内的当前剩余惩罚阶段数量 n，权重因子 λ

output：目标节点偏离度更新 $H_{new}(i,m+1)$

1. while k=0
2. **if** $H(i,m)$>TH
3. **then** $H(i,m) \leftarrow \min(\Delta \times H(i,m-1)+n,1)$;
4. **if** $H(i,u) \leqslant$ TH
5. **then** $H(i,m) \leftarrow \Lambda \times H(i,m-1)$;
6. $k \leftarrow 1$;
7. **end while**
8. **while** k=1
9. **if** $H(i,m)$<TH and n>0
10. **then** $n+1 \leftarrow \max(\varepsilon, n+1)$;
11. **if** $H(i,m)$>TH and n>0
12. **then** $n-1$
13. **else** $n \leftarrow 0$;
14. **end if**
15. **if** $n-1$=0
16. **then** $k \leftarrow 0$;
17. **end if**
18. $H^{t}(i,m) \leftarrow (1-\lambda)H^{t-1}(i,m) + \lambda H^{\text{current}}(i,m)$;
19. **end while**
20. **return** $H_{new}(i,m+1)$

8.2.4 模型描述

首先，研究“用户-时序-操作”标识的形式化定义与描述方法，利用正常时序行为节点之间的依赖关系及时序特性，通过增量式快速挖掘的方法，构造完整的用户行为正常模式集合。然后，将用户正常时序行为数据库与预处理后的数据样本进行对比，采用基于分层匹配的方法实时判别用户行为是否超出可信容忍范围，对识别后的用户行为依据二次机会机制的黑名单技术进行相应的奖惩。最后，基于行为的可扩展特性，采用最大最右路径的模式增长方法，分析节点的功能流和数据流优化挖掘和判别效果，提前判定用户异常行为。

8.3 异常行为识别与自主优化方法

移动云环境分为用户协作层和智慧识别层，对应层的基站分别为微基站和云基站，如图 8.3 所示。微基站在用户协作层处理用户行为信息，并对其进行计算识别；云基站统一计算处理传输到云计算中心的用户行为信息。通过云基站可实现资源共享和动态分配，采用协作化、虚拟化技术达到低成本、高宽带的目的，为合法用户提供高效、个性化的云服务。

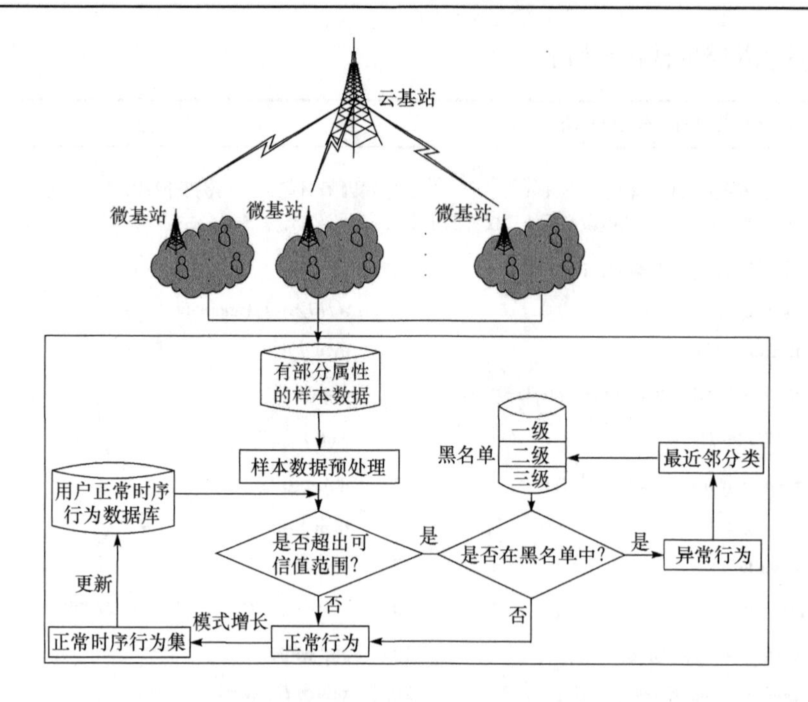

图 8.3　异常行为识别与自主优化框架

8.3.1　带有时间间隔约束的正常行为模式挖掘方法

由于对具有不同偏移量和振幅的用户时序行为进行比较是没有意义的，因此在用户行为数据挖掘之前，需对其进行规范化处理[4]。移动云用户的数量极多，近似满足正态分布。其均值和方差分别为 $\mu(x)$ 和 $\rho(x)$ ，则 X 标准化为 $X'=\left(\langle x_1',d\left(x_1'\right),l_1',\rangle,\langle x_2',d\left(x_2'\right),l_2'\rangle,\cdots,\ \langle x_n',d\left(x_n'\right),l_n'\rangle\right)$ ，其中 $x_i'=(x_i-\mu(x))/\rho(x)$ 。

对标准化后的用户行为进行数据提取及有序树构建。首先，从日志中提取数据，按 UID 进行分组，设置时间约束阈值 δ ，根据式(8-1)，若用户 i 和 j 相关，则进行数据的剪枝或合并该时间段内的行为数据；否则建立新的有序树。此外，为了节省存储空间、提高查询速度，本章采用最近最久未使用的置换方法，清除超过设定时间 t 的数据。

$$\begin{cases}|t_i-t_j|<\delta, & a_i\text{和}a_j\text{相关}\\ |t_i-t_j|>\delta, & a_i\text{和}a_j\text{不相关}\end{cases} \tag{8-1}$$

从 Kieker 网站的日志中提取的一条相关行为数据如下：

$1;1275046487445543183;0;cn.com.jdlssoft.etax.web.filter.QxkzFilter.isIgnoreURL(java.lang.String);NULL;6558366957358284883;1275046487445118229;1275046487445536923;SP-J02;3;2.

监控记录中各个参数的说明依次如表 8.1 所示。

表 8.1　监控参数说明

参数	说明
autoId	元数据记录/操作执行记录
experimentId	实验标识
operation	带参数的方法名
sessionId	用于区分不同的用户请求
traceId	用于标识一条运行路径
tin	方法开始执行的时间
tout	方法执行结束的时间
vmname	区分不同的虚拟机，用于分布式监控，默认主机名
eoi	执行顺序索引
ess	执行堆栈大小

operation 字段包括方法的类名、方法名和形式参数类型等。调用依赖图的构建需要首先构建运行路径，获取其中的方法调用关系。

运行路径就是一次用户请求在系统中生成的一系列方法的执行，也就是方法调用和返回的集合。同一条运行路径的所有监控记录都拥有相同的 traceId。为了区分不同的运行路径，本章在监控数据中采用 traceId 作为运行路径标识。根据监控记录的 traceId，可以从监控数据中提取 traceId 相同的所有记录。其中 eoi 随着方法调用将会持续增加；ess 的值随着方法调用或增或减，反映了方法调用的深度。

以 Kieker 的类 Bookstore 中的 traceId、eoi 和 ess 为例，构建运行路径的过程阐述如下。

(1) 在监控数据中处于相同运行路径的记录都具有同样的 traceId，因此可以根据 traceId 提取同一条运行路径的所有监控记录。经过处理后的运行路径相关数据如图 8.4 所示。

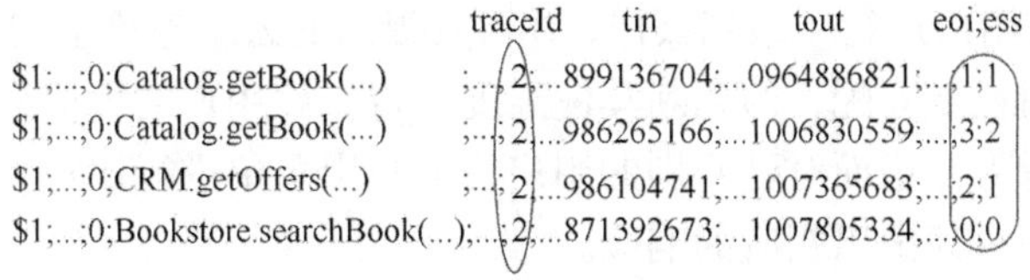

```
                                    traceId   tin              tout            eoi;ess
$1;...;0;Catalog.getBook(...)        ;...;2;...899136704;...0964886821;...;1;1
$1;...;0;Catalog.getBook(...)        ;...;2;...986265166;...1006830559;...;3;2
$1;...;0;CRM.getOffers(...)          ;...;2;...986104741;...1007365683;...;2;1
$1;...;0;Bookstore.searchBook(...);...;2;...871392673;...1007805334;...;0;0
```

图 8.4　按 traceId 提取的监控记录

(2) 在同一条运行路径中，先后执行的方法的 eoi 值从零开始递增，因此将上一步得到的监控记录按 eoi 值进行排序，排序后的记录如图 8.5 所示。

TraceId 8430034814995791873 (NOSESSION)
⟨[0,0] 1257440666759412388-1257440666841265860 srv0::Bookstore.searchBook(...)⟩
⟨[1,1] 1257440666805601818-1257440666807695902 srv0::Catalog.getBook(...)⟩
⟨[2,1] 1257440666820790063-1257440666841169272 srv0::CRM.getOffers(...)⟩
⟨[3,2] 1257440666820839575-1257440666840922990 srv0::Catalog.getBook(...)⟩

图 8.5　按 eoi 值排序后的监控数据

从图 8.5 中可以看出，具有相同 traceId 的所有监控记录按 eoi 的值进行排序后，ess 值的变化随着方法调用或返回而或增或减。由于 ess 表示系统运行路径中执行堆栈的大小，其值的变化符合如下规律。

① 方法 a 调用方法 b，b 的 ess 值等于 a 的 ess 值加 1。

② 方法 b 返回方法 a，a 的 ess 值等于 b 的 ess 值减 1。

③ 根据数据相关性，设时间间隔约束为 14 天，剪枝并合并在该时间间隔约束内具有相同 traceId 的所有监控记录，并按照字典顺序对每个节点进行编码，如图 8.6 所示。

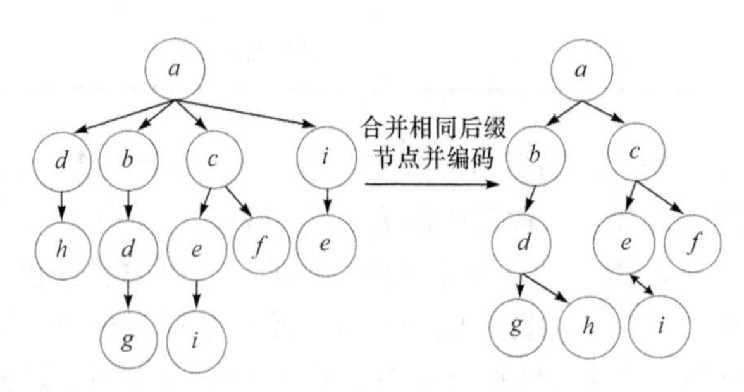

图 8.6　带编码的树

8.3.2　基于分层匹配的用户时序行为异常识别方法

用户正常时序行为挖掘流程如图 8.7 所示。通过用户行为模式挖掘，对时间间隔约束内的各用户时序行为进行分组及编码，并对其采用分层匹配的方法进行实时判别。分层匹配分为两部分，即细粒度匹配和粗粒度匹配。首先进行细粒度匹配，即相似性匹配，判断行为是否小于设定的阈值，若小于该阈值，则视为正常用户，允许该用户进行一系列操作，并对其提出的云服务给予高效响应。否则，对该行为进行粗粒度匹配，即判断其偏离度是否在该用户的可信容忍范围内，若在则为伪正常行为，进而对已判别的用户行为与黑名单进行比对，将该行为状况更新至黑名单并对其做出相应的响应。

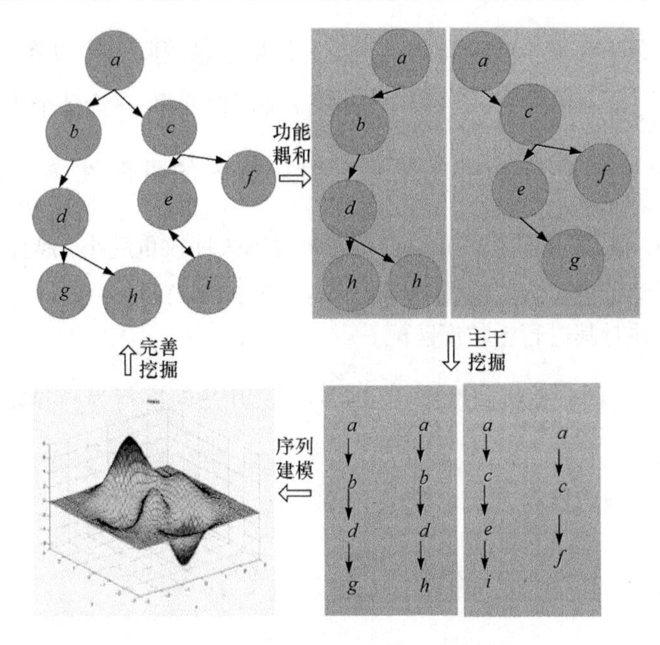

图 8.7　用户正常时序行为挖掘流程

这里只提取全部属性中的若干重要属性进行相似性计算，并对具有不同偏移量和振幅的用户时序行为进行规范化表示，这样，用户时序行为具有相同的长度且不会受偏移量和振幅等噪声的干扰，因此适合使用欧几里得距离进行相似性测量。使用加权的欧几里得距离对其进行匹配，旨在增加识别异常行为精度的同时保证异常识别的检测速度，计算公式分别如式(8-2)～式(8-4)所示：

$$D(i,j)=\sqrt{\sum_{m=1}^{n}[\tau_t w_{\text{norm}(i)}^{t}(i_t-j_t)^2]}\leqslant\varepsilon \tag{8-2}$$

$$\tau_t=\frac{\left|t_{\text{current}}-t_b\right|^{-1}}{\sum_{k=1}^{n}\left|t_{\text{current}}-t_k\right|^{-1}} \tag{8-3}$$

$$w_{\text{norm}(i)}^{t}=\frac{H\left(X^i\right)}{\sum_{i=1}^{n}H\left(X^i\right)}=\frac{\sum_{j=1}^{r}p\left(x_j^i\right)\log_2 p\left(x_j^i\right)}{\sum_{i=1}^{n}\sum_{j=1}^{r}p\left(x_j^i\right)\log_2 p\left(x_j^i\right)} \tag{8-4}$$

其中，i、j 分别为两个长度均为 n 的时序行为；ε 为阈值，通过十折交叉验证及梯度下降法确定阈值为 0.64；τ_t 为第 t 个时间段的时间衰减因子；t_b 为第 b 次用户与云服务资源交互发生的时间；$w_{\text{norm}(i)}^{t}$ 为依据信息熵归一化的节点 i 的各属性权重因子且 $w_{\text{norm}(i)}^{t} \in [0,1]$；$x_j^i$ 为用户 i 的第 j 个属性变量；r 为各个用户的属性维度；$p(x_j^i)$ 为各用户行为出现在所有用户行为的可能性，$\sum_{j=1}^{r} p(x_i^j)=1$，$0 \leqslant p(x_j^i) \leqslant 1(i=1,2,\cdots,n\text{ , } j=1,\cdots,r)$。即时间越久远权重越小，越靠近当前时间权重越大；属性权重越大所占比重越大。若满足式(8-2)即正常时序行为，否则为异常时序行为并对其进行粗粒度匹配。

粗粒度匹配：构造随机变量 $u=\dfrac{\sqrt{n}(\overline{X}-\mu)}{\sigma}$。用户时序行为各参数项的可信区间计算步骤如下。

计算各参数项的样本方差，如式(8-5)所示：

$$D(x)=\frac{1}{n}\sum_{i=1}^{n}(X_i-\overline{X})^2 \tag{8-5}$$

其中，X_i 为上述各个参数项的样本值；$\overline{X}=\frac{1}{n}\sum_{i=1}^{n}x_i$。

依据式(8-5)，计算其标准偏差，如式(8-6)所示：

$$S(x)=\sqrt{D(x)} \tag{8-6}$$

依据标准差，设置各参数项的上下限，如式(8-7)所示：

$$(\overline{X}-S(x),\overline{X}+S(x)) \tag{8-7}$$

如果简单地使用式(8-7)作为可信容忍范围进行用户行为的在线识别，那么检测率、误报率等评价指标会不理想。为了降低误报率，引入容忍因子 δ 来改变置信区间的大小，采用十折交叉验证及梯度下降法确定较优的容忍因子。用户 i 的总体可信容忍范围计算如式(8-8)所示：

$$\text{TH}=(\overline{X}-S(x)\delta,\overline{X}+S(x)\delta) \tag{8-8}$$

用户 i 当前时刻的分布函数如式(8-9)所示：

$$f_{X_i}=\frac{1}{\sqrt{2\pi}S(x)}\mathrm{e}^{-\frac{X_i-\overline{X}}{2D(x)}} \tag{8-9}$$

则用户 i 的偏离度计算如式(8-10)所示：

$$H=P\left\{\left|X_i-\overline{X}\right| \leqslant f\left(\frac{\text{TH}}{2}\right)\right\} \tag{8-10}$$

判断用户 i 当前时刻的偏离度是否落入式(8-10)区间内，落入可信容忍范围的认为是正常用户行为，否则为异常行为。

8.3.3　基于模式增长的用户时序行为自主优化方法

分层匹配虽然对干扰子图有一定的过滤功能，但用户时序行为步骤是连续动态增长的复杂图结构，这从很大程度上影响了实时判别的时效性。为解决该问题，本章通过分析节点的功能流和数据流，采用最大最右路径扩展的模式增长方法，构建较完备的正常节点子图集和异常影响节点子图集，即频繁项集，旨在预测异常时序行为的步骤。该预测结果将对用户时序行为的判定产生一定的影响：①能够利用较少的时序步骤提前判定用户行为；②对已经完成的判定过程和产生的正常行为集合形成反馈，优化其判定过程并更新正常时序行为数据集。

根据异常行为片段中节点 $S^{(l)}$、$S^{(l+1)}$间的依赖关系，分析调用 $S^{(l)}$的节点 $S^{(l-1)}$以及被 $S^{(l)}$调用的节点 $S^{(l+1)}$是否会对节点调用造成影响以及造成何种影响。首先从第一个异常节点开始，改变调用它的节点 $S^{(l-1)}$传入的参数值或者其返回值，利用功能流和数据流分析改变的参数或者返回值被其他节点 $S^{(l+1)},\cdots,S^{(m)}$使用的情况，判定是否会对外界造成影响。若节点 $S^{(l)}$的异常传播出去，则进一步对其进行分析，通过其返回值的流向，判定可能受其影响的节点 $S^{(l+1)},\cdots,S^{(m)}$。然后从这些可能会受影响的节点 $S^{(l+1)},\cdots$出发，继续进行传播扩散分析。图 8.8 为节点的功能流和数据流的分析过程。由此形成的异常扩散节点集为 As=$\{S^{(1)},S^{(3)},S^{(l+3)}\}$，非异常扩散节点集为 Ns=$\{S^{(2)},S^{(1)},S^{(l+1)},S^{(l+2)}\}$。

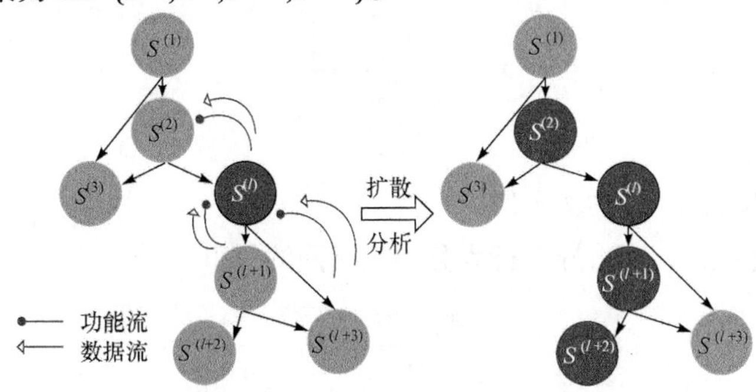

图 8.8　节点的功能流和数据流分析过程

面对海量的动态数据库，如果每次数据库更新，都重新对整个数据库进行挖掘，不仅效率低而且浪费大量的资源，所以这里采用模式增长方法对更新后变化的部分增量数据进行挖掘，同时采用最右路径扩展方法[5]保证更新后的数据库完备且无冗余。由于该方法针对大规模数据集时会产生大量的候选子集，本章采用最大最右路径扩展方法，即仅扩展深度优先遍历的最后一个节点。在此基础上，构造完整的用户行为模式增长空间，生成正常节点子图集和异常影响节点子图集(图 8.9)，用以更新用户正常时序行为集并优化用户异常时序行为的判定过程。对传播扩散结果中的异常扩散节点集 As 和非异常扩散节点集 Ns 分别进行深度优先扩展。

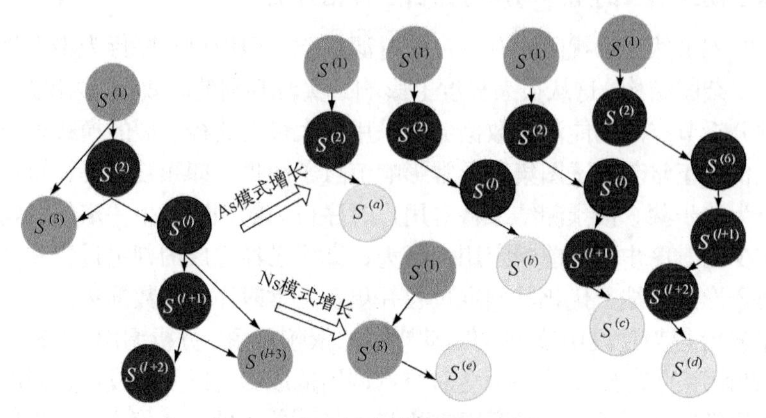

图 8.9　最大最右路径扩展示意图

对用户异常行为进行分类，存在开销大的问题。为此，本章采用计算出的均值和可信区间代表用户异常时序行为。假设共有 n 个节点，其最近邻节点共 m 个，计算总体平均绝对误差如式(8-11)所示：

$$\varpi = \frac{1}{nm}\sum_{i=1}^{n}\sum_{j=1}^{m}\left|x_{ij} - x'_{ij}\right| \tag{8-11}$$

$$x'_{ij} = \frac{\left|x_{ij} - \overline{x}_{ij}\right|}{\sum_{i=1}^{n}\sum_{j=1}^{m}\left|x_{ij} - \overline{x}_{ij}\right|} \tag{8-12}$$

其中，x'_{ij} 为预测值；x_{ij} 为实际值。

若满足式(8-13)，则将异常行为分类至相同的分组：

$$\frac{x_{ij} - \varpi}{\varpi} < \varsigma \tag{8-13}$$

用户行为的自主优化通过计算该用户节点与其邻居节点之间的相似度得以实现。在分类结果集中，节点 i 的邻居节点集是以 i 为圆心、R 为半径的圆内节点。两节点的相似度定义为路径长度在 l 范围内的路径的数量，如式(8-14)所示：

$$s(i,j) = \sum_{k=2}^{l}\frac{1}{k-1}\frac{1}{t_m - t_s}\frac{|\,\text{paths}_{i,j}^{k}\,|}{\prod_{p=2}^{k}(n-p)} \tag{8-14}$$

其中，n 是节点的数量；l 是 i 和 j 两节点路径的长度，一个节点只能在路径中出

现一次，即不包含环形路径；$\dfrac{1}{k-1}$和$\dfrac{1}{t_m - t_s}$都是衰减因子，路径权重取决于它们的长度 l 和时间 t，路径越长，时间越久，权重越小；$|\text{paths}_{i,j}^k|$是所有可以从 i 到达 j 并且长度为 k 的路径的集合；假设树中每个节点都与其他节点相连，则 $\prod_{p=2}^{k}(n-p)$ 表示所有可以从 i 到达 j 的路径的集合；$|\text{paths}_{i,j}^k|/\prod_{p=2}^{k}(n-p)$ 计算出的相似性是介于(0,1]的值。符合之前所预计的，如果这两个节点相似程度很高，则 $s(i,j)$ 的值接近于 1，反之 $s(i,j)$ 的值接近于 0。将相似度按降序排列 $(s_1, s_2, \cdots, s_n)$，取 $\max(s_1, s_2, \cdots, s_u)$ 节点为最佳预测节点。

8.3.4　基于模式增长的异常行为识别与自主优化算法

基于模式增长的异常行为识别与自主优化算法步骤如下。

(1) 规范化用户行为。提取用户时序行为数据的若干重要属性，对其进行数据预处理。

(2) 对预处理后的用户时序行为进行分组及编码，构建有序树。

(3) 将该有序树与用户正常时序行为数据库进行细粒度匹配。小于阈值的行为是正常行为，跳至步骤(5)，否则继续执行。

(4) 进行粗粒度匹配，判断偏离度是否在可信容忍范围内，在其范围内是正常行为，否则是异常行为。

(5) 对已判别的用户行为依据二次机会机制的黑名单技术，进一步判别其黑名单级别，对不同级别的用户给予相应等级的服务。

(6) 对已识别的异常行为进行节点的功能流和数据流分析。

(7) 采用最大最右路径扩展的模式增长方法，构造完整的用户行为模式增长空间，生成正常节点子图集和异常影响节点子图集，用以更新用户正常时序行为集并优化用户异常时序行为的判定过程。

8.4　仿真实验与结果分析

针对传统用户异常行为分析方法的检测速度和检测率不能很好地应用于移动云环境下的问题，本章提出针对移动云环境下的用户异常行为检测方法，该方法能较好地平衡检测速度、检测率、漏报率、误报率和准确率。本章同时采用仿真环境和真实网络环境验证该算法。仿真环境采用 KDD CUP99 数据集[6]，真实环境是一个装备有 Kieker 的典型在线商店。

对用户行为进行识别之前，首先采用十倍交叉验证方法获取最佳置信度，然后随机选取三个异常节点进行验证，如图 8.10 所示。可知，置信度越大，判定为恶意节点的要求越严格，因此需要收集更多的证据，花费更长的时间；置信度越小，对异常节点的响应越快。但若置信度过低，则会将由于网络不稳定、通信冲突等噪声引起的非入侵行为误判为异常行为而终止其一系列请求。根据仿真结果，得出最佳置信度为 0.85。

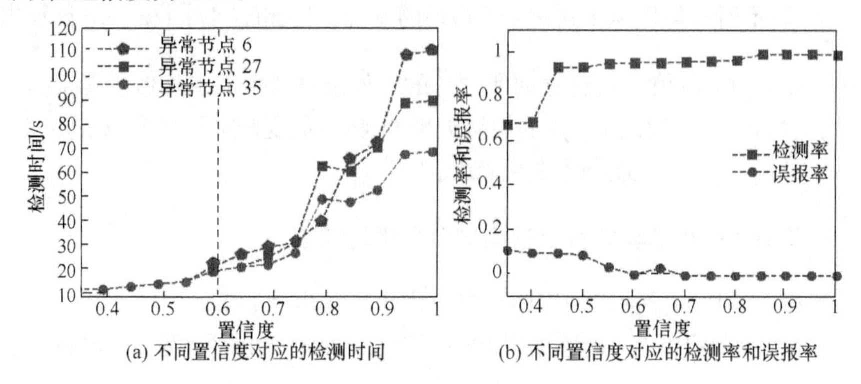

图 8.10　最佳置信度的确定

为确定细粒度匹配的阈值，对不同的阈值进行了仿真测试。此时，根据前文讨论，将置信度设定为 0.85，采用十倍交叉验证获取最佳阈值，然后随机选取三个异常节点进行验证。由图 8.11 可知，随着阈值的增大，阈值为 0.65 之前检测时间几乎呈线性增长，0.65 以后检测时间缓慢增长。这是因为随着阈值的增长，判定为恶意节点的要求越来越严格，所需的时间就越多。根据仿真结果，权衡响应时间、检测率和误报率三者的关系，得出最佳置信度为 0.82。

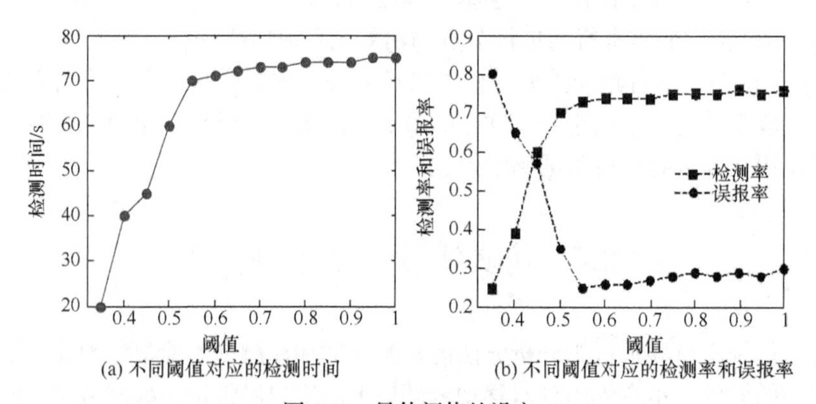

图 8.11　最佳阈值的设定

KDD CUP99 数据集的数据类型分布不均衡，与真实网络中的数据类型分布不一致，因此本系统的实验随机采样 KDD CUP99 训练样本中的不平衡数据构建训练样本。如表 8.2 所示，结果均为十个数据集实验结果的均值。

表 8.2　仿真数据构成表

数据集	数据总量	异常数据所占比例/%
Set 1	100000	5
Set 2	100000	20
Set 3	200000	5
Set 4	200000	20
Set 5	300000	10
Set 6	300000	30
Set 7	400000	15
Set 8	400000	40
Set 9	500000	10
Set 10	500000	25

由于是在移动云环境下进行云用户的异常行为分析，这里主要对比较大测试样本情况下的一系列评价指标。图 8.12 为三种异常用户分析方法的检测速度对比，分别是基于贝叶斯聚类的用户异常行为分析方法(Bayes)、基于 BP 神经网络的用户异常行为分析方法(BPNN)和本章所提算法(PMOI)。由图 8.12 可知，当测试样本较多时，本章算法的检测速度优于基于 Bayes 分类和 BPNN 分类的分析速度，且比较平稳。这是因为本章采用分层匹配的方法对用户异常行为进行分析，其中的黑名单机制过滤掉了异常行为，而后进行的粗粒度匹配和细粒度匹配算法复杂度较小，提升了检测速度。

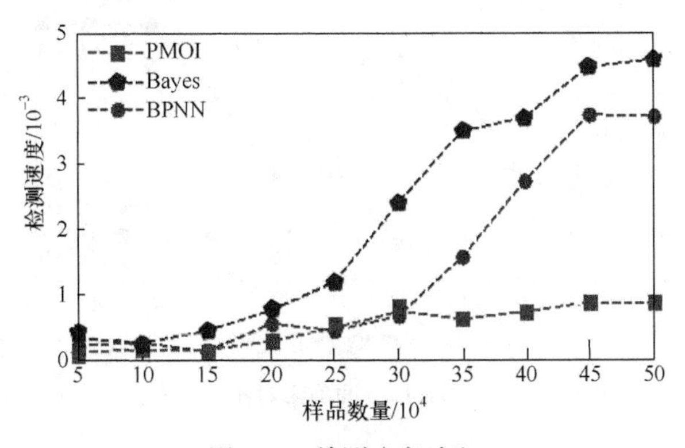

图 8.12　检测速度对比

一个检测率较高的算法能够更加准确地分析异常行为，并中断攻击行为的顺利进行，有效保护用户个人数据。由图 8.13 可知，在测试样本为 50000～150000 时，由于测试样本中含有未知的攻击类型，本章算法的检测率低于其他两种。但因为本章算法具有自主优化能力，随着测试样本数量的增加，其检测率逐渐恢复正常，并逐渐优于其他两种算法，并表现出明显的优势。相比于其他两种算法，本章算法通过分层匹配策略来分析用户行为，并采用基于最大最优路径扩展的模式增长进行自主优化，使得检测率整体优于其他两种算法。

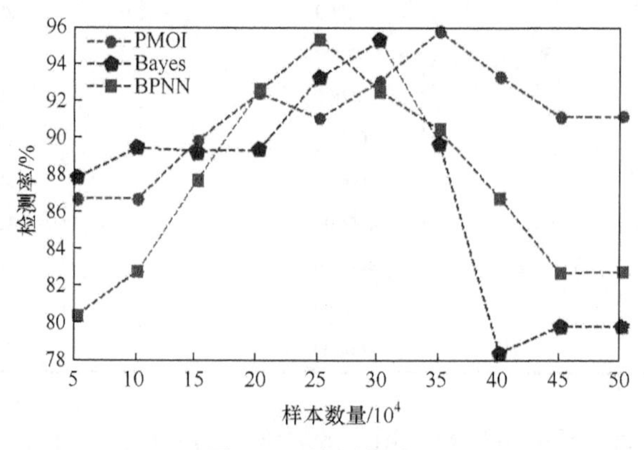

图 8.13　检测率对比

由图 8.14 可知，在测试样本为 50000～150000 时，因测试样本中含有未知的攻击类型，本章算法的准确率骤然下降。但是自主优化能力使准确率快速恢复正常。整体而言，随着样本数量的增加，本章算法相比于其他两种算法具有较高的准确率且趋于平稳。

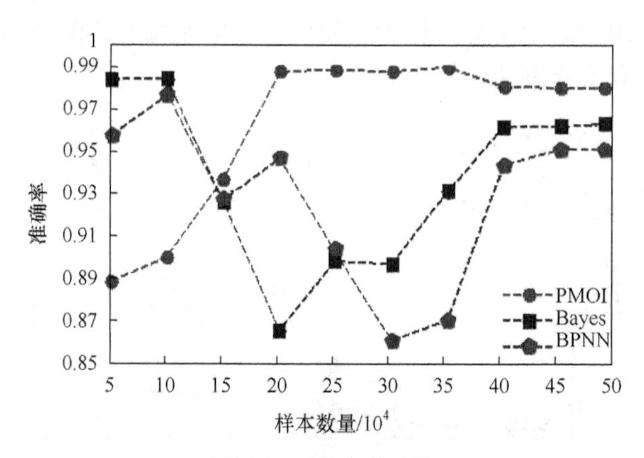

图 8.14　准确率对比

从图 8.15 和图 8.16 中误报率、漏报率的对比结果可知，测试样本数量为 50000～100000 及 150000～250000 时，由于测试样本中含有未知的攻击类型，本章算法的误报率高于其他两种算法，但是相应的漏报率却比较低。总体来看，随着测试样本数量的增多，本章算法拥有较好的扩展性和自适应性，且有较高的识别能力。

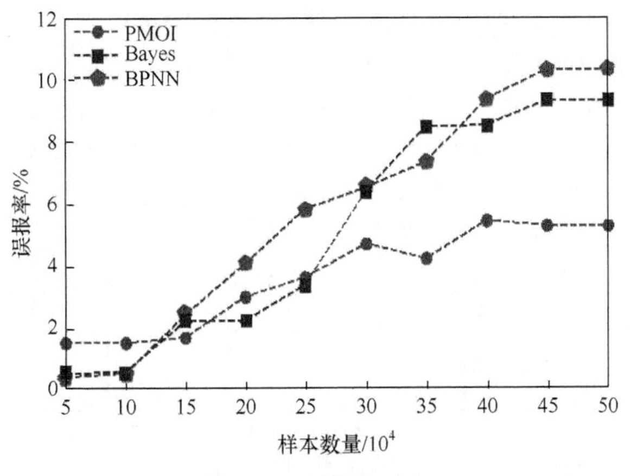

图 8.15　误报率对比

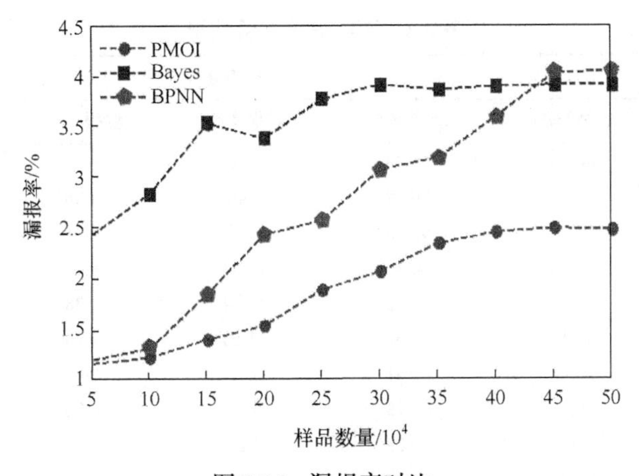

图 8.16　漏报率对比

由于 KDD CUP99 数据集的样本中所含有的 perl、ftp_write、phf、multihop 和 spy 五类攻击类型所占比例极小，对其进行识别只会降低测试速度且没有意义，因此本章在分类时去掉了这五类样本。图 8.17 是对本章算法预测分类结果与真实分类结果的对比。通过对所得数据进行计算，得到本章分类的正确率高达 94%。

表 8.3 是将本章算法运用到 Kieker 真实网络环境下所得到的实验结果，由表中该算法在真实网络环境下的一系列实验指标可以看出，本章算法应用在真实环境中有较理想的实验结果。

在真实环境下，本章算法预测分类结果与真实分类结果的对比如图 8.18 所示。图 8.19 则是不同测试数据的识别率对比，可以看出本章算法对已知类型的异常行为有较好的识别能力，对未知类型的异常行为有较为满意的分类结果。

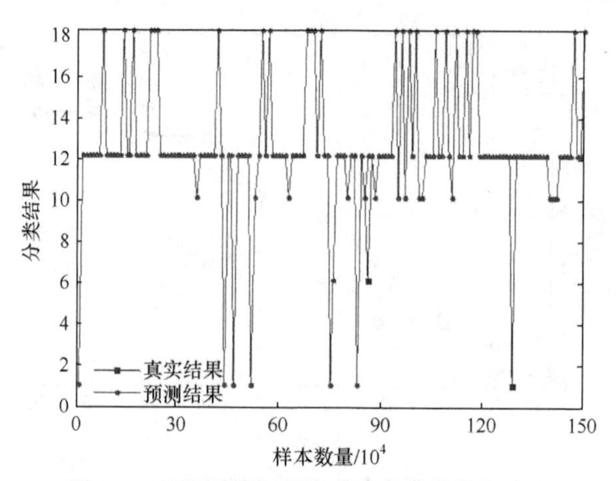

图 8.17　预测分类结果与真实分类结果的对比

表 8.3　真实环境实验结果

样本数量	实验指标				
	检测率/%	准确率/%	误报率/%	漏报率/%	所需时间/*s*
50000	86.73	96.29	0.46	0.37	0.032
100000	84.73	96.29	0.46	0.36	0.032
150000	95.86	90.55	7.02	0.31	0.027
200000	96.48	80.42	15.94	0.49	0.037
250000	93.12	83.72	12.54	0.38	0.037
300000	92.12	84.62	11.64	0.28	0.042
350000	90.86	89.01	8.15	0.41	0.045
400000	89.35	91.13	5.37	0.36	0.047
450000	84.2	90.09	6.24	0.39	0.050
500000	87.26	92.22	5.24	0.34	0.053

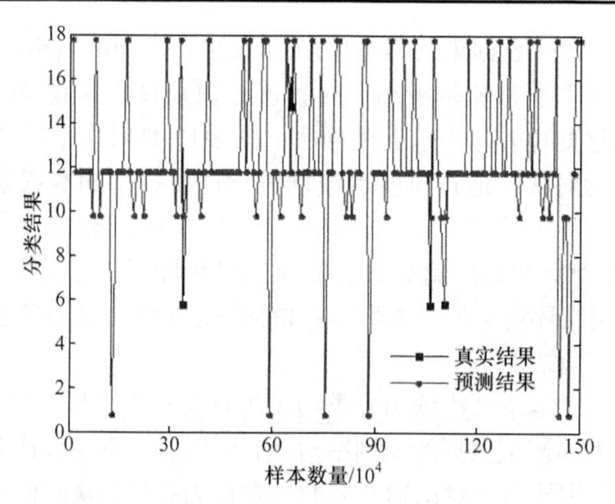

图 8.18　预测分类结果与真实分类结果的对比

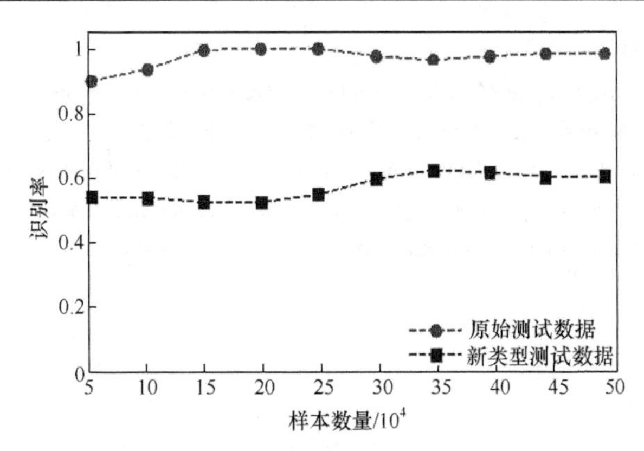

图 8.19　不同测试数据的识别率对比

实验结果表明，本章算法在保证检测率的同时也在一定程度上提高了用户异常行为的检测速度，漏报率和误报率方面都有所改善。此外，该算法具有较好的稳定性，能有效识别出用户的异常行为，并具有较好的扩展性和自适应性。经过多次实验验证，仿真结果与以上结果基本一致。

8.5　本 章 小 结

本章从用户可信性方面研究，提出了一种移动云环境下的用户行为模式挖掘与在线识别策略，实时分析并识别用户异常行为。对近似满足正态分布的云用户行为数据，本章采用归一化方法规范“用户-时序-操作”标识片段，然后采用分层匹配的方法实时判别用户行为是否超出可信容忍范围，通过融合最大最右路径扩展的模式增长方法构造完整的用户时序行为模式增长空间，优化用户时序行为的自主判定。仿真分析和实验结果表明，该方案在一定程度上优于其他方案，可以较好地在用户和移动云环境之间建立一个相互的信任关系，成为控制访问移动云环境的有效前提。

参 考 文 献

[1] 常慧君, 单洪, 满毅. 基于分段、聚类和时序关联分析的用户行为分析[J]. 计算机应用研究, 2014, 31 (2) : 526-531.

[2] Naulaerts S,Meysman P,Bittremieux W, et al. A primer to frequent itemset mining for bioinformatics[J]. Briefings in Bioinformatics, 2015, 16 (2) : 216-231.

[3] Kumar K M,Reddy A R M. A fast DBSCAN clustering algorithm by accelerating neighbor searching using groups method[J]. Pattern Recognition, 2016, 58: 39-48.

[4] Neelima G,Rodda S. Predicting user behavior through sessions using the Web log mining[C]. Proceedings of the International Conference on Advances in Human Machine Interaction,

Bangalore, 2016: 1-5.

[5] Chehreghani M, Bruynooghe M. Mining rooted ordered trees under subtree homeomorphism[J]. Data Mining and Knowledge Discovery, 2016, 30 (5) : 1249-1272.

[6] Zheng J G,Zhang J M. Association rule mining in DoS attack detection and defense in the application of network[C].Proceedings of the 5th International Conference on Education, Management, Information and Medicine, Shenyang, 2015: 445-449.

第 9 章　基于 D-TF-IDF 的移动微学习资源部署方法

9.1　引　　言

当前，数百万人参与到移动微学习中，一方面说明移动微学习越来越普遍，另一方面也表明移动终端、无线网络环境和云平台面临着严峻的负载和能耗压力。移动微学习需要用户(访问者)能够不受时间、空间和地域的限制接收云平台提供的各种在线学习资源。所以，为移动微学习者提供开放、可扩展、可持续、节能的服务成为一个值得研究的问题。

解决高能耗问题的有效方法是将计算和数据密集型任务从资源稀缺的私有云平台卸载到资源丰富的公有云平台。在私有云平台和公有云平台的协同作用下，可以在一定程度上实现低能耗和高可靠的服务提供。但是，由于云平台之间是通过无线接口相互连接的，私有云平台访问公有云平台存在局限性，如带宽有限、延迟时间长、不稳定、资源不可预测等。同时，移动终端用户是具有丰富思维意识的人类，所以他们的请求通常具有个性化的标签。例如，在电池电量不足的情况下，一些用户可能希望获得最好的应用性能，而其他用户则愿意牺牲一部分应用性能来换取更长的待机时间。因此，需要精确衡量移动微学习过程中收益和代价之间的关系。例如，在服务迁移过程中，私有云平台和公有云平台必然会产生多次信息交换和传输；在执行应用程序时，设备状态和网络环境可能会发生变化，这将进一步增加无线流量的不稳定性、带宽消耗、延迟、网络拥塞和云宕机概率。

基于当前用户对移动微学习的动态、个性化需求趋势，同时考虑云资源的局限性，研究如何对丰富多彩的学习资源进行有效的分类和部署，将会为动态环境下向合法用户提供低耗、高效和连续的云服务奠定研究的基石。因此，本章提出一种基于改进-词频-逆文档频率(developend-term frequency-inverse document frequency, D-TF-IDF)的移动微学习资源部署方法。

9.2　移动微学习资源部署的系统模型

本节基于词频-逆文档频率(term frequency-inverse document frequency,TF-IDF)模型和灰狼优化模型的基本原理，构建移动微学习资源部署的系统模型。

9.2.1　TF-IDF 算法模型

1988 年，Salton 提出了 TF-IDF 模型，它被誉为最有效的关键字自动提取技术之一[1]。通过词频[2]和逆文档频率相乘[3]，该方法可以得到一个单词的 TF-IDF 值。实际上，TF-IDF 值是一个关键字的权重。一个单词的 TF-IDF 值越大，该单词就越重要。已知的 TF-IDF 如式(9-1)所示：

$$\text{TF-IDF}(w_i, v_j) = \frac{n_{i,j}}{\sum_k n_{k,j}} \log \frac{|V|}{|\{j : w_i \in v_j\}| + 1} \tag{9-1}$$

其中，$n_{i,j}$ 是单词 w_i 出现在资源 v_j 中的次数；$\sum_k n_{k,j}$ 是资源 v_j 中所有单词出现的总次数；$|V|$ 是训练集中资源的总数；$|\{j : w_i \in v_j\}|$ 是包含单词 w_i 的资源的数量。

9.2.2　灰狼优化方法模型

灰狼优化是一种新的生物启发式算法，在 2014 年被首次提出[4]，该算法一经提出便受到了广泛的关注[5-8]。它的灵感来源于自然界灰狼严格的等级结构和狩猎过程，示意图如图 9.1 所示，该过程主要分为三个步骤：包围、追捕、攻击。

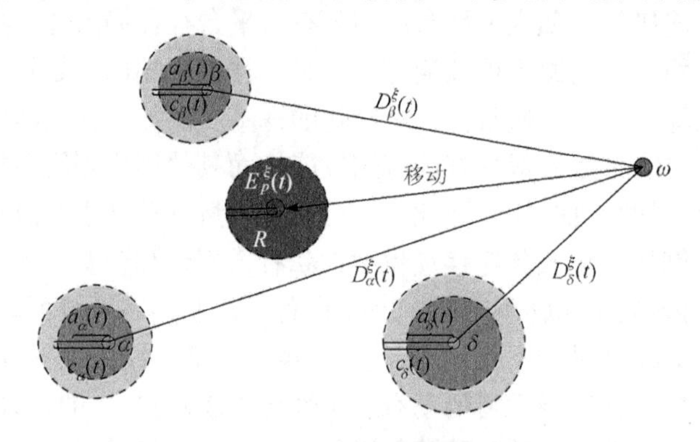

图 9.1　灰狼位置更新示意图

如图 9.1 所示，根据灰狼的社会等级，可以知道狩猎(优化)过程是由三种狼引导的，它们分别是 α、β 和 δ。ω 狼是跟随着 α、β 和 δ 狼随机更新的狼。t 代表算法当前的迭代次数。$D_\gamma^\xi(t)$ 代表灰狼优化模型在 t 时刻计算所得的能耗值与标准能耗值之间的接近程度，其中 $\gamma = \alpha, \beta, \delta$。因为 $a_\gamma(t)$ 和 $c_\gamma(t)$ 是随机的相关参数，所以灰狼优化模型具有强大的搜索能力并且能够在全局范围内进行寻优操作。假设云平台在最佳状态下处理一个字节的能耗是 $E_p^\xi(t)$，$\xi = \{0,1\}$。其中，$E_p^1(t)$ 表示任务在私有云平台上执行。$E_p^0(t)$ 表示任务在公有云平台上执行。在初始阶段，α、β、δ 和 ω 随机更新它们的位置去接近 $E_p^{\xi}(t)$，将该过程称为追捕过程。在追捕过程中，如果一个搜索代理发现猎物，其他搜索代理将会迅速向该代理聚集。该过程不断重复，直到猎物停止移动，将其称为包围过程。接下来，所有的灰狼将会围攻猎物并且完成攻击过程。在灰狼优化过程中，α、β 和 δ 是当前获得的最优解决方案。

9.2.3　基于云的移动微学习服务提供模型

随着云服务的广泛使用，大量的应用程序和系统借助云平台建立起来。本章将云引入移动微学习环境，构建基于云的服务提供模型，该框架如图 9.2 所示。

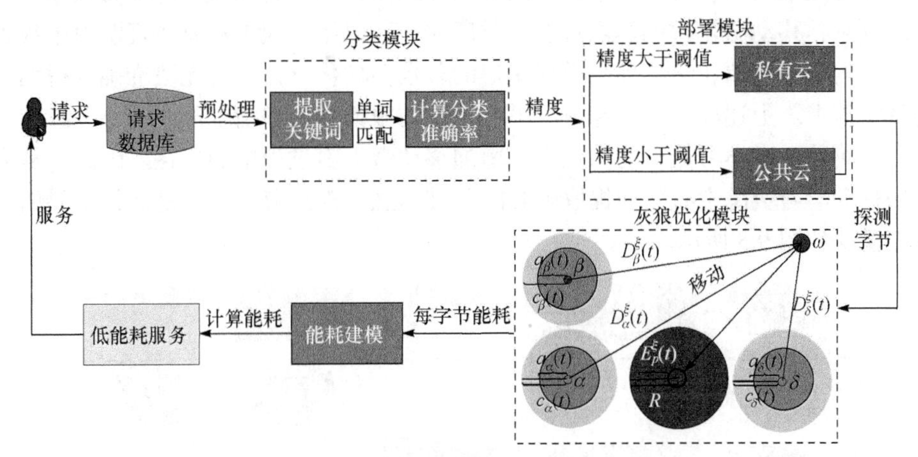

图 9.2　基于云的移动微学习服务提供模型

第一，云数据中心的处理能力并不是无限的，因此系统需要收集用户的微学习请求，并将该请求暂存在用户请求数据库中。第二，该系统使用 ICTCLAS (Institute of Computing Technology, Chinese Lexical Analysis System)2013[9]和哈尔滨工业大学停止词表[10]对用户请求进行预处理，其目的是去除无意义的单词，找到最能代表用户请求特征的词汇集合。同时，系统选择多个频繁使用的单词作为某类请求的特征词，并完成关键词提取过程。第三，针对一个新的用户请求，系统将从该请求中提取的关键字与分类模块中的关键字数据库进行匹配，并计算分类精度。第四，根据分类模块的分类精度，该系统将微学习资源部署到二层云架构模块。其中将分类正确率较高的资源部署到本地云平台，将分类正确率较低的资源部署到公共云平台。理想情况下，通过上述部署方法，该系统可以提高用户在本地找到服务的概率，同时对于正确率较低的用户请求，两层云架构能够保证服务的可靠性。第五，基于当前设备和网络环境状态的能耗，使用灰狼优化模型找到能耗最小的服务器，由该服务器提供服务。最后，完成移动微学习过程中能耗问题的建模。通过以上步骤，用户可以以节能的方式获得所需的服务。

9.3 移动微学习资源部署的模型功能

本节首先详细描述基于云的移动微学习服务提供模型的各个模块，然后采用公式化过程来描述移动微学习过程，并且寻找最节能的服务提供方法。

9.3.1 分类模块

在分类模块中，有两个主要原因影响移动微学习顺利完成：①随着大数据时代的到来，移动微学习的学习资源日益庞大，所以用户很难从海量资源池中找到所请求的学习资源；②移动微学习用户的背景多样化，云平台无法准确获得用户的真实需求。上述原因将会导致云平台提供的服务与用户请求的内容不一致，这将会影响移动微学习用户的满意度，增加移动微学习过程中的能耗。因此，从大量的移动学习资源中有效地提取内容的关键信息，提高分类精度是非常重要的。分类模块如图 9.3 所示。

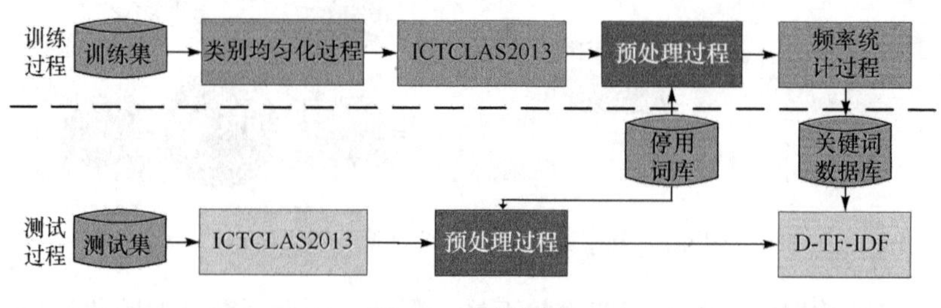

图 9.3 分类模块

文本是由多个具有独立意义的单词组成的集合。当忽略无意义的符号时，可以把文本当作一个单词序列的集合。更重要的是，关键字被公众广泛认为是最能体现文本主要思想的单词。因此，可以把关键字作为资源分类的资源特征。图 9.3 给出了本章的文本分类过程。第一，使用类别均匀化方法来处理训练集。第二，由于 ICTCLAS2013 更高的分词准确性和分析速度，采用 ICTCLAS2013 分词系统来划分学习资源。第三，使用停用词表来处理 ICTCLAS2013 系统处理后的结果，其主要目的是消除无意义的词语，使关键词更加具有代表性。第四，统计每个单词在各个类别中出现的频率，建立关键词数据库。最后，使用 D-TF-IDF 算法来计算关键字的权重。图 9.3 中涉及两个重要的方法，即类别均匀化算法和 D-TF-IDF 算法，接下来将详细描述这两种方法的工作过程。

针对移动微学习资源分布不均可能会影响分类准确率的问题，类别均匀化算法给出了一种资源预处理的思路。它的主要思想是对小样本类进行重组，使其形成一个尽可能均衡的新训练集，以避免小样本分类正确率较低的现象。例如，训练集为$U=\{u_1,u_2,\cdots,u_\phi,\cdots,u_\varphi\}$，测试集为$V=\{v_1,v_2,\cdots,v_\phi,\cdots,v_\varphi\}$。在上述样本集中，$u_1,u_2,\cdots,u_\phi$和$v_1,v_2,\cdots,v_\phi$是大样本类，$u_{\phi+1},\cdots,u_\varphi$和$v_{\phi+1},\cdots,v_\varphi$是小样本类。接下来，类别均匀化算法将在训练集$U$上执行并且形成一个新的训练集。假定该训练集为$U'=\{u_1,u_2,\cdots,u_\phi,u'_{\phi+1},u'_{\phi+2}\}$，其中，$u'_{\phi+1}=\{u_{\phi+1},u_{\phi+2}\}$和$u'_{\phi+2}=\{u_{\phi+3},\cdots,u_\varphi\}$是重组的小样本类。最后，在重组后的训练集$U'$上执行资源的分类过程。对于$v_j\in V$，若分类结果表明该资源属于原始大样本类别，如$u_\phi$，则系统接受该分类结果。若分类结果表明资源属于重组样本类别，如$u'_{\phi+1}$，则对$u'_{\phi+1}$进行第二次分类并且决定该资源属于$u_{\phi+1}$还是$u_{\phi+2}$。

对于本章提出的移动微学习框架，我们侧重于分类精度的研究，因为它是将资源部署到两层云模块和对能耗进行建模的首要条件。为了获得对大样本和小样本类别都相对公平的最佳分类精度，对传统的 TF-IDF 方法提出改进，并将改进后的方法称为 D-TF-IDF 方法。该方法主要是动态调整式(9-1)中的κ和ϑ。D-TF-IDF 方法描述如式(9-2)所示：

$$\text{D-TF-IDF}(w_i,v_j)=\frac{n_{i,j}}{\sum_k n_{k,j}}\log\frac{|V|}{|\{j:w_i\in v_j\}|+\kappa}+\vartheta \tag{9-2}$$

其中，κ和ϑ是正数。

这里假定$\sum_k n_{k,j}=100$，$|V|=1000$，$n_{i,j}=10$，在小样本类中，$|\{j:w_i\in v_j\}|=10$，可以得到 TF-IDF($w_i\in v_j$)=0.2。若在大样本类中$|\{j:w_i\in v_j\}|=100$，则可以得到 TF-IDF($w_i\in v_j$)=0.1。当$\kappa=2$、$\vartheta=0$时，可以得到大样本类的 D-TF-IDF ($w_i\in v_j$)=0.09914，小样本类的 TF-IDF($w_i\in v_j$)=0.19208。对于相同的κ和ϑ，大样本类的权重波动为 0.00086，小样本类的权重波动为 0.00792。上面的例子表明，对于相同的κ和ϑ，小样本类的权重波动范围比大样本类的权重波动更加剧烈。这表明本章提出的 D-TF-IDF 方法能够同时提高单词权重，但小样本类的效果会更加明显。因此，只要动态调节κ和ϑ，就可以找到一个对大样本类和小样本类都相对公平的权重。为了叙述方便，这里令$\kappa=\vartheta$。

通过上述步骤，可以得到类别v_j的分类正确率，如式(9-3)所示：

$$W_j^{I'}=\sum_{i=1}^{I'}\text{D-TF-IDF}(w_i,v_j) \tag{9-3}$$

其中，I'是从v_j中提取的关键词数量。

最终，得到整个样本集的平均分类正确率，如式(9-4)所示：

$$\bar{W}_{|V|}^{I'} = \frac{\sum_{j=1}^{|V|} W_j^{I'}}{|V|} \tag{9-4}$$

9.3.2 两层云架构模块

在两层云架构模块中，将根据分类模块的平均分类正确率$\bar{W}_{|V|}^{I'}$将移动微学习资源部署到私有云平台和公有云平台。这样做的主要目的是缓解单一平台部署资源的局限性，增加用户在私有云平台上查找资源的可能性，降低服务迁移的概率和由此产生的能耗。因此，可以通过私有云平台和公有云平台之间的资源协作来确保服务的可靠性、用户的满意度，并达到节能的目的。两层云架构模块示意图如图 9.4 所示。

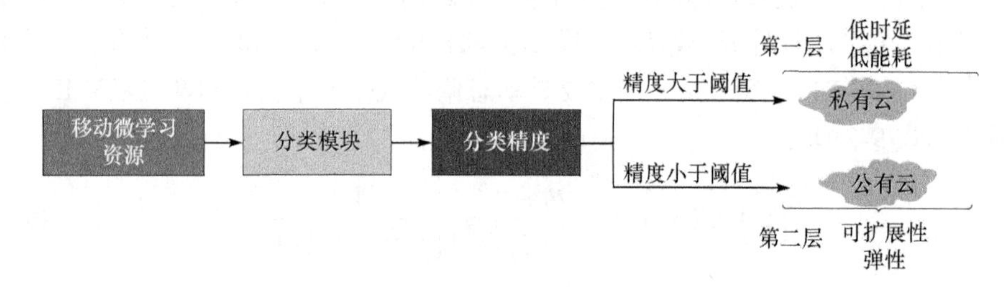

图 9.4 两层云架构模块

如图 9.4 所示，在两层云架构模块，首先，保留了公有云平台的可扩展性和弹性优势，以及私有云平台的低时延、低能耗和细粒度优势。其次，也考虑到云数据中心物理容量受限的事实。因此，本章所研究的系统需要私有云平台和公有云平台之间的合作。接下来根据分类模块进行资源部署。第一层是由连接到接入点的节点组成的私有云平台。本章研究的主要目的是通过将分类精度较高的资源部署到私有云平台来提高用户在私有云平台中查找到资源的概率，降低服务迁移的可能性。因此，分类精度较低的资源将会被部署到第二层云平台，该平台充分利用公共云平台更丰富的资源和更快的计算速度来发现移动微学习资源，可以更好地满足用户的需求。将资源部署到两层云架构，在理论上能够实现移动微学习服务质量和能耗节约的双重目标。

9.3.3 灰狼优化模块

该模块的主要作用是兼顾网络环境和设备能力来寻找能耗代价最小的服务器，并且由该服务器完成服务提供过程。该模块的主要功能如下。

为了使模型能够更好地反映网络环境和设备的能力，该模块需要云平台随机产生探测字节来模拟用户请求过程。但是在该过程中，为了避免探测字节过大而导致额外能耗的产生，采用 1 字节作为探测字节。由于 1 字节的能量消耗太小而无法测量和传输，可以将探测字节嵌入网络数据包中，并为该网络数据包添加标签。因此，系统只需要跟踪该网络数据包及其往返能耗，其平均值即探测字节的能量消耗。接下来使用灰狼优化模型来进行服务器的寻优过程。

首先，假定用户请求的数量为 Q。将用户请求按照灰狼优化的层次结构划分为 α 、β 、δ 和 ω 。之后，采用灰狼优化模型预测每台服务器在当前网络环境和设备状态下的能耗情况，并且找到能耗代价最小的服务器。该算法克服了当前研究中采用固定能耗策略的局限性，更好地反映了服务器的能耗情况。由于真实云平台中设备状态或网络环境不稳定，云平台在提供移动微服务的过程中，能耗处于一个动态变化的过程。因此，定义一个变量 $E_{\gamma}^{\xi}(t)$ ，它是一个最接近 $E_{p}^{\xi}(t)$ 的值。采用灰狼优化模型的主要目的是找到 $E_{\gamma}^{\xi}(t)$ 。为了方便，定义 $E_{p}^{\xi}(t)$ 为标准值。

根据灰狼捕猎过程，t 时刻预测能耗值与标准能耗值的关系如式(9-5)和式(9-6)所示：

$$E_{\gamma}^{\xi}(t)=E_{p}^{\xi}(t)-a_{\gamma}(t)\times D_{\gamma}^{\xi}(t-1) \tag{9-5}$$

$$D_{\gamma}^{\xi}(t-1)=|c_{\gamma}(t)\times E_{p}^{\xi}(t-1)-E_{\gamma}^{\xi}(t-1)| \tag{9-6}$$

其中，$D_{\gamma}^{\xi}(t-1)$ 表示 $t-1$ 时刻计算所得的能耗与标准能耗之间的差距。

优化的目标是找到能耗代价最小的服务器，因此需要得到在每次迭代过程中获得的最小 $E_{\gamma}^{\xi}(t)$ ，如式(9-7)所示：

$$E_{\gamma^*}^{\xi}(t^*)=\min E_{\gamma}^{\xi}(t) \tag{9-7}$$

其中，$\gamma^*\in\{\alpha,\beta,\delta\}$ ，$t^*\in\{t-1,t\}$ 。上述过程重复执行，直到最大迭代次数得到满足或者找到最优值。

为简单而直接地描述最优值的一般特征，定义 $P_{\gamma^*}^{\xi}(\overline{t})$ 作为预测值，其计算过程如式(9-8)所示：

$$P_{\gamma^*}^{\xi}(\overline{t})=\frac{\sum_{t^*}^{\overline{t}}E_{\gamma^*}^{\xi}(t^*)}{\overline{t}} \tag{9-8}$$

9.3.4　能耗计算

在早期的研究中，执行速率是预先确定的，这给移动微学习的研究带来了局限性，因为它不能真实反映网络环境状况和设备情况。为了使研究更加接近移动微学习的真实运行环境，本章根据分类模块设置任务的执行速率。

根据分类模块的训练集，使用式(9-9)得到训练集中的总字节大小：

$$S_{\text{doc}} = \sum_{j=1}^{|V|} \sum_{i=1}^{I} C(w_i, v_j) \tag{9-9}$$

其中，$C(w_i, v_j)$是计数函数，其作用是统计单词的数量。

同时，关键字的字节大小是从训练集中提取出来的，如式(9-10)所示：

$$S_{\text{key}} = \sum_{j=1}^{|V|} \sum_{i=1}^{I'} C(w_i, v_j) \tag{9-10}$$

据此，关键字在文本中所占的比例如式(9-11)所示：

$$\zeta = \frac{S_{\text{key}}}{S_{\text{doc}}} \tag{9-11}$$

基于上述情况，可以得到系统的执行速率如式(9-12)所示：

$$R_{\text{loc}} = \frac{S_{\text{doc}} + S_{\text{key}}}{N'T_{\text{loc}}} + \frac{S_{\text{task}}}{NT_{\text{loc}}} \tag{9-12}$$

其中，S_{task}是内存中待处理的字节总数量；N'是未来系统中将会运行的处理器数量；N是当前系统中正在运行的处理器的数量；T_{loc}是根据分类模块统计所得到的资源分类的持续时间。

根据资源配置方式，云平台为移动微学习用户提供服务的过程分为两种情况。情况一，私有云平台可以为所有用户请求提供服务，该服务由私有云平台提供，这是服务提供过程中的理想情况。情况二，私有云平台无法向用户提供服务，系统需要针对该用户请求，请求公有云平台的协作，该过程涉及服务迁移，这是服务交付过程的非理想情况，因为该过程会导致额外的能源消耗。因此，根据上述描述，可以得到不同服务模式下移动微学习的能耗情况。

在理想情况下，服务提供过程的时间代价如式(9-13)所示：

$$T_{\text{ideal}} = \frac{(1+\zeta)S_{\text{ldoc}}}{M'R_{\text{loc}}} + \frac{S_{\text{task}}}{MR_{\text{loc}}} \tag{9-13}$$

其中，S_{ldoc}是私有云平台提供服务的总字节数；M'是私有云平台上处于运行状态的服务器数量；M是当前状态下私有云平台中处于运行状态的服务器数量。

因此，理想情况下的能耗如式(9-14)所示：

$$E_{\text{ideal}} = P_{\gamma^*}^{1}(\overline{t})T_{\text{ideal}} \tag{9-14}$$

其中，$P_{\gamma^*}^{\xi}(\overline{t})$ 为私有云平台上最佳服务器处理一个字节的能耗。

众所周知，如果一个用户请求长时间得不到响应，将会严重影响用户的移动微学习质量。为了解决这个问题，私有云平台根据经验设置了一个时间阈值。如果私有云平台在阈值时间内无法为移动微学习用户提供所需的服务，本章提出的系统模型将自动切断私有云平台提供服务的机会，并执行服务迁移过程。因此，时间阈值可以有效缓解因用户请求占用本地资源时间过长而导致的高能耗问题。所以，在非理想情况下，服务提供过程的时间代价如式(9-15)所示：

$$T_{\text{no-ideal}} = T_{\text{th}} + T_{\text{mig}} + \frac{S_{\text{mig}}}{M''R_{\text{clo}}} \tag{9-15}$$

其中，时间阈值 T_{th} 是私有云平台能够容忍的时间延迟；T_{mig} 是服务迁移持续的时间；S_{mig} 是公有云平台提供给用户的服务大小；R_{clo} 是公有云平台的执行速率；M'' 是在公有云平台上处于运行状态的服务器数量。

在实际环境中，云平台的带宽、网络状态和设备状态可能是不同的[11]，它们对服务迁移的效果有一定的影响。因此，根据文献[12]，这里将考虑虚拟机内存大小、内存污染率、网络传输速率对服务迁移性能的影响。其中，迁移时间的定义如式(9-16)所示：

$$T_{\text{mig}} = \frac{S_{\text{mig}}}{R_{\text{mig}}} \frac{1-\lambda^{\sigma+1}}{1-\lambda} \tag{9-16}$$

其中，S_{mig} 为私有云平台迁移到公有云平台的用户请求的字节数；R_{mig} 为迁移期间的内存传输速率；λ 和 σ 的定义如式(9-17)和式(9-18)所示：

$$\lambda = \frac{D_{\text{dirty}}}{R_{\text{mig}}} \tag{9-17}$$

$$\sigma = \left\lceil \log \lambda \frac{M_{\text{thd}}}{M_{\text{mem}}} \right\rceil \tag{9-18}$$

其中，D_{dirty} 为内存污染率；M_{thd} 为内存脏化阈值；M_{mem} 为内存的大小。

因此，在非理想的服务提供中，移动微学习的能耗可以定义为

$$E_{\text{non-ideal}} = P_{\gamma^*}^{0}(\overline{t})T_{\text{non-ideal}} \tag{9-19}$$

其中，$P_{\gamma^*}^{0}(\overline{t})$ 为公有云平台上最佳服务器处理一个字节的能耗。

由于资源存储在公有云和私有云中，所以用户可以通过私有云平台和公有云平台的协作获得所需的服务。因此，在保证移动微学习服务质量的前提下，移动

微学习过程所消耗的能耗如式(9-20)所示：

$$E_{\text{total}} = \overline{W}_{|V|}^{I'} \times E_{\text{ideal}} + (1 - \overline{W}_{|V|}^{I'}) E_{\text{non-ideal}} \tag{9-20}$$

9.4 实验结果与分析

本节从 D-TF-IDF 算法的分类精度、灰狼优化模型的预测精度和移动微学习过程中所产生的能耗来对本章方法进行评估。

9.4.1 实验设置

本章实验运行在具有 Intel Core i3-2130 3.4GHz 处理器和 4GB 内存的个人计算机上。采用复旦大学的文本分类语料库作为实验数据集[13]，该语料库将 19637 个文本分为 20 个类别，其中，训练集包含 9804 个文本，测试集包含 9833 个文本。同时，在该数据集中最大的样本类包含 1600 个文本，最小的样本类包含 25 个文本，这与实际环境中的资源分配不均衡是一致的。

9.4.2 实验过程与结果

首先，对训练集进行分词处理和词频统计，得到 20185 个单词。其中，频率最高的 20 个词被提取出来作为该类文本的关键词。然后，采用 TF-IDF 算法计算 20 个类别中每个关键词的权重。部分结果如表 9.1 和表 9.2 所示。

表 9.1 TF-IDF 获得的大样本类别的结果(部分)

单词/字	C3	C7	C11	C19	C31	C32	C34	C38	C39
宇航	0	0	0.99	0	0	0.01	0.01	0	0
JOURNAL	0	0	0.37	0.48	0.09	0.06	0.06	0	0
OF	0	0	0.22	0.40	0.30	0.07	0.07	0	0
1999 年	0	0	0.16	0.23	0.27	0.13	0.13	0	0.01
含	0.06	0	0.07	0.09	0.52	0.09	0.09	0	0.02
液	0.02	0	0.19	0.01	0.75	0	0	0	0
滴	0	0	0.49	0	0.43	0.06	0.06	0	0

表 9.2 TF-IDF 获得的小样本类别的结果(部分)

单词/字	C4	C5	C6	C15	C16	C17	C23	C29	C35	C36	C37
宇航	0	0	0	0	0	0	0	0	0	0	0
JOURNAL	0	0	0	0	0	0	0	0	0	0	0
OF	0.01	0	0	0	0	0	0	0	0	0	0

续表

单词/字	C4	C5	C6	C15	C16	C17	C23	C29	C35	C36	C37
1999 年	0.09	0	0	0	0	0	0	0	0.11	0	0
含	0.04	0	0	0	0	0	0	0	0.08	0	0
液	0.01	0	0	0	0	0	0	0	0	0	0.02
滴	0	0	0	0	0	0	0	0	0	0	0

从表 9.1 和表 9.2 中可以看出，小样本类别的关键词权重大多为 0，这主要是由于小样本类的样本数量过少，提取的关键词并没有很好的代表性。同时，大样本类别的关键词权重也不具有很好的区分性。例如，关键字“OF”同时出现在大样本类别 C11、C19、C31、C32 和 C34 中，虽然该词出现在 C19 中的概率较高，但是并不能确定文本属于 C19。此外，“OF”不是具有实际意义的单词，不具有区分能力，所以它不能成为关键词。该现象在小样本类中同样存在。因此，找到具有代表性的关键词对于得到较高的分类准确性是至关重要的。

为了使小样本和大样本的分类精度相对公平，κ 和 ϑ 在 0 和 10 之间变化，变化间隔为 0.2。分类精度随 κ 和 ϑ 的变化过程如表 9.3 和表 9.4 所示。

表 9.3　D-TF-IDF 获得的大样本类别的结果(部分)

κ/ϑ	C3	C7	C11	C19	C31	C32	C34	C38	C39
0	0	0	0	0	0	0	0	0	0
2	0.89	0.89	0.94	0.62	0.80	0.89	0	0.52	0.43
2.2	0.93	0.83	0.94	0.90	0.88	0.92	0.31	0.73	0.67
2.4	0.94	0.76	0.92	0.93	0.91	0.90	0.77	0.82	0.77
2.6	0.94	0.71	0.87	0.94	0.91	0.84	0.90	0.85	0.81
2.8	0.95	0.64	0.85	0.95	0.91	0.75	0.95	0.83	0.82

表 9.4　D-TF-IDF 获得的小样本类别的结果(部分)

κ/ϑ	C4	C5	C6	C15	C16	C17	C23	C29	C35
0	0.41	0.70	0.8	0.55	0.54	0.37	0.68	0.83	0.78
2	0	0.10	0.04	0.21	0.18	0.11	0.24	0.53	0.48
2.2	0	0.07	0.02	0.21	0.14	0.04	0.24	0.51	0.40
2.4	0	0.05	0.02	0.24	0.11	0.04	0.15	0.44	0.36
2.6	0	0.04	0.02	0.21	0.04	0.04	0.12	0.41	0.27
2.8	0	0	0	0.18	0	0	0.06	0.37	0.30

从表 9.3 中可以看出，随着 κ 和 ϑ 的变化，大样本类的分类精度普遍提高，

如 C3 的分类精度从 0 增加到 95%。从表 9.4 可以看出，小样本类的分类精度下降，如 C6 的分类精度从 80%下降到 0。值得注意的是，当κ和ϑ变化到一定程度时，上述趋势出现扭转。所以需要找到一个相对公平的κ和ϑ，它将使大样本类别和小样本类别获得公平和最佳的分类准确率。

图 9.5 揭示了分类准确率随κ和ϑ的变化过程。当$\kappa=\vartheta<2.6$时，分类准确率随着κ和ϑ的增大而迅速增大；当$\kappa=\vartheta>2.6$时，分类准确率逐渐下降，并且趋于稳定。因此，当$\kappa=\vartheta=2.6$时，可以得到一个最优的分类准确率，即 83.91%。

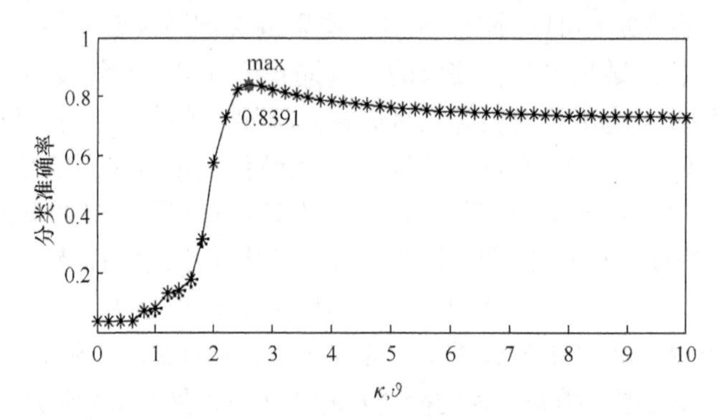

图 9.5 分类准确率曲线在不同的κ和ϑ的波动情况

如果$\kappa\neq\vartheta$，那么系统针对每一个κ值，都需要去计算 100 个ϑ值，即系统需要运算 10000 次。如果设定$\kappa=\vartheta$，那么整个系统只需要运行 100 次。因此，通过令$\kappa=\vartheta$，降低了系统的运行复杂度，保证了整个微学习过程的低能耗和低时延。

为了更好地展示各类样本分类准确率的变化过程，下面对比了 TF-IDF 算法和 D-TF-IDF 算法下各个类别的分类准确率，实验结果如图 9.6 所示。

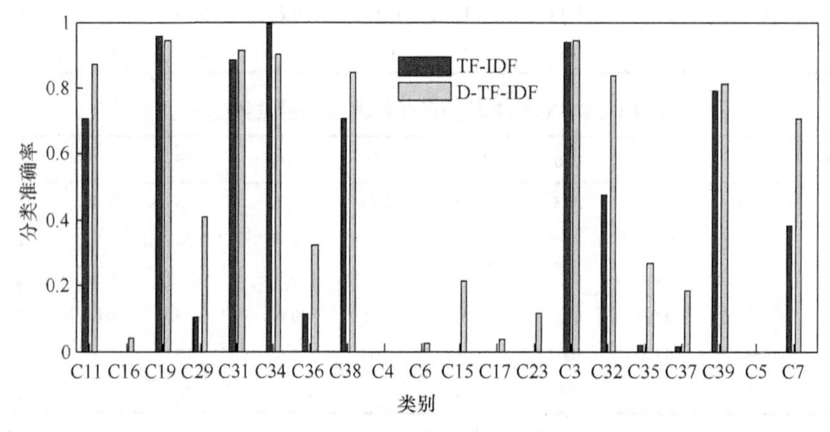

图 9.6 不同类别的分类准确率

由图 9.6 可知，除 C19 和 C34，D-TF-IDF 算法获得的分类准确率都高于 TF-

IDF 算法所获得的分类准确率。C32 的分类准确率由 47.5%上升到 83.9%，C35 的分类准确率从 1.9%上升到 26.9%。C19 和 C34 的分类准确率分别降低了 1.03%和 9.07%。对于 C4 和 C5，由于其样本量太小，分类准确率没有提升。整体来说，D-TF-IDF 算法下各类样本分类准确率的上升趋势远远大于其下降趋势，这证明了 D-IF-IDF 算法在样本分类方面更具有优势。

为了更加清楚地解释图 9.6 中样本数量对分类准确率造成的影响，图 9.7 和图 9.8 分别展示了样本数量对分类精度的影响。

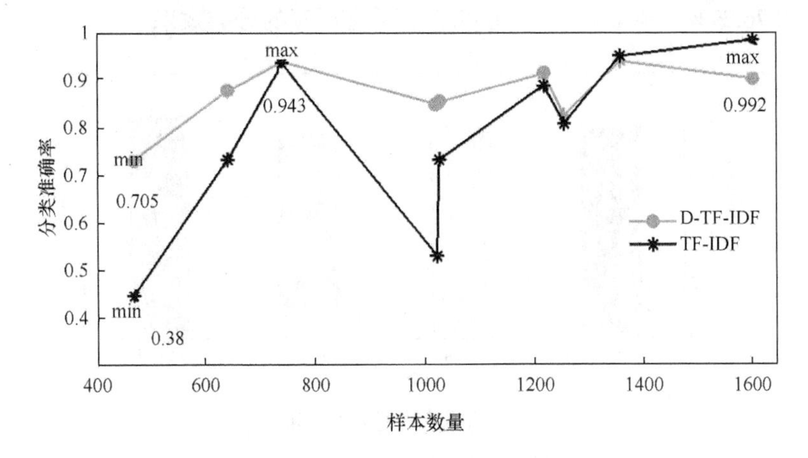

图 9.7　大样本类别的分类准确率

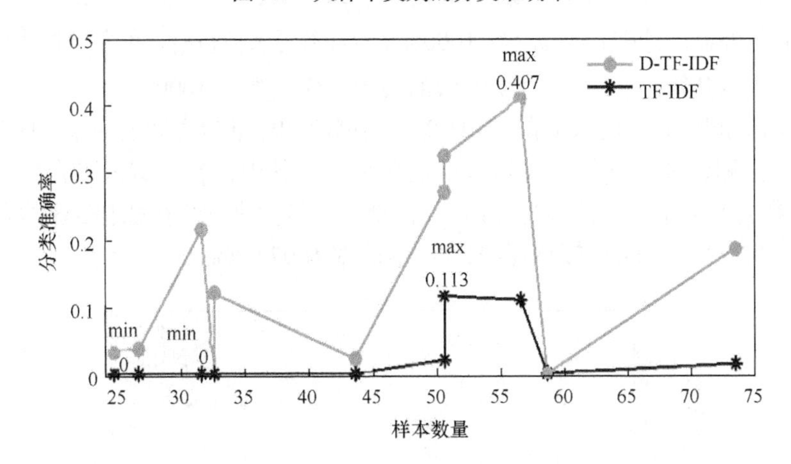

图 9.8　小样本类别的分类准确率

从图 9.7 和图 9.8 可以看出，分类准确率随样本数量的变化而变化。在图 9.7 中，对于 TF-IDF 算法，最小分类准确率和最大分类准确率分别为 38%和 94.3%。对于 D-TF-IDF 算法，则分别为 70.5%和 99.2%。在图 9.8 中，对于 TF-IDF 算法，最小分类准确率和最大分类准确率分别是 0 和 11.3%。D-TF-IDF 算法的对应值则分别为 0 和 40.7%。可以发现大样本类的分类准确率虽然有所下降，但小样本类别的分类正确率明显得到了提升，所以本章提出的 D-TF-IDF 算法与 TF-IDF 算法相比，在提高分类准确率方面具有优势。

为了验证 D-TF-IDF 算法的优越性，以 Nave Bayes 算法、Rocchio 算法和 TF-IDF 算法为对比算法，分类准确对比结果如图 9.9 所示。D-TF-IDF 算法的分类准确率是 83.91%，Nave Bayes、Rocchio 和 TF-IDF 算法的分类精度分别为 80.99%、80.26%和 76.27%。这证明 D-TF-IDF 算法具有更好的分类效果。

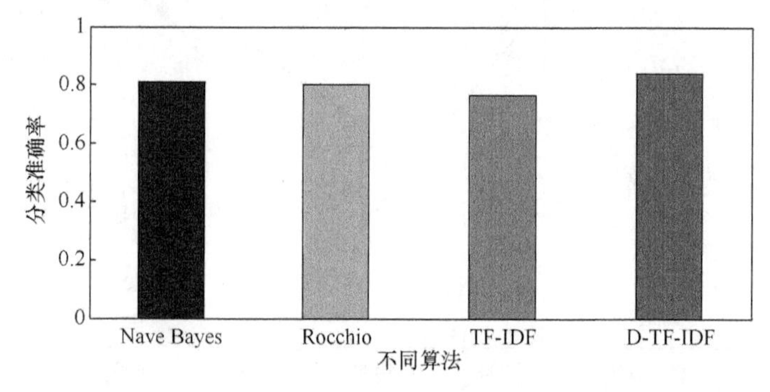

图 9.9　不同算法的分类准确率

为了使实验环境与真实的动态云环境相匹配，使用灰狼优化方法找到能耗代价最小的服务器。其中 $n=20$, $Q=10000$, $E_p^{\xi}(t)$ 参考文献[14]。在实验过程中，灰狼优化方法单独执行 20 次，每次实验的最大迭代次数为 1000。

图 9.10 和图 9.11 展示了在 3G 环境下预测值和标准值之间的关系。从图中可以看到，预测值和标准值之间的差异是微小的。其中，在私有云平台的差距为 7.67%，在公有云平台的差距为 2.93%。因此，灰狼优化方法在私有云平台的预测准确率为 92.33%，在公有云平台的预测准确率为 97.07%。

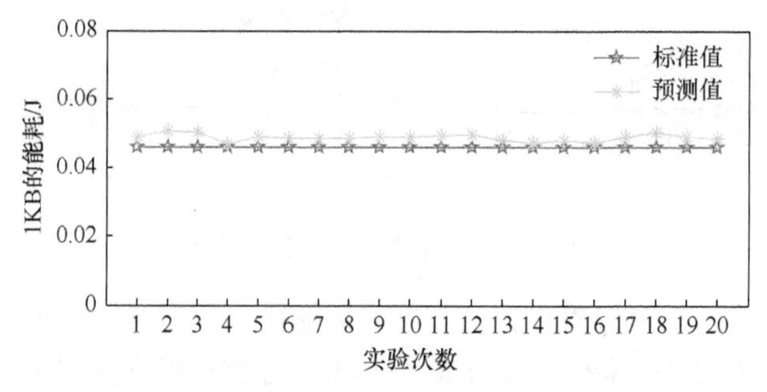

图 9.10　3G 环境下私有云平台处理 1KB 数据的能耗

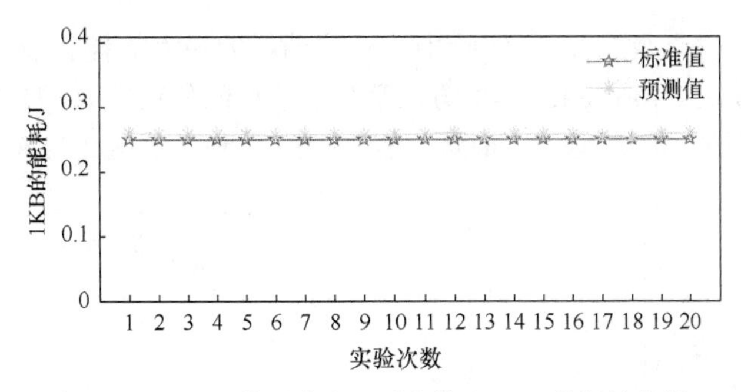

图 9.11　3G 环境下公有云平台处理 1KB 数据的能耗

图 9.12 和图 9.13 显示了在 Wi-Fi 环境下预测值和标准值之间的关系。在 20 次实验中，它们之间的差异分别为 3.16%和 6.40%。因此，灰狼优化方法在私有云平台的预测准确率为 96.84%，在公有平台的预测准确率为 93.60%。

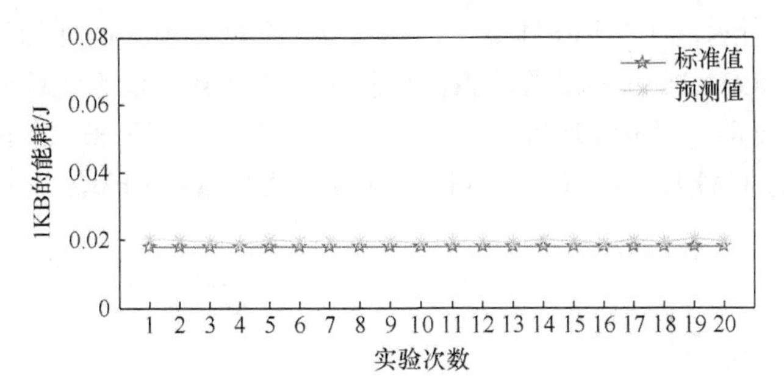

图 9.12　Wi-Fi 环境下私有云平台处理 1KB 数据的能耗

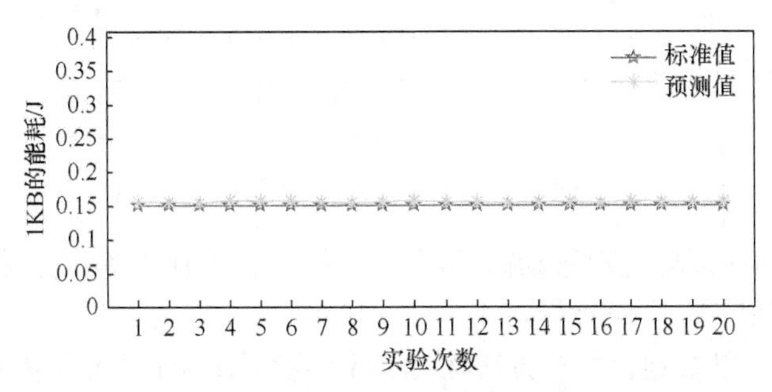

图 9.13　Wi-Fi 环境下公有云平台处理 1KB 数据的能耗

对于移动微学习过程中的能耗问题，本章主要与 Mohamed 等的方法进行比较[15]。实验参数分别为 $S_{\text{doc}} \in [500\text{KB},5\text{GB}]$，$T_{\text{th}} = 5$，$M_{\text{mem}} = 11.4$，$M_{\text{thd}} = 0.9$，$D_{\text{dity}} = 1.3$，$R_{\text{clo}} = 1.5R_{\text{loc}}$，$R_{\text{mig}} \in [R_{\text{loc}}, R_{\text{clo}}]$。$N = N' = M = M' = M'' = 1$。为了使实验结果具有说服力，进行了 20 次独立实验，实验结果如下所示。

从图 9.14 可以看到，无论在 3G 环境下还是在 Wi-Fi 环境下，本章方法都可以实现节能的目标。在 20 次实验中，算法消耗的最大能耗和最小能耗分别为 155504J 和 138015J,Mohamed 等的方法消耗的能耗值分别是 164755J 和 159032J。因此，本章方法在 3G 环境下，最高节能 16.23%，最低节能 2.22%。

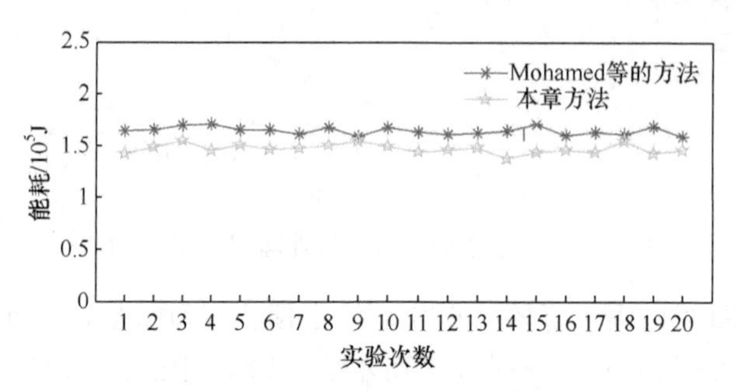

图 9.14　3G 环境下的能耗

如图 9.15 所示，在 Wi-Fi 环境下，本章方法消耗的最大能耗和最小能耗分别为 74412J 和 67897J,Mohamed 等的方法消耗的最大能耗和最小能耗分别是 85639J 和 79496J。这证明在 Wi-Fi 环境下，本章方法最多可以节约 20.72%的能耗，最少可以节约 6.40%的能耗。所以，可以认为本章方法在 Wi-Fi 环境下也具有优越性。

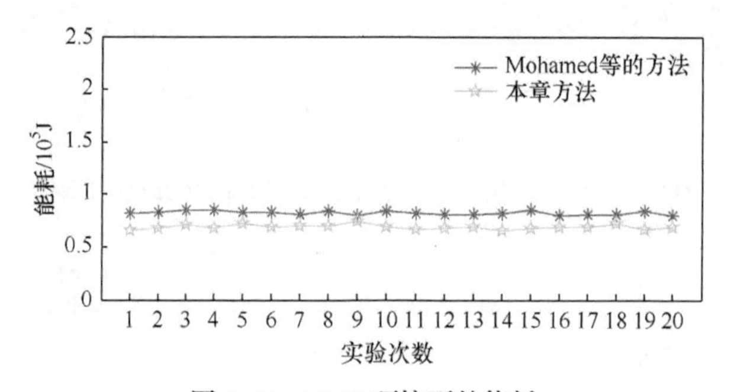

图 9.15　Wi-Fi 环境下的能耗

为了更好地验证环境对移动微学习的影响,下面对比了本章方法在 3G 和 Wi-Fi 环境下的能耗情况，实验结果如图 9.16 所示。

由图 9.16 可以看到，本章方法在 Wi-Fi 环境下比 3G 环境下更具有优势。本章方法在 3G 环境下的最高能耗和最低能耗分别为 155504J 和 138015J。在 Wi-Fi 环境下分别是 74412J 和 65931J。这证明用户应该尽可能多地在 Wi-Fi 环境中学习，因为这样可以节约 49.97%的能量。

本章方法和 Mohamed 等的方法的能耗对比情况如图 9.17 所示。从图中可以发现，本章方法所消耗的能量比 Mohamed 等的方法少，其中在 Wi-Fi 环境，本章方法节能 16.09%，在 3G 环境下节能 10.54%。

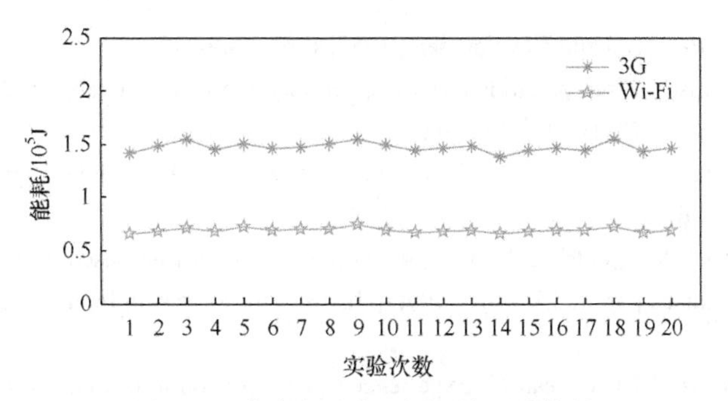

图 9.16　本章方法在不同环境下的能耗

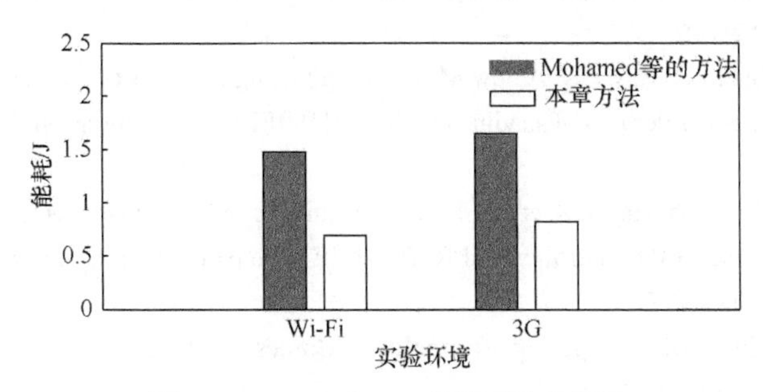

图 9.17　Wi-Fi 和 3G 环境下的总能耗

9.5　本 章 小 结

本章关注移动微学习环境中的资源部署所导致的高能耗现象。首先，为了避免用户重新请求引起的额外能耗，采用类别均匀化方法对大样本类别(流行信息)和小样本类别(不太流行的信息)进行预处理，通过 D-TF-IDF 算法寻找对大样本和小样本类都相对公平的分类准确率。其次，采用两层云架构，根据分类模块的分类结果进行资源部署。该部署方式的优势主要体现在两方面：一方面是通过私有云与公有云的协作，缓解单一云平台的超负荷运行的困境；另一方面增加了用户在私有云中查找到资源的概率，降低了服务迁移带来的能耗。再次，对于新的用户请求，通过以上步骤，得出用户的请求含义及资源位置。最后，采用灰狼优化方法找到能耗代价最小的服务器，并将用户请求发送到该服务器进行处理。实验结果证明，本章方法可以在提高资源部署精确率的同时，实现节能的目标。

参 考 文 献

[1] Salton G, Buckley C. Term-weighting approaches in automatic text retrieval[J]. Information Processing & Management, 1988, 24 (5) : 513-523.

[2] Luhn H P. A statistical approach to mechanized encoding and searching of literary information [J].

IBM Journal of Research and Development, 1957, 1 (4) : 309-317.

[3] Jones K S. A statistical interpretation of term specificity and its application in retrieval[J]. Journal of Documentation, 1972, 60 (1) : 493-502.

[4] Mirjalili S, Mirjalili S M, Lewis A. Grey wolf optimizer[J]. Advances in Engineering Software, 2014, 69 (3) : 46-61.

[5] Precup R E, David R C, Petriu E M. Grey wolf optimizer algorithm-based tuning of fuzzy control systems with reduced parametric sensitivity[J]. IEEE Transactions on Industrial Electronics, 2017, 64 (1) : 527-534.

[6] Emary E, Zawbaa H M, Grosan C. Experienced gray wolf optimization through reinforcement learning and neural networks[J]. IEEE Transactions on Neural Networks & Learning Systems, 2018, 67 (1) : 752-746.

[7] Mohanty S, Subudhi B, Ray P K. A new MPPT design using grey wolf optimization technique for photovoltaic system under partial shading conditions[J]. IEEE Transactions on Sustainable Energy, 2015, 7 (1) : 181-188.

[8] Kouba N E Y, Menaa M, Hasni M, et al. LFC enhancement concerning large wind power integration using new optimised PID controller and RFBs[J]. IET Generation Transmission & Distribution, 2016, 10 (16) : 4065-4077.

[9] 张华平. Institute of Computing Technology, Chinese Lexical Analysis System[DB/OL]. http://ictclas.nlpir.org[2019-10-18].

[10] 哈尔滨工业大学. Stop Words [DB/OL]. http://www.ltp-cloud.com[2019-10-18].

[11] Yang L, Cao J, Tang S, et al. Run time application repartitioning in dynamic mobile cloud environments[J]. IEEE Transactions on Cloud Computing, 2016, 4 (3) : 336-348.

[12] Xu X, Wang W, Wu T, et al. A virtual machine scheduling method for trade-offs between energy and performance in cloud environment [C]. Proceedings of International Conference on Advanced Cloud and Big Data, Shanghai, 2017: 246-251.

[13] 复旦大学. Text categorization data set [DB/OL]. http://nlp.fudan.edu.cn[2019-10-18].

[14] Balasubramanian N, Balasubramanian A, Venkataramani A. Energy consumption in mobile phones:a measurement study and implications for network applications [C]. Proceedings of the 9th ACM SIGCOMM Conference on Internet Measurement, Chicago, 2009: 280-293.

[15] Mohamed M A, Abdel-Baset I Y. A proposed model of smartphone energy-aware for mobile learning [J]. International Journal of Scientific & Engineering Research, 2017, 8 (4) : 526-535.

第 10 章　基于遗传算法的任务联合执行策略

本章提出一种基于遗传算法的任务联合执行策略来降低移动微学习过程中的能耗。首先，提出一种新的时间序列匹配方法来获取最新的用户请求轨迹，为未来的服务模式选择提供指导。然后，提出映射级服务模式和云端级服务模式来实现服务模式之间的无缝切换，确保服务的可靠性。最后，利用遗传算法寻找最优的任务联合执行策略。真实数据集的实验结果表明，该方法能够在保证服务可靠性的同时，有效实现节能目标。

10.1　引　　言

移动微学习是移动互联网、云计算和微学习相融合的一种学习模式，由于其运营不受时间、空间和地域的限制，业务量呈现爆炸性增长的趋势，这意味着更多的计算、存储、传输和能源消耗。但资源问题不仅是移动终端的致命缺陷，也是制约移动云服务可靠传送的瓶颈。因此，如何在移动微学习中提供高效、可靠、低能耗的服务是一个值得探讨的问题。

由于云服务器具有强大的处理能力、存储容量和计算资源，将计算密集型任务卸载到远程云服务器上，可以减少移动终端的计算、存储等负担[1-4]。所以，云协同一直被认为是缓解移动终端高能耗的潜在解决方案。但是，云服务器的物理位置远离移动终端用户，这不仅造成网络延迟，而且增加了电池供电型移动终端能耗。与此同时，移动计算和云计算技术相融合，产生了一种新型移动云计算架构，该架构的中间层 Cloudle 使云端接近终端用户，能够避免移动设备直接接入云平台造成的广域网络延迟和带宽限制等问题。

本章基于第 9 章的资源部署方法，提出两种服务模式：映射级服务模式和云端级服务模式。目的是通过寻找最优的任务联合执行策略来降低移动微学习过程中的能耗。该方法首先将用户的移动微学习过程转化为时间序列，同时采用时间序列匹配的方法查找历史数据库中与用户请求最相近的服务记录。由于在服务提供过程中用户请求具有内部相似性，可以获取历史记录中资源消耗，并以此为未来的服务模式选择提供指导。然后，根据历史记录中用户请求的资源消耗情况，在两种服务模式中进行服务模式的初级选择。最后，利用遗传算法寻找最优执行策略。

本章的主要贡献可以概括如下：首先，提出一个时间序列框架来描述移动微学习过程，同时提出一种新的时间序列匹配方法来获取用户历史请求，该请求与用户当前的请求具有一致性；然后，综合考虑用户的个性化需求和节能目标，提出一种任务联合执行策略，该策略通过映射级服务模式与云级服务模式的无缝切换，确保服务的可靠性；最后，采用遗传算法，基于能耗感知的思想找到最优的任务联合执行策略，保证移动微学习的绿色高效性。实验结果验证了该方法的可行性与有效性。

10.2 移动微学习的任务联合执行策略模型

本节在定义时间序列和移动微学习过程中变量的基础上，介绍时间序列模型，并提出任务联合执行策略模型。

10.2.1 相关概念

用户行为的固有属性反映了用户行为特征的不一致性。为了更好地对用户的移动微学习行为进行建模，本节给出以下定义。

定义 10.1(用户集) 移动微学习同时在线人数高达数万人，因此为了更好地区分每一个用户，定义了用户集 $U=\{u_1,u_2,\cdots,u_i\}$，其中 u_i 表示第 i 个用户。

定义 10.2(时间集) 移动微学习行为是一个持续性过程，因此定义了一个时间序列 $T=\{t_1,t_2,\cdots,t_j\}$，其中 t_j 是第 j 个时间片。

定义 10.3(服务集) 云平台所能提供的服务是多种多样的，为了更好地区分每一个服务，定义了服务的集合 $S=\{s_1,s_2,\cdots,s_k\}$，其中 s_k 表示第 k 个服务。

定义 10.4(用户请求轨迹) 由于用户的个性化特性，每个用户在不同时刻的请求具有个性化的标签。因此，定义用户轨迹 $Q_i=\{q_i^{1,1},q_i^{2,2},\cdots,q_i^{j,k}\}$，其中 $q_i^{j,k}$ 表示用户 i 在 j 时刻请求服务 k。

定义 10.5(任务集) 每个用户请求在系统中都对应一个任务，因此为用户 i 创建任务集 $\text{Task}_i=\{\text{task}_i^{1,1},\text{task}_i^{1,2},\cdots,\text{task}_i^{j,n}\}$，其中 n 是任务序号。因为任务与请求相关联，所以定义 $n=k$。

通过上述定义，可以建立一个由长期兴趣模型和短期兴趣模型组成的用户请求轨迹模型，如图 10.1 所示。

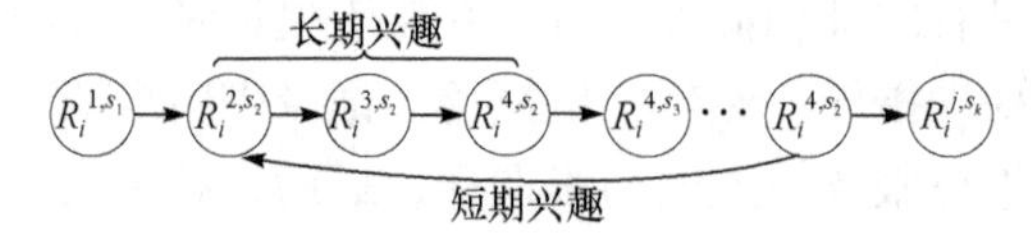

图 10.1 用户请求轨迹模型

用户对信息的需求与用户个人偏好具有一定的相关性。虽然每个人的背景、兴趣和动机不同，但是每个人对信息的需求都是具体的。因此，本章连续记录用户在各个时间片的请求，那么，在一段时间之后，用户的请求轨迹就是一组时间序列。

该模型将用户请求看成是由长期兴趣和短期兴趣组成的用户请求轨迹。其中长期兴趣模型反映了用户总是感兴趣的东西，该兴趣在一段时间内可能被用户忽略并逐渐趋于衰落。短期兴趣模型记录用户最近的兴趣，该兴趣可能是用户的工作需求而产生的一个持续性动作，但在之后的学习过程中，该请求可能不会再次出现。同时，短期兴趣和长期兴趣之间存在相互转换的可能性。如果用户周期性地执行某个操作，那么该操作就会被加入长期兴趣模型中。因此，无论系统采用哪种学习模型，通过回顾用户兴趣发展的历史，分析其发展趋势，研究用户的个性化需求对未来服务模式的选择都具有指导意义。

10.2.2　时间序列匹配模型

本节提出一种时间序列匹配方法，目标是准确找到与用户请求相一致的最新用户历史请求。该历史信息不仅能为当前用户资源需求量提供依据，也可为移动微学习的服务模式选择提供指导。

根据图 10.1，定义用户请求之间的关联系数，它主要是揭示当前用户请求和历史用户请求之间的相关程度，计算公式如式(10-1)所示：

$$\mathrm{Sc}=\frac{P_{\mathrm{length}}M_{\mathrm{length}}}{T_{\mathrm{length}}}+\frac{P_{\mathrm{count}}M_{\mathrm{count}}}{T_{\mathrm{count}}} \tag{10-1}$$

其中，M_{length} 为当前请求成功匹配的长度；P_{length} 为 M_{length} 的权重；T_{length} 为完全匹配的长度；M_{count} 为当前请求匹配成功的次数；P_{count} 为 M_{count} 的权重；T_{count} 为匹配的总次数。

时间序列匹配示意图如图 10.2 所示。在该过程中，采用五个步骤来实现时间序列匹配的方法：①针对每一个用户请求 $r_i^{j,k}$，在历史数据库中找到与其相对应的历史轨迹 Q_i；②采用时间序列匹配方法寻找 proAp，它是与当前用户请求相匹配的请求组成的候选请求集；③根据式(10-1)计算 Sc 并且根据 Sc 进行排序，一个用户请求的 Sc 越大，表示该历史请求与当前用户请求的匹配程度越高；④使用精确匹配方法在 proAp 中查找与用户请求完全一致的历史请求记录；⑤根据以上步骤，当用户再次访问该服务时，若服务存在且从未更新，则映射级服务模式将为用户提供服务，否则云端级服务模式将为用户提供服务。

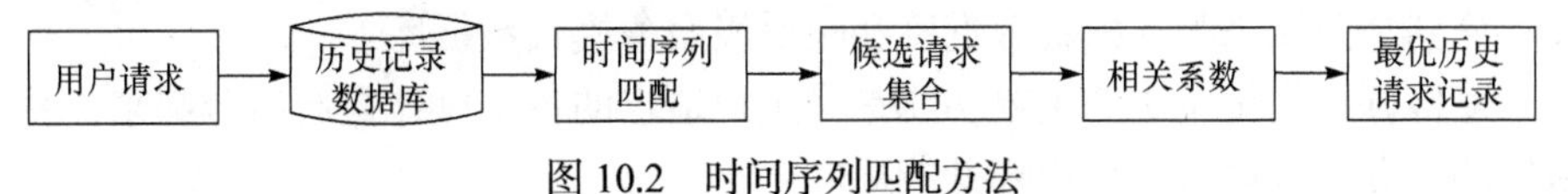

图 10.2　时间序列匹配方法

经过上述分析，当步骤①～⑤完成时，可以得到匹配的准确率，如式(10-2)所示：

$$I_{\mathrm{AR}} = \frac{A}{G} \tag{10-2}$$

其中，A 为匹配成功的请求数量；G 为请求总数量。

10.2.3 任务联合执行策略模型

移动微学习任务联合执行策略模型如图 10.3 所示，该模型由用户模块、服务模式选择模块和遗传算法优化模块三部分组成。

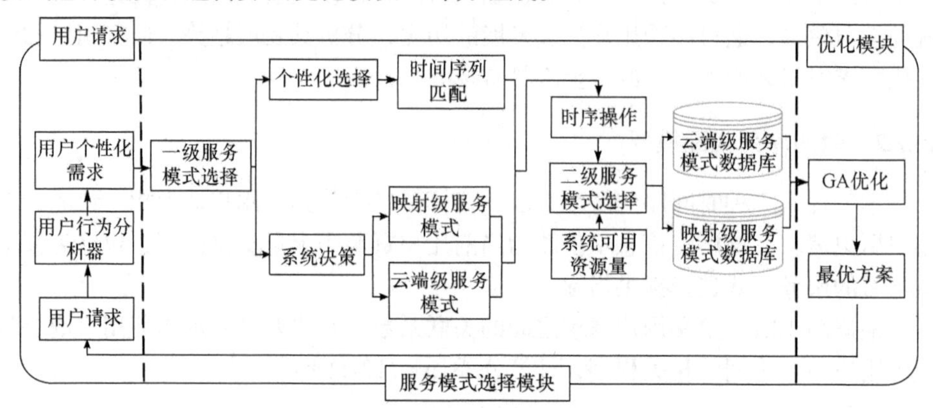

图 10.3　移动微学习任务联合执行策略模型

用户模块的主要功能是获取用户的个性化需求。服务模式选择模块的功能是进行服务模式的初级选择。例如，如果用户的个性化需求要在云端级服务模式下执行而不考虑任何其他代价，那么系统将直接把任务交付到云端级服务模式数据库，并由云端级服务模式进行服务的提供过程；反之，该任务将会被提交给映射级服务模式。如果用户并没有明确指出任务执行的特定服务模式，那么将采用时间序列匹配方法进行服务模式的选择。

服务模式的选择步骤如下。首先，采用时间序列匹配方法获取与用户请求相一致的历史请求记录。若该记录存在，则可以得到它的资源消耗情况；否则，系统将综合考虑是否需要把任务放到云端级服务模式数据库中。其次，使用全局监视器来获取当前的网络资源情况。如果现有资源能够满足用户的请求资源需求量，且不会影响系统的其他性能，那么该服务将由移动终端映射级服务模式提供；否则，该任务将被放入云端级服务模式数据库。通过以上操作，可以得到两个数据库，分别是云端级服务模式数据库和映射级服务模式数据库。

遗传算法优化模块的主要功能是将用户请求的各个操作重新组合起来，找出最优的任务执行策略，从而降低能耗。

10.3　问 题 描 述

本节分别讨论移动微学习在映射级服务模式和云端级服务模式下的能耗。

10.3.1　能耗描述

假定 Cloudlet 集合为 $C_{\text{let}}=\{c_1,c_2,\cdots,c_m\}$，其中 m 表示 Cloudlet 的数量。u_i 的任务大小为 $B_i=(b_{(i,1)}^1,b_{(i,2)}^2,\cdots,b_{(i,j)}^k)$，其中 k 表示任务序号。为了研究方便，定义 Cloudlet 和移动终端的任务执行速率是恒定不变的，分别是 R_{cl} 和 R_{mp}。数据传输率定义为 $R_{\text{off}}=\left[r_1,r_2,\cdots,r_m\right]$。同时，将移动终端执行成本代价表示为 $P_{\text{mp}}^{\text{power}}$，云端的执行代价为 $P_{\text{cl}}^{\text{power}}$，卸载代价为 $P_{\text{off}}^{\text{power}}$。那么，可以得到第 $\tilde{i}$ 个用户在第 $\tilde{j}$ 时刻执行第 $\tilde{k}$ 个任务时的代价。

通过上述分析，映射级服务模式执行操作的时间代价如式(10-3)所示：

$$T_{\text{mp}}^{(\tilde{i},\tilde{j},\tilde{k})}=\frac{b_{(\tilde{i},\tilde{j})}^{\tilde{k}}}{R_{\text{mp}}} \tag{10-3}$$

映射级服务模式执行任务时的能耗代价如式(10-4)所示：

$$E_{\text{mp}}^{(\tilde{i},\tilde{j},\tilde{k})}=T_{\text{mp}}^{(\tilde{i},\tilde{j},\tilde{k})}P_{\text{mp}}^{\text{power}} \tag{10-4}$$

云端级服务模式执行任务的时间代价如式(10-5)所示：

$$T_{\text{cp}}^{(\tilde{i},\tilde{j},\tilde{k})}=\frac{b_{(\tilde{i},\tilde{j})}^{\tilde{k}}}{R_{\text{cl}}} \tag{10-5}$$

云端级服务模式执行任务的能耗代价如式(10-6)所示：

$$E_{\text{cp}}^{(\tilde{i},\tilde{k})}=T_{\text{cp}}^{(\tilde{i},\tilde{j},\tilde{k})}P_{\text{cl}}^{\text{power}} \tag{10-6}$$

当映射级服务模式不能为用户提供服务时，用户请求将会被卸载到云端级服务模式执行。因此，需要考虑任务从移动终端卸载到云端的卸载代价。卸载过程的时间代价如式(10-7)所示：

$$T_{\text{off}}^{(\tilde{i},\tilde{j},\tilde{k})}=\frac{b_{(\tilde{i},\tilde{j})}^{\tilde{k}}}{R_{\text{off}}} \tag{10-7}$$

卸载过程的能耗代价如式(10-8)所示：

$$E_{\text{off}}^{(\tilde{i},\tilde{j},\tilde{k})}=T_{\text{off}}^{(\tilde{i},\tilde{j},\tilde{k})}P_{\text{off}}^{\text{power}} \tag{10-8}$$

因此，用户从云端级服务模式获得服务的时间代价如式(10-9)所示：

$$T_{\mathrm{cl}}^{(\tilde{i}\,\tilde{j},\tilde{k})} = T_{\mathrm{cp}}^{(\tilde{i}\,\tilde{j},\tilde{k})} + T_{\mathrm{off}}^{(\tilde{i}\,\tilde{j},\tilde{k})} \tag{10-9}$$

用户从云端级服务模式获得服务的能耗代价如式(10-10)所示：

$$E_{\mathrm{cl}}^{(\tilde{i}\,\tilde{j},\tilde{k})} = E_{\mathrm{cp}}^{(\tilde{i}\,\tilde{j},\tilde{k})} + E_{\mathrm{off}}^{(\tilde{i}\,\tilde{j},\tilde{k})} \tag{10-10}$$

综上所述，用户从映射级服务模式获得服务的总时间代价如式(10-11)所示：

$$T_{\mathrm{mp}}^{\mathrm{total}} = P_{\mathrm{mp}}^{(\tilde{i}\,\tilde{j},\tilde{k})} \sum_{\tilde{k}=1}^{k} \sum_{\tilde{j}=1}^{j} \sum_{\tilde{i}=1}^{i} T_{\mathrm{mp}}^{(\tilde{i}\,\tilde{j},\tilde{k})} \tag{10-11}$$

其中，$P_{\mathrm{mp}}^{(\tilde{i}\,\tilde{j},\tilde{k})}$是用户$\tilde{i}$在$\tilde{j}$时刻执行任务$\tilde{k}$的概率。

用户从映射级服务模式获取服务的总能耗代价如式(10-12)所示：

$$E_{\mathrm{mp}}^{\mathrm{total}} = P_{\mathrm{mp}}^{(\tilde{i}\,\tilde{j},\tilde{k})} \sum_{\tilde{k}=1}^{k} \sum_{\tilde{j}=1}^{j} \sum_{\tilde{i}=1}^{i} E_{\mathrm{mp}}^{(\tilde{i}\,\tilde{j},\tilde{k})} \tag{10-12}$$

用户从云端级服务模式获得服务的总时间代价如式(10-13)所示：

$$T_{\mathrm{cl}}^{\mathrm{total}} = P_{\mathrm{cl}}^{(\tilde{i}\,\tilde{j},\tilde{k})} \sum_{\tilde{k}=1}^{k} \sum_{\tilde{j}=1}^{j} \sum_{\tilde{i}=1}^{i} T_{\mathrm{cl}}^{(\tilde{i}\,\tilde{j},\tilde{k})} \tag{10-13}$$

用户从云端级服务模式获取服务的总能耗代价如式(10-14)所示：

$$E_{\mathrm{cl}}^{\mathrm{total}} = P_{\mathrm{cl}}^{(\tilde{i}\,\tilde{j},\tilde{k})} \sum_{\tilde{k}=1}^{k} \sum_{\tilde{j}=1}^{j} \sum_{\tilde{i}=1}^{i} E_{\mathrm{cl}}^{(\tilde{i}\,\tilde{j},\tilde{k})} \tag{10-14}$$

当 Cloudlet 资源不足或移动终端超出了 Cloudlet 的服务范围时，为了确保移动微学习的顺利完成，实现节能目标，需要找到一个合适的服务模式来执行操作。本章假设在$\tilde{i}$时刻执行用户$\tilde{i}$的任务$\tilde{k}$所需的 CPU、内存和带宽分别为$b_{(\tilde{i}\,\tilde{j},\tilde{k})}^{\mathrm{cpu}}$、$b_{(\tilde{i}\,\tilde{j},\tilde{k})}^{\mathrm{mem}}$、$b_{(\tilde{i}\,\tilde{j},\tilde{k})}^{\mathrm{bw}}$。定义$P_{(\tilde{i}\,\tilde{j},\tilde{k})}^{\tilde{m}} \in \{0,1\}$为一个二进制函数，当$P_{(\tilde{i}\,\tilde{j},\tilde{k})}^{\tilde{m}} = 1$时，表示在$\tilde{i}$时刻用户$\tilde{i}$的任务$\tilde{k}$在$\tilde{m}$上执行，反之，则不在$\tilde{m}$上执行。经过一段时间，系统的可用资源如 CPU、内存和带宽分别是$C_{(\tilde{i}\,\tilde{j},\tilde{k},\tilde{m})}^{\mathrm{cpu}}$、$C_{(\tilde{i}\,\tilde{j},\tilde{k},\tilde{m})}^{\mathrm{mem}}$、$C_{(\tilde{i}\,\tilde{j},\tilde{k},\tilde{m})}^{\mathrm{bw}}$，如式(10-15)～式(10-17)所示:

$$C_{(\tilde{i}\,\tilde{j},\tilde{k},\tilde{m})}^{\mathrm{cpu}} = 1 - \sum_{\tilde{k}=1}^{k-1} \sum_{\tilde{j}=1}^{j-1} \sum_{\tilde{i}=1}^{i-1} \left(P_{(\tilde{i}\,\tilde{j},\tilde{k})}^{\tilde{m}} \, b_{(\tilde{i}\,\tilde{j},\tilde{k})}^{\mathrm{cpu}} \right) \tag{10-15}$$

$$C_{(\tilde{i},\tilde{j},\tilde{k},\tilde{m})}^{\mathrm{mem}}=1-\sum_{\tilde{k}=1}^{k-1}\sum_{\tilde{j}=1}^{j-1}\sum_{\tilde{i}=1}^{i-1}\left(P_{(\tilde{i},\tilde{j},\tilde{k})}^{\tilde{m}}b_{(\tilde{i},\tilde{j},\tilde{k})}^{\mathrm{mem}}\right) \tag{10-16}$$

$$C_{(\tilde{i},\tilde{j},\tilde{k},\tilde{m})}^{\mathrm{bw}}=1-\sum_{\tilde{k}=1}^{k-1}\sum_{\tilde{j}=1}^{j-1}\sum_{\tilde{i}=1}^{i-1}\left(P_{(\tilde{i},\tilde{j},\tilde{k})}^{\tilde{m}}b_{(\tilde{i},\tilde{j},\tilde{k})}^{\mathrm{bw}}\right) \tag{10-17}$$

因为 CPU、内存和带宽具有不同的单位，所以归一化过程是必要的。CPU 的归一化过程如式(10-18)所示：

$$\|C_{(\tilde{i},\tilde{j},\tilde{k},\tilde{m})}^{\mathrm{cpu}}\|=\begin{cases}\dfrac{(C_{(\tilde{i},\tilde{j},\tilde{k},\tilde{m})}^{\mathrm{cpu}})^{\max}-C_{(\tilde{i},\tilde{j},\tilde{k},\tilde{m})}^{\mathrm{cpu}}}{(C_{(\tilde{i},\tilde{j},\tilde{k},\tilde{m})}^{\mathrm{cpu}})^{\max}-(C_{(\tilde{i},\tilde{j},\tilde{k},\tilde{m})}^{\mathrm{cpu}})^{\min}}, & (C_{(\tilde{i},\tilde{j},\tilde{k},\tilde{m})}^{\mathrm{cpu}})^{\max}\neq(C_{(\tilde{i},\tilde{j},\tilde{k},\tilde{m})}^{\mathrm{cpu}})^{\min}\\ 0, & 其他\end{cases} \tag{10-18}$$

其中；$(C_{(\tilde{i},\tilde{j},\tilde{k},\tilde{m})}^{\mathrm{cpu}})^{\max}$ 为第 $\tilde{m}$ 个 Cloudlet 的最大 CPU 消耗量；$(C_{(\tilde{i},\tilde{j},\tilde{k},\tilde{m})}^{\mathrm{cpu}})^{\min}$ 为第 $\tilde{m}$ 个 Cloudlet 的最小 CPU 消耗量。以此类推，内存和带宽的归一化处理分别如式(10-19)和式(10-20)所示：

$$\|C_{(\tilde{i},\tilde{j},\tilde{k},\tilde{m})}^{\mathrm{mem}}\|=\begin{cases}\dfrac{(C_{(\tilde{i},\tilde{j},\tilde{k},\tilde{m})}^{\mathrm{mem}})^{\max}-C_{(\tilde{i},\tilde{j},\tilde{k},\tilde{m})}^{\mathrm{mem}}}{(C_{(\tilde{i},\tilde{j},\tilde{k},\tilde{m})}^{\mathrm{mem}})^{\max}-(C_{(\tilde{i},\tilde{j},\tilde{k},\tilde{m})}^{\mathrm{mem}})^{\min}}, & (C_{(\tilde{i},\tilde{j},\tilde{k},\tilde{m})}^{\mathrm{mem}})^{\max}\neq(C_{(\tilde{i},\tilde{j},\tilde{k},\tilde{m})}^{\mathrm{mem}})^{\min}\\ 0, & 其他\end{cases} \tag{10-19}$$

$$\|C_{(\tilde{i},\tilde{j},\tilde{k},\tilde{m})}^{\mathrm{bw}}\|=\begin{cases}\dfrac{(C_{(\tilde{i},\tilde{j},\tilde{k},\tilde{m})}^{\mathrm{bw}})^{\max}-C_{(\tilde{i},\tilde{j},\tilde{k},\tilde{m})}^{\mathrm{bw}}}{(C_{(\tilde{i},\tilde{j},\tilde{k},\tilde{m})}^{\mathrm{bw}})^{\max}-(C_{(\tilde{i},\tilde{j},\tilde{k},\tilde{m})}^{\mathrm{bw}})^{\min}}, & (C_{(\tilde{i},\tilde{j},\tilde{k},\tilde{m})}^{\mathrm{bw}})^{\max}\neq(C_{(\tilde{i},\tilde{j},\tilde{k},\tilde{m})}^{\mathrm{bw}})^{\min}\\ 0, & 其他\end{cases} \tag{10-20}$$

其中，$(C_{(\tilde{i},\tilde{j},\tilde{k},\tilde{m})}^{\mathrm{mem}})^{\max}$ 为第 $\tilde{m}$ 个 Cloudlet 的最大内存消耗量；$(C_{(\tilde{i},\tilde{j},\tilde{k},\tilde{m})}^{\mathrm{mem}})^{\min}$ 为第 $\tilde{m}$ 个 Cloudlet 的最小内存消耗量；$(C_{(\tilde{i},\tilde{j},\tilde{k},\tilde{m})}^{\mathrm{bw}})^{\max}$ 为第 $\tilde{m}$ 个 Cloudlet 的最大带宽消耗量；$(C_{(\tilde{i},\tilde{j},\tilde{k},\tilde{m})}^{\mathrm{bw}})^{\min}$ 为第 $\tilde{m}$ 个 Cloudlet 的最小带宽消耗量。

因此，如果第 $\tilde{m}$ 个 Cloudlet 在 $\tilde{j}$ 时刻执行用户 $\tilde{i}$ 的请求 $\tilde{k}$，那么系统的可用资源量如式(10-21)所示：

$$C_{(\tilde{i},\tilde{j},\tilde{k},\tilde{m})}=\alpha\|C_{(\tilde{i},\tilde{j},\tilde{k},\tilde{m})}^{\mathrm{cpu}}\|+\beta\|C_{(\tilde{i},\tilde{j},\tilde{k},\tilde{m})}^{\mathrm{mem}}\|+\gamma\|C_{(\tilde{i},\tilde{j},\tilde{k},\tilde{m})}^{\mathrm{bw}}\| \tag{10-21}$$

其中，$\alpha,\beta,\gamma\in[0,1]$ 是各种资源所占的权重。通常情况下，$C_{(\tilde{i},\tilde{j},\tilde{k},\tilde{m})}$ 越大表示此时第 $\tilde{m}$ 个 Cloudlet 提供服务的资源越能满足用户需求，把任务交付给该服务器执行的完成度会越高。

任何一种资源的不足都可能成为影响系统性能的瓶颈。因此，为了验证服务的可靠性，将任务成功率作为系统的评价指标，如式(10-22)所示：

$$I_{\mathrm{OSR}}=\frac{O}{V} \tag{10-22}$$

其中，O 为成功执行的任务数量；V 为系统中总的任务数量。

最优的任务执行策略能够保证用户满意度、降低响应时间和找到最优的卸载目的地等。因此，综合考虑效用函数和系统约束，得到如下策略方案。

$$F_{\min}=\min\{E_{\mathrm{cl}}^{\mathrm{total}}+E_{\mathrm{mp}}^{\mathrm{total}}\} \tag{10-23}$$

$$F_{\max}=\max\{I_{\mathrm{OSR}}\} \tag{10-24}$$

$$\begin{aligned}&\forall\tilde{i}\in i,\tilde{j}\in j,\tilde{m}\in m\\&\forall i,j,m\in\mathbb{N}\end{aligned} \tag{10-25}$$

$$0\leqslant d_{(\tilde{i},\tilde{j},\tilde{k})}^{\mathrm{cpu}}<C_{(\tilde{i},\tilde{j},\tilde{m})}^{\mathrm{cpu}} \tag{10-26}$$

$$0\leqslant d_{(\tilde{i},\tilde{j},\tilde{k})}^{\mathrm{mem}}<C_{(\tilde{i},\tilde{j},\tilde{m})}^{\mathrm{mem}} \tag{10-27}$$

$$0\leqslant d_{(\tilde{i},\tilde{j},\tilde{k})}^{\mathrm{bw}}<C_{(\tilde{i},\tilde{j},\tilde{m})}^{\mathrm{bw}} \tag{10-28}$$

$$T_{\mathrm{joint}}^{(\tilde{i},\tilde{j},\tilde{k})}\leqslant T_{\mathrm{th}} \tag{10-29}$$

其中，$T_{\mathrm{joint}}^{(\tilde{i},\tilde{j},\tilde{k})}$ 为联合执行策略所消耗的时间代价；I_{OSR} 为任务的可靠程度。式(10-23)的目的是找到最低的能耗代价；式(10-24)的目的是保证服务的可靠性最大；约束(10-25)保证数字是具有实际意义的自然数；式(10-26)～式(10-28)为 CPU、内存和带宽等资源不应该超过系统能够提供的可用资源量；式(10-29)确保任务执行时间不应超过阈值。

10.3.2　任务联合执行算法

目前，大多数研究者采用启发式算法进行全局优化方案的求解，如模拟退火算法、蚁群优化算法、禁忌搜索算法和遗传算法等。模拟退火算法容易陷入局部搜索。禁忌搜索算法具有记忆能力，可以避免迂回搜索，但是可能会造成大量的内存浪费。蚁群优化算法不适合递归预测，因为它具有很高的时间复杂度。遗传算法通过交叉、变异和选择来解决复杂的优化问题。更重要的是，遗传算法具有更高效和更快的搜索能力。因此，本节提出一个融合遗传算法和时间序列匹配(genetic algorithm and time-series matching, GATM)任务联合执行算法。该算法集成了时间序列匹配算法和蚁群遗传算法的优点，用于移动微学习过程中最优解的求解过程。

算法 10.1　GATM 任务联合执行算法

$Q_{\tilde{i}}$：第 $\tilde{i}$ 个用户请求轨迹。

$q_{\tilde{i}}^{\tilde{j}\tilde{k}}$：历史记录中与 $q_{\tilde{i}}^{\tilde{j}\tilde{k}}$ 一致的请求。

$\mathrm{CSM}_{\tilde{i}}$：用户 $\tilde{i}$ 的服务模式。

D_{mp}：映射级服务模式数据库。

D_{cl}：云端级服务模式数据库。

P_{c}：遗传算法交叉概率。

P_{m}：遗传算法变异概率。

1.　开始
2.　输入：$q_{\tilde{i}}^{\tilde{j}\tilde{k}}$、$\mathrm{CSM}_{\tilde{i}}$、$D_{\mathrm{mp}}$、$D_{\mathrm{cl}}$、$P_{\mathrm{c}}$、$P_{\mathrm{m}}$
3.　在 $Q_{\tilde{i}}$ 中查找 $q_{\tilde{i}}^{\tilde{j}\tilde{k}}$
4.　得到用户个性化需求
5.　　如果 $\mathrm{CSM}_{\tilde{i}}=0$
6.　　　$q_{\tilde{i}}^{\tilde{j}\tilde{k}}$ 被直接交付给映射级服务模式数据库执行
7.　　　将 $q_{\tilde{i}}^{\tilde{j}\tilde{k}}$ 添加到 D_{mp}
8.　　如果 $\mathrm{CSM}_{\tilde{i}}=1$
9.　　　$q_{\tilde{i}}^{\tilde{j}\tilde{k}}$ 直接交付给云端级服务模式数据库执行
10.　　　将 $q_{\tilde{i}}^{\tilde{j}\tilde{k}}$ 添加到 D_{cl}
11.　　否则
12.　　　采用时间序列匹配算法找到 $q_{\tilde{i}}^{\tilde{j}\tilde{k}}$
13.　　　如果 $q_{\tilde{i}}^{\tilde{j}\tilde{k}}$ 存在于历史数据库中
14.　　　　获取 $d_{(\tilde{i},\tilde{j},\tilde{k})}^{\mathrm{cpu}}$、$d_{(\tilde{i},\tilde{j},\tilde{k})}^{\mathrm{mem}}$、$d_{(\tilde{i},\tilde{j},\tilde{k})}^{\mathrm{bw}}$、$T_{\mathrm{th}}$
15.　　　　采用监控系统获取 $C_{(\tilde{i},\tilde{j},\tilde{m})}^{\mathrm{cpu}}$、$C_{(\tilde{i},\tilde{j},\tilde{m})}^{\mathrm{mem}}$、$C_{(\tilde{i},\tilde{j},\tilde{m})}^{\mathrm{bw}}$、$T_{\mathrm{joint}}^{(\tilde{i},\tilde{j},\tilde{k})}$
16.　　　　如果 $d_{(\tilde{i},\tilde{j},\tilde{k})}^{\mathrm{cpu}}<C_{(\tilde{i},\tilde{j},\tilde{m})}^{\mathrm{cpu}}$，$d_{(\tilde{i},\tilde{j},\tilde{k})}^{\mathrm{mem}}<C_{(\tilde{i},\tilde{j},\tilde{m})}^{\mathrm{mem}}$，$d_{(\tilde{i},\tilde{j},\tilde{k})}^{\mathrm{bw}}<C_{(\tilde{i},\tilde{j},\tilde{m})}^{\mathrm{bw}}$，$T_{\mathrm{joint}}^{(\tilde{i},\tilde{j},\tilde{k})}<T_{\mathrm{th}}$
17.　　　　　将 $q_{\tilde{i}}^{\tilde{j}\tilde{k}}$ 添加到 D_{mp}
18.　　　　否则
19.　　　　　将 $q_{\tilde{i}}^{\tilde{j}\tilde{k}}$ 添加到 D_{cl}
20.　　　否则
21.　　　　将 $q_{\tilde{i}}^{\tilde{j}\tilde{k}}$ 添加到 D_{cl}
22.　为每一个任务编码
23.　获取初始化解决方案
24.　根据 $F_{\min}$ 和 $F_{\max}$ 进行评估
25.　如果执行条件不满足
26.　　执行步骤 34
27.　否则
28.　　采用轮盘赌方法进行选择过程
29.　　根据 P_{c} 进行交叉过程
30.　　根据 P_{m} 执行变异过程
31.　　得到新一代解决方案
32.　　重复执行步骤 24～31
33.　输出最优解
34.　结束

从算法 10.1 可以看出，GATM 任务联合执行算法能够找到最优的任务联合执行策略。该算法的核心是利用历史轨迹为用户服务模式选择提供指导。其中 3～21 行执行初步服务模式的选择过程。22 和 23 行通过遗传算法找到最优解。具体来说，5～10 行根据用户的个性化需求进行服务模式选择；11～21 行根据系统的能力执行服务模式选择；22 行将对候选解进行编码；23 行随机产生一个初始种群；24 行评估每个解决方案的适应性；28～31 行选择最佳解决方案并执行交叉、变异策略，其目标是形成一个新的解决方案；32 行重复上述操作直到满足终端条件；33 行输出的是最佳解决方案。

10.4 实验分析

本节主要从对本章的实验参数进行设置并对实验结果进行分析。

10.4.1 实验参数

本次实验在 Windows 10 专业版的 3.40GHz Intel (R) i3 CPU 和 4GB 内存的 PC 上运行。仿真参数分别设置为 $\alpha=\beta=\gamma=1/3$，$R_{\mathrm{mp}}=1$，$R_{\mathrm{cl}}=1.5$，$P_{\mathrm{mp}}^{\mathrm{power}}=2$，$P_{\mathrm{cl}}^{\mathrm{power}}=1$，$P_{\mathrm{off}}^{\mathrm{power}}=1$，$R_{\mathrm{off}}\in[0,1]$，$P_{\mathrm{c}}=0.9$，$P_{\mathrm{m}}=0.2$，其他参数随机产生。本章算法与遗传算法、云端执行(cloud execution, CE)算法和本地执行(local execution, LE)算法进行对比。其中，GATM 算法和 GA 是任务联合执行策略；CE 是云端执行策略；LE 方法是本地执行策略。针对匹配准确率、移动终端能耗、任务执行成功率三个指标，一种较好的方法可以实现较低的能耗、较高的准确率和卸载成功率。

10.4.2 实验结果

本节验证本章提出的方法是否在时间序列匹配准确率、任务执行成功率以及节能方面具有优越性。其中，时间序列匹配准确率如图 10.4 和图 10.5 所示，任务执行成功率和终端能耗则主要通过图 10.6 和图 10.7 进行展示。

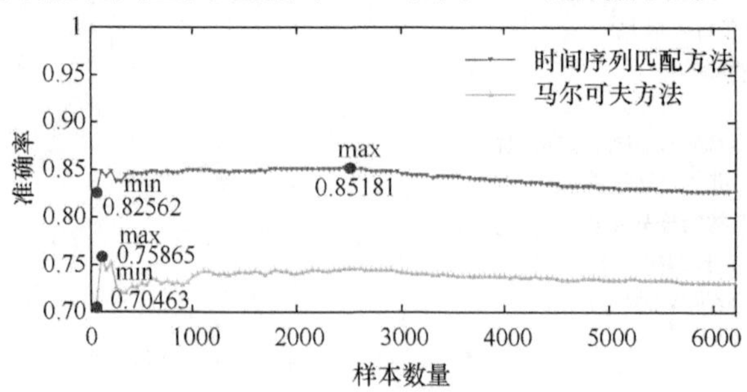

图 10.4 准确率与样本数量的关系

由图 10.4 可以看出，随着样本量的增加，时间序列匹配方法和马尔可夫方法的准确率逐渐提高。在初始阶段，准确率随着样本数量的增加而迅速增加。当样本数量达到一定数值后，准确率将保持稳定状态。但是时间序列匹配方法比马尔可夫方法具有更高的准确率。时间序列匹配方法的最大准确率为 85.181%，马尔可夫方法的最大准确率为 75.865%。它们的最小准确率分别为 82.562%和 70.463%。时间序列匹配方法的准确率比马尔可夫方法分别提高了 9.316%和 12.099%。这主要是因为时间序列方法能够挖掘用户请求之间的内部相似性，而马尔可夫方法的无后效性隔离了用户请求之间的内部相似性。

图 10.5 展示了准确率和匹配长度的关系。随着匹配长度的增加，准确率呈上升趋势。当匹配长度达到特定值后，准确率保持稳定。时间序列匹配方法和马尔可夫法的准确率分别提高了 15.204%和 24.93%。但时间序列匹配方法的准确率比马尔可夫方法的准确率分别高 8.117%和 17.006%。这主要是因为马尔可夫方法的无后效特性破坏了用户请求之间的内在联系。

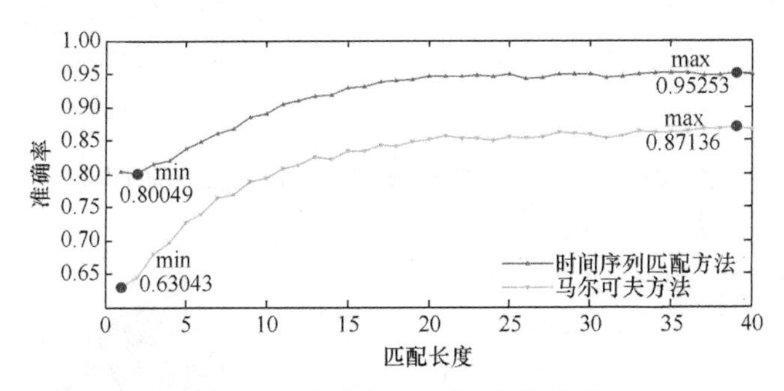

图 10.5　准确率与匹配长度的关系

终端能耗、Cloudlet 数量和任务成功率之间的关系如图 10.6 所示。其中，x 轴表示 Cloudlet 数量，y 轴表示任务成功率，z 轴表示移动终端能耗。

如图 10.6 所示，针对相同的 Cloudlet 数量，GATM 算法在节能和提高可靠性方面是有效的，因为 GATM 算法的终端能耗较低、波动较小。相反，采用 GA 和 CE 算法计算的终端能耗相对较高，稳定性较差。同时，当 Cloudlet 数量保持不变时，GATM 算法的卸载成功率为 75%～90%，GA 低于 80%，CE 算法低于 20%。由于 LE 算法是本地任务执行策略，所有用户的请求都可以在本地映射级服务模式下提供，因此不需要任何卸载操作，任务成功率高。这证明了本章提出的 GATM 算法能够在保证任务可靠性的同时，达到节能的效果。

终端能耗、最大延迟时间和任务成功率之间的关系如图 10.7 所示。其中，x 轴表示最大延迟时间，y 轴表示任务成功率，z 轴表示移动终端能耗。如图 10.7 所示，当用户请求的最迟响应时间一致时，GATM 算法在节能和可靠性方面更加有

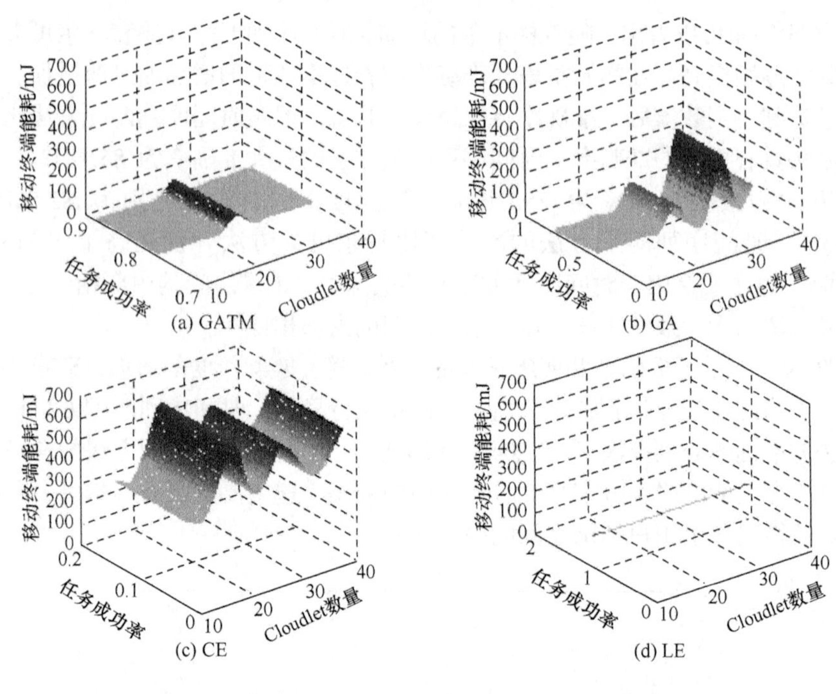

图 10.6　终端能耗、Cloudlet 数量和任务成功率的关系

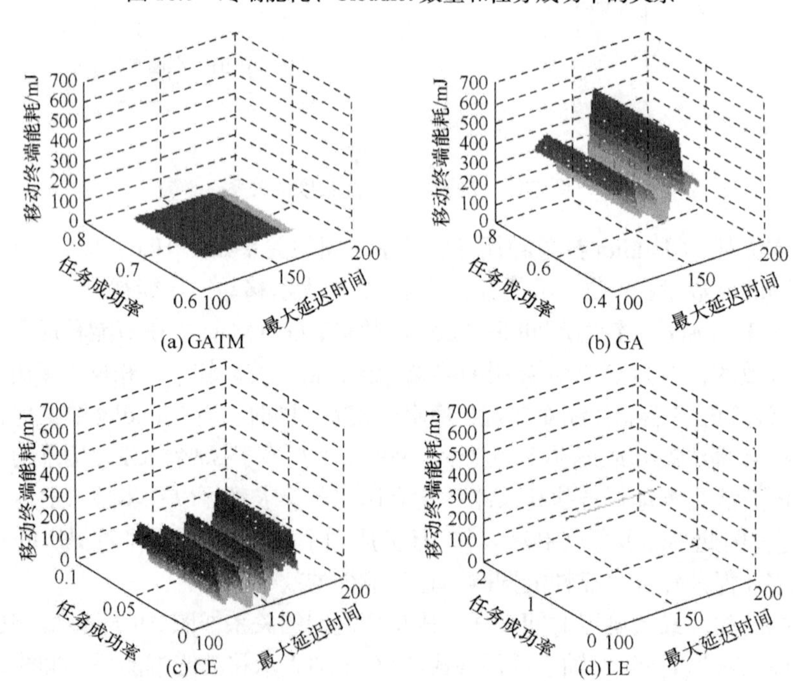

图 10.7　终端能耗、最大延迟时间和任务成功率之间的关系

效。例如，GATM 算法的平均终端能耗曲线比 GA、CE 算法和 LE 算法都更低。由于 GATM 算法的方差为 13.9422，GA 为 7780.8759，CE 算法为 182.8367，所以，GATM 算法在节能方面比较稳定。同时，当用户请求的最大延迟时间一致时，GATM 算法、GA、LE 算法和 CE 算法的任务成功率分别为 0.7515、0.6502、0.0635 和 1，这表明 GATM 算法具有更高的可靠性。GATM 算法的方差为 0.002030769，GA 的方差为 0.007916307，CE 算法的方差为 0.000333694，这进一步证明了 GATM 算法的可靠性和稳定性。

为进一步证明本章方法的有效性，使用平均能耗(average energy consumption, AEC)和平均任务成功率(average task success rate, ATSR)来描述所提出方法的节能和可靠性。其中，在 Cloudlet 数量的约束条件下，移动终端的平均能耗和平均任务成功率如表 10.1 所示。在最大延迟时间约束下，移动终端的平均能耗和平均任务成功率如表 10.2 所示。

表 10.1　Cloudlet 数量约束下的平均能耗和平均任务成功率

算法	平均能耗/mJ	平均任务成功率/%
GATM	30.4158	78.40
GA	68.5815	70.82
CE	503.7787	6.35
LE	169	100

表 10.2　最大延迟时间约束下的平均能耗和平均任务成功率

算法	平均能耗/mJ	平均任务成功率/%
GATM	30.1188	75.15
GA	291.8555	65.02
CE	182.8367	2.88
LE	338	100

从表 10.1 可以看出，本章算法所获得的平均能耗和平均任务成功率明显高于其他算法。其中，GATM 算法的平均能耗和平均任务成功率分别为 30.4158mJ 和 78.40%，优于 GA、CE 算法和 LE 算法。因此，GATM 算法与 GA、CE 算法和 LE 算法相比，分别可以节约 38.1657mJ、473.3629mJ 和 138.5842mJ 的能量。同时，这些算法的方差分别为 320.1352、7780.8759、9503.7129 和 0。这证明 GATM 算法在节能和稳定方面更具优势。从可靠性的角度来看，GATM 算法的任务成功率为 78.40%，而 GA 的任务成功率为 70.82%，CE 算法的任务成功率为 6.35%，LE 算法任务成功率为 100%。综上所述，GATM 算法在降低能耗和确保服务可靠性方面比其他算法具有优越性。

表 10.2 展示了在最大延迟时间约束下，不同算法的平均能耗和平均任务成功率。如表所示，GATM、GA、CE 和 LE 四种算法的平均终端能耗分别为 30.1188mJ、291.8555mJ、182.8367mJ 和 338mJ。同时 GATM 算法的方差为 13.9422，GA 为 7780.8759，CE 为 182.8367，平均能耗和方差分析表明 GATM 算法更加节能和稳定。同时，当最大延迟时间保持不变时，GATM 算法可以获得最高的任务成功率。例如，GATM、GA、CE 和 LE 的平均任务成功率分别为 75.15%、65.02%、6.35% 和 100%。综上所述，实验结果证明 GATM 算法更加节能和可靠。

10.5 本 章 小 结

本章提出了一种基于 GA 的任务联合执行策略 GATM。它考虑了移动微学习时序的相对稳定性，并从历史数据库中挖掘用户服务的最新轨迹。然后，根据当前网络环境和历史记录中的资源使用情况，提供两种服务(映射级服务和云端级服务)，以保证服务的可靠性。同时，为了达到节能目标，GATM 算法能够找到最优的任务执行策略。真实数据集上的实验结果证明了 GATM 算法的优越性。但该算法仍然有可提升的空间，如降低采样频率、缓解 Cloudlet 的自私性以及由其他操作造成的附加能耗和时间成本等。

参 考 文 献

[1] Sou S I, Peng Y T . Performance modeling for multipath mobile data offloading in cellular/WiFi networks[J]. IEEE Transactions on Communications, 2017, 65 (9) : 3863-3875.

[2] Sun F , Hou F , Zhou H , et al. Equilibriums in the mobile virtual network operator oriented data offloading[J]. IEEE Transactions on Vehicular Technology, 2018, 67 (2) : 1622-1634.

[3] Ho D , Park G S, Song H . Game-theoretic scalable offloading for video streaming services over LTE and WiFi networks[J]. IEEE Transactions on Mobile Computing, 2017, (99) : 1-17.

[4] Eriksson E , Dan G , Fodor V . Coordinating distributed algorithms for feature extraction offloading in multi-camera visual sensor networks[J]. IEEE Transactions on Circuits and Systems for Video Technology, 2017, (99) : 1-12.

第 11 章　基于群体协作的移动终端节能方法

智能协作是移动云服务可信提供的关键技术。移动终端可动态地加入和退出网络，造成网络存在更大的随机性、不确定性和不易管理等问题，从而导致服务延迟甚至无法提供服务等高能耗和影响用户满意度的现象。本章针对该现象，提出一种基于群体协作的移动终端节能方法。首先，利用智能手机内嵌的传感器确定用户的状态、位置和环境信息，构建协作服务范围。然后，利用层次分析法(analytic hierarchy process, AHP)分析用户的个性化需求。最后，利用群体协作的方法，自适应地将用户请求切换至最优服务。实验结果表明，该方法在保证用户满意度的前提下，可有效降低移动微学习的能耗开销。

11.1　引　　言

随着移动终端的普及与流行，2014 年全球移动用户数量达 36 亿，该数字在 2020 年到达 46 亿，移动服务的订购人数从全球人口的 50%上升至 60%。随着用户对有用、准确、及时服务的渴望与日俱增，移动终端自身资源受限的特点将会严重影响用户体验。所以，对服务的提供和管理流程进行有效研究，降低服务荷载总和，提供高效、可信、绿色的移动云服务势在必行。

移动云服务的核心目标是使用户不受时间和空间的限制，方便快捷地访问/获取各种云端服务，这使得利用云资源安全性和扩展性来增强移动终端的性能成为颇具吸引力的思路。与此同时，一方面，移动终端的移动性限制了其尺寸和重量，它的处理能力、内存容量、网络连接和电池容量等方面必然受到约束。因此，在网络服务中，有大量节点为了自身利益，只想要享受其他节点提供的服务，而不想为其他节点提供服务[1]。另一方面，云服务器与移动终端的物理距离较远，移动终端通过无线接口与云服务器进行通信的环境和过程比较复杂。在使用云资源时，会产生接入抖动、错误、带宽有限引起的时延、丢包甚至无服务等影响性能和用户体验的现象。因此，如何协调多个参与者对资源进行动态组织、优化分配、协调和控制，制定最佳的资源策略向用户提供高效、可信、绿色的移动服务迫在眉睫。

11.2　移动微学习的群体协作模型

本节主要讨论本章采用的基本模型：Random Waypoint 协作模型、R-树空间聚类模型和层次分析法模型。

11.2.1　Random Waypoint 协作模型

当前，许多人需要在移动环境中完成任务，如在飞机、公共汽车、地铁上甚至在散步过程中。因为移动终端会随着时间和外部环境的变化而发生变化，当然移动终端也受电池寿命、屏幕尺寸和海量数据输入等限制。更重要的是，移动终端的随机移动性和间断连通性使移动终端之间的协作关系变得更加复杂，这将影响用户的满意度并增加移动终端的能耗。所以，需要一种新的移动终端协作模式去缓解移动终端的能耗压力，延长移动终端的电池寿命。为使本研究更加贴合移动终端的移动性，本章采用 Random Waypoint 运动模型来描述移动微学习过程中移动终端之间的协作过程。

移动终端用户的移动过程随着用户的个性化需求而改变，在不同时刻用户的移动过程是独立的，这符合 Random Waypoint 运动模型。如图 11.1 所示，本模型由宏基站、微基站、终端用户以及小区的覆盖扩展区组成。每个物理设备都有自己的服务范围，它只能为自身服务范围内的用户提供服务。

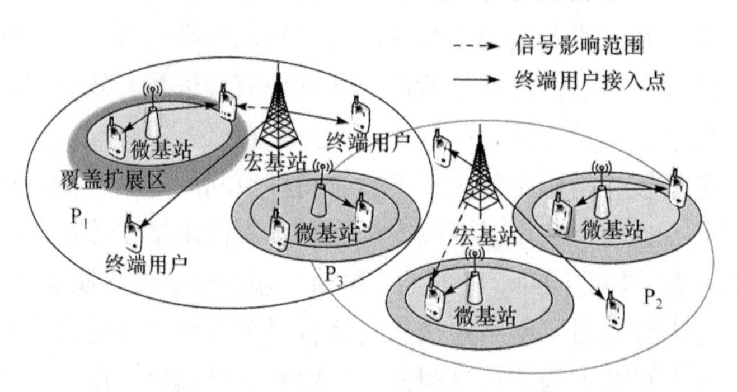

图 11.1　Random Waypoint 协作模型

本模型主要由三个层次组成。第三层为云端，主要作用是监控服务范围内所有节点信息。第二层是静止节点，主要由基站等长久提供服务的无线电台站组成，能够在普通节点无协作的情况下为用户提供服务，保证服务的可靠性。第一层是由移动终端组成的普通节点层，是本章所研究的协作过程的重点。例如，在区域 P_1 中有 a 个用户请求服务 S_1，在区域 P_2 中有 b 个用户请求服务 S_2。如果每一个用户都向第二层的静止节点请求服务，那么会增加第二层节点的负载压力，可能导致高延迟甚至无服务的后果。为解决该问题，本章模型在区域 P_1 和区域 P_2 相交的区域 P_3 内查找信誉度高、资源丰富的移动终端，即汇聚节点作为唯一的服务请求者向第二层发出一个用户请求，服务直接交付给该节点。之后，该节点将在它的服务范围内进行广播过程，所有在其服务范围内需要该服务的节点都可以从此处获得服务。

11.2.2　R-树空间聚类模型

R-树是一种树形的多维空间索引结构，它的每一个节点对应空间内的一个最小外界矩形，称为最小外包框。每个最小外包框都可以使用其下界点和上界点来表示，常用的表示方法是 $R_m = [\min m, \max m]$，其中 R_m 表示用户 m 的最小外包框。$\min m$ 表示矩形的宽，$\max m$ 表示矩形的长。根据图 11.1，可以知道协作模型具有严密的等级结构，因此可以将每个节点的协作范围采用 R-树结构表示出来。在本章模型中，将每一层的服务范围进行划分，构建 R-树的空间聚类方法，该方法如图 11.2 所示。

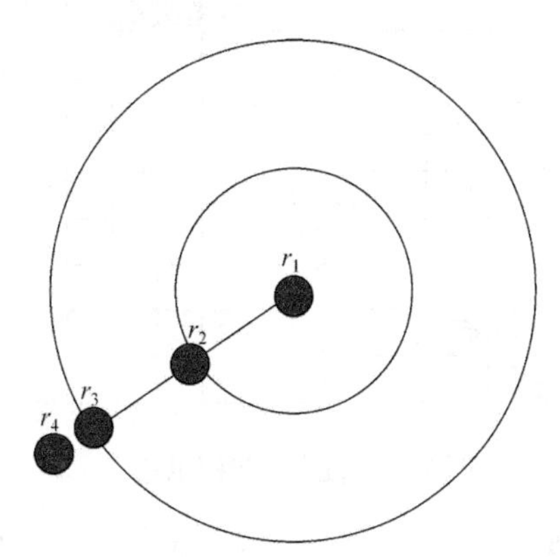

图 11.2　随机节点与空间块的关系

以第一层的用户请求节点 r_1 为例，构建 R-树空间聚类模型。根据 r_1 的请求情况，找到它所在服务范围内距离它最近的移动终端 r_2，那么，r_1 到 r_2 之间的距离称为 $\min m$。同理，找到该用户请求的最大传输范围，如果该范围内的移动终端 r_4 为距离用户请求终端 r_1 最远的终端，那么 r_1 到 r_4 之间的距离称为 $\max m$。以此类推，可以分别以最小服务范围 $\min m$ 和最大服务范围 $\max m$ 作为最小外包框的下界和上界，通过空间聚类得到一个 R-树结构。该结构能够使空间的查找更加方便。更重要的是，可以根据节点的最小外包框的服务范围，计算发出请求的用户终端的邻居节点数目，并将该值返回输出，作为下一步群体协作博弈的数据集。

如图 11.3 所示，下面针对二维空间内任意两个用户终端 r_1 和 r_2 进行最小外包框的聚类描述。在该过程中，采用欧几里得距离进行聚类分析，$R_{r1}=[\min r_1, \max r_1]$，$R_{r2}=[\min r_2, \max r_2]$。其定义如式(11-1)和式(11-2)所示：

$$D_{\max}(R_{r1}, R_{r2}) = |\max r_2 - \min r_1| \tag{11-1}$$

$$D_{\min}(R_{r1}, R_{r2.}) = |\min r_2 - \max r_1| \tag{11-2}$$

根据式(11-1)和式(11-2)，可以得到一个新的最小外包框。对于任意一个用户请求终端，判断该终端到其他终端之间的距离，以确定其服务范围。将上述过程推广到模型中，其主要过程分三种情况：①若用户请求距离静止节点更近，则该服务由静止节点提供；②若服务请求距离汇聚节点更近，则由汇聚节点提供服务；③若用户请求既不在静止节点的服务范围内又不在汇聚节点的服务范围内，那么系统将会拒绝该用户的服务请求。

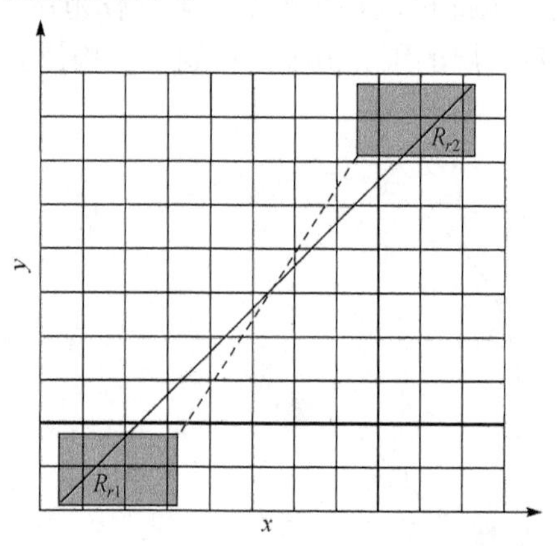

图 11.3　最小外包框示意图

11.2.3　层次分析法模型

层次分析法被认为是解决不易定量化问题的有效方法之一[2]。由于用户的个性化需求动态多变，本章采用层次分析法对移动微学习过程中用户的个性化需求进行建模分析。

首先，根据用户的个性化特征找到影响移动微学习的指标，并建立递阶层次结构。主要考虑用户满意度、环保度、安全性、访问速度、访问代价五个指标对移动微学习的影响。其次，采用三标度法对本章涉及的五个指标进行两两对比，根据各个指标对用户的影响程度构建比较判断矩阵。然后，计算每一个指标对用户的影响权重。同时，为了使各个指标的影响控制在相同的范围内，进行了归一化处理。最后，通过一致性检验验证各指标重要度之间的协调性。采用相同的方法，计算终端设备的计算能力、剩余能量和存储能力对各个目标的影响权重。为了更加便于理解，对用户个性化请求的一种情况进行举例说明。

(1) 建立递阶层次结构，如图 11.4 所示。

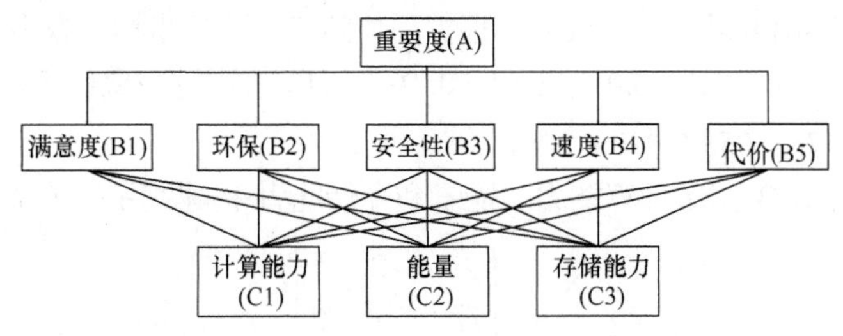

图 11.4　用户个性化请求的递阶层次结构

(2) 针对第二层（满意度、环保、安全性、速度、代价），采用 1-9 标度进行赋值，构建判定矩阵 A：

$$A=\begin{bmatrix} 1 & 1/2 & 4 & 3 & 3 \\ 2 & 1 & 7 & 5 & 5 \\ 1/4 & 1/7 & 1 & 1/2 & 1/3 \\ 1/3 & 1/5 & 2 & 1 & 1 \\ 1/3 & 1/5 & 3 & 1 & 1 \end{bmatrix}$$

(3) 利用求根法计算最大特征值，计算判定矩阵 A 每行元素成绩的 n 次方根并进行归一化，计算如式(11-3)和式(11-4)所示：

$$\overline{w_i}=\sqrt[n]{\prod_{j=1}^{n} a_{ij}},\quad i=1,2,\cdots,n \tag{11-3}$$

$$w_i=\frac{\overline{w_i}}{\sum_{i=1}^{n}\overline{w_i}} \tag{11-4}$$

由式(11-3)和式(11-4)可得判定矩阵 A 的特征向量为

$$w=(w_1,w_2,w_3,w_4,w_5)=(0.263,0.475,0.055,0.090,0.110)^{\mathrm{T}}$$

求特征向量 w 对应的最大特征值：

$$\lambda_{\max}=\frac{1}{n}\sum_{i}\frac{(AW)_i}{w_i} \tag{11-5}$$

由式(11-5)可得，$\lambda_{\max}=5.073$。

(4) 一致性检验，计算公式如式(11-6)和式(11-7)所示：

$$\mathrm{CI}=\frac{\lambda_{\max}-n}{n-1} \tag{11-6}$$

$$\mathrm{CR}=\frac{\mathrm{CI}}{\mathrm{RI}} \tag{11-7}$$

由公式(11-6)可得，$\mathrm{CI}=0.018$，根据平均随机一致性指标自查表可知，当 n=5 时，$\mathrm{RI}=1.12$。由于 $\mathrm{CR}=0.018/1.12=0.016<0.1$，故通过一致性检验。由此可得，$w=(0.263,0.475,0.055,0.090,0.110)^{\mathrm{T}}$。

同理，针对第三层(计算能力、能量和存储能力)构建判定矩阵 B，

$$B=\begin{bmatrix}1 & 2 & 5\\ 1/2 & 1 & 2\\ 1/5 & 1/2 & 1\end{bmatrix}$$

根据上述步骤，得到 $\tilde{w}_i=(0.588,0.322,0.090)^{\mathrm{T}}$。

11.3 能 耗 计 算

若要实现对某云服务所需资源的准确预估，需要基于庞大的历史信息，分析该云服务的各种需求与多种资源能耗之间的一对多和多对多关联关系。为了方便研究，定义 C_o 表示云服务的用户满意度，B_o 表示用户对绿色网络的需求，S_o 表示用户对云服务安全性的需求，E_o 表示用户对云服务访问速度的需求，F_o 表示用户对此次访问代价的需求。由于用户需求是一个复杂多变的过程，因此需要引入 $\overline{w}_i$ 表示用户实际需求的可变性，它是根据用户个性化需求动态设定的。$\overline{w}_{i'}$ 表示各类能耗对用户需求的影响权重，它是根据系统的经验值来动态设定的。采用 B_r、S_e 和 C_t 分别表示带宽、存储和计算资源的消耗。

根据上述定义，可以推导出多需求和多能耗之间的关联规则函数，如式(11-8)所示：

$$R=f_{\text{need}}\left(\tilde{w}_1B_r,\tilde{w}_2Se,\tilde{w}_3C_t\right)=f_R\left(C_o,B_o,S_o,E_o,F_o\right) \tag{11-8}$$

其中，f_{need} 是用户多需求的计算函数；f_R 是多需求和多能耗之间的规则函数。

同时根据历史信息，可以推导出用户单一需求前提下，某一需求与多能耗之间的关系，它们被定义为式(11-9)～式(11-11)：

$$B_r=f_{B_r}(C_o,B_o,S_o,E_o,F_o) \tag{11-9}$$

$$S_e=f_{S_e}(C_o,B_o,S_o,E_o,F_o) \tag{11-10}$$

$$C_t=f_{C_t}(C_o,B_o,S_o,E_o,F_o) \tag{11-11}$$

其中，f_{B_r} 是用户需求与带宽之间的对应关系；f_{S_e} 是用户需求与存储之间的对应

关系；f_{C_t} 是用户需求与计算之间的对应关系。

用户偏好可以描述为不同度量指标的优先程度，包括用户满意度优先、环保节能优先、安全性优先、响应时间优先、代价优先等。但一般情况下，移动用户通常会同时关注多个目标。例如，用户希望在节能的同时能够获得较好的应用性能。一般采用效用函数来表达移动用户对不同度量指标的偏好次序，通过为不同的指标赋予不同的权重，来表达各个指标的相对重要程度。故在满足用户需求的前提下，移动微学习过程中的能耗函数定义如式(11-12)和式(11-13)所示：

$$\max\left(R/C\right)=\max\frac{f\left(\overline{w}_1 B_r,\overline{w}_2 S_e,\overline{w}_3 C_t\right)}{f\left(\overline{w}_1 C_o,\overline{w}_1 B_o,\overline{w}_1 S_o,\overline{w}_1 E_o,\overline{w}_1 F_o\right)} \tag{11-12}$$

$$\text{s.t.}\quad\begin{cases}B_r=f_{B_r}\left(C_o,B_w,S_t,E_n\right)\\ S_e=f_{S_e}\left(C_o,B_w,S_t,E_n\right)\\ C_t=f_{C_t}\left(C_o,B_w,S_t,E_n\right)\\ \sum\limits_{i=1}^{3}\overline{w}_{i'}=1\\ \sum\limits_{i=1}^{5}\overline{w}_i=1\end{cases} \tag{11-13}$$

通过求解，可以获取各种能耗资源的预估值。若能耗较高，则将该用户请求交付给自主服务层，并且由自主服务层完成云端级服务模式的服务提供过程，减轻移动终端用户的运行负载；若能耗较低，则由所在的智慧协同层优先选择映射级服务模式。当需求与资源的预估取值较小时，能耗需求对移动终端的要求也比较低。此时，如果终端用户所请求的云服务能在距离终端用户较近的智慧映射层采用映射级服务的模式进行服务提供，则用户无须与云端产生过多的交互，再次通过减少交互次数而减少移动终端的带宽、内存和计算消耗，同时也减轻了云平台的交互负担。而要使智慧映射层能够在条件满足的前提下进行云服务的直接提供，其本身必须具有服务提供的能力，该能力来自于历史“用户-云服务”访问记录的映射与缓存。这里假定自主服务层为终端用户提供服务时双方的服务交互过程都要经过智慧映射层。

11.4 实验分析

为验证本章所提出算法的优越性，本节将本章算法与直接传递算法、洪泛算法进行对比。本次实验采用的指标是传输成功率、传输延迟和交互次数。如果某种方法能够在通信半径、节点移动速度和协作节点数量都一致的前提下，保持较高的传输成功率、较低的传输延迟以及较少的交互次数，那么就认为该方法具有更好的优越性。

11.4.1 实验参数

假定运动过程中移动终端节点遵循平均到达时间为 50s 的泊松分布，每个移动终端节点所提供的带宽为 7Kbit/s，其他参数如表 11.1 所示。

表 11.1 实验参数设置

参数	取值
矩形区域	300×300
网络覆盖区域	200×200
传感半径/m	3
节点速度/(m/s)	3
节点数量	1500
节点初始能量/J	10
通信能耗代价/J	0.25
计时器过期值/s	3
通信间隔/s	2.5
延迟容忍值/s	6000

11.4.2 实验结果

这里主要展示移动终端节点的通信半径、协作节点数量、协作节点运动速度对平均传输成功率、平均传输延迟和平均交互次数的影响。

图 11.5～图 11.7 展示了三种方法的三个指标随通信半径和节点数量变化的过程。其中 x 轴表示通信半径，y 轴表示节点数量。图 11.5 中 z 轴表示平均传输成功率，图 11.6 中 z 轴表示平均传输延迟，图 11.7 中 z 轴表示平均交互次数。如图所示，本章算法在平均传输成功率、平均传输延迟方面都优于洪泛方法和直接传递方法，但在平均交互次数方面并不具有优势。导致上述现象发生的主要原因是本章采用的群体协作方法能够在通信半径较小和参与节点较少的情况下，找到最优的移动终端节点充当服务器，减少交互次数，降低延迟和提高服务的可靠性。直接传递方法只能将用户的请求交付给特定的静止节点，这会增加网络压力，导致平均传输延迟增大。直接传递方法并不需要进行多次的交互，它只需要把用户请求交付给相应的静止节点，所以平均交互次数较少。洪泛方法则需要与所有可能充当服务器的移动终端节点交互，所以它的平均交互次数最多。

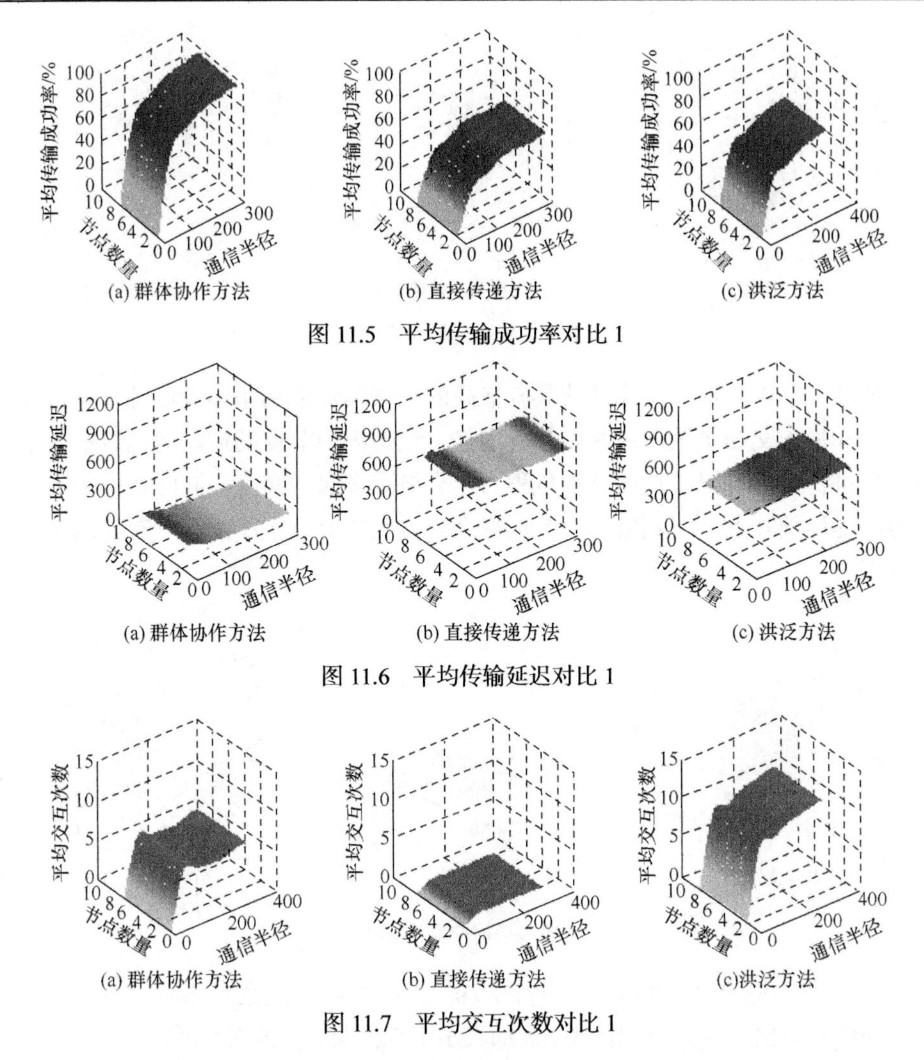

图 11.5　平均传输成功率对比 1

图 11.6　平均传输延迟对比 1

图 11.7　平均交互次数对比 1

图 11.8～图 11.10 展示了三个指标随节点数量和节点速度变化而产生的变化过程。其中 x 轴表示节点数量，y 轴表示节点速度。

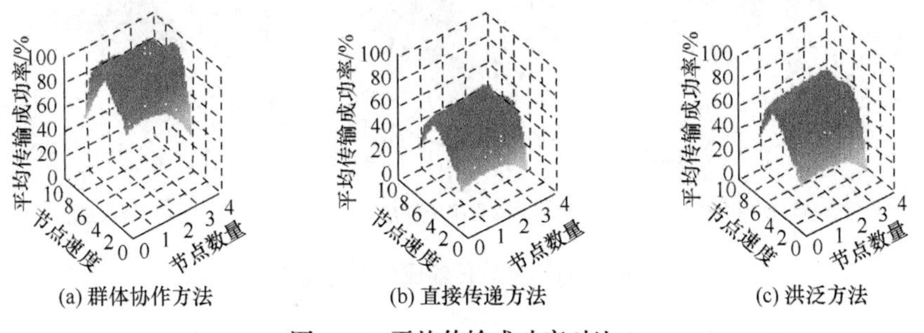

图 11.8　平均传输成功率对比 2

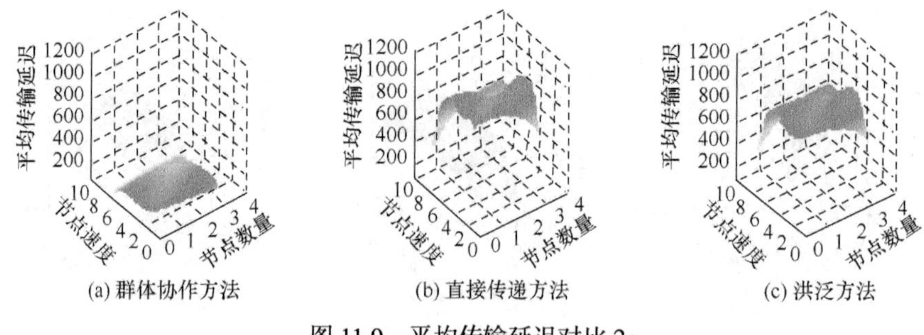

图 11.9　平均传输延迟对比 2

如图 11.10 所示，本章算法具有最高的平均传输成功率和最低的平均传输延迟，但在平均交互次数方面并不具有优势。这是因为节点的运动速度过快，系统将迭代进行最佳汇聚节点的查找过程，这会导致多次的交互。同时，由于本章方法能够提早预知下一时刻哪一个节点将会充当服务节点，所以它具有高成功率和低延迟。

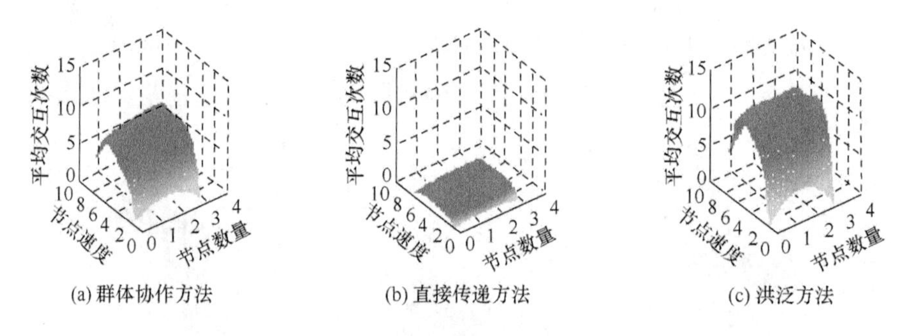

图 11.10　平均交互次数对比 2

图 11.11～图 11.13 展示了三种方法的三个指标随节点数量和通信半径变化而产生的性能数据。在这三幅图中，x 轴表示节点数量，y 轴表示通信半径。

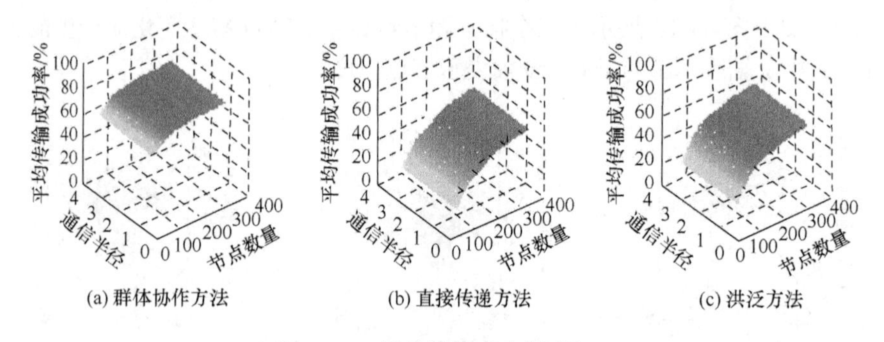

图 11.11　平均传输成功率对比 3

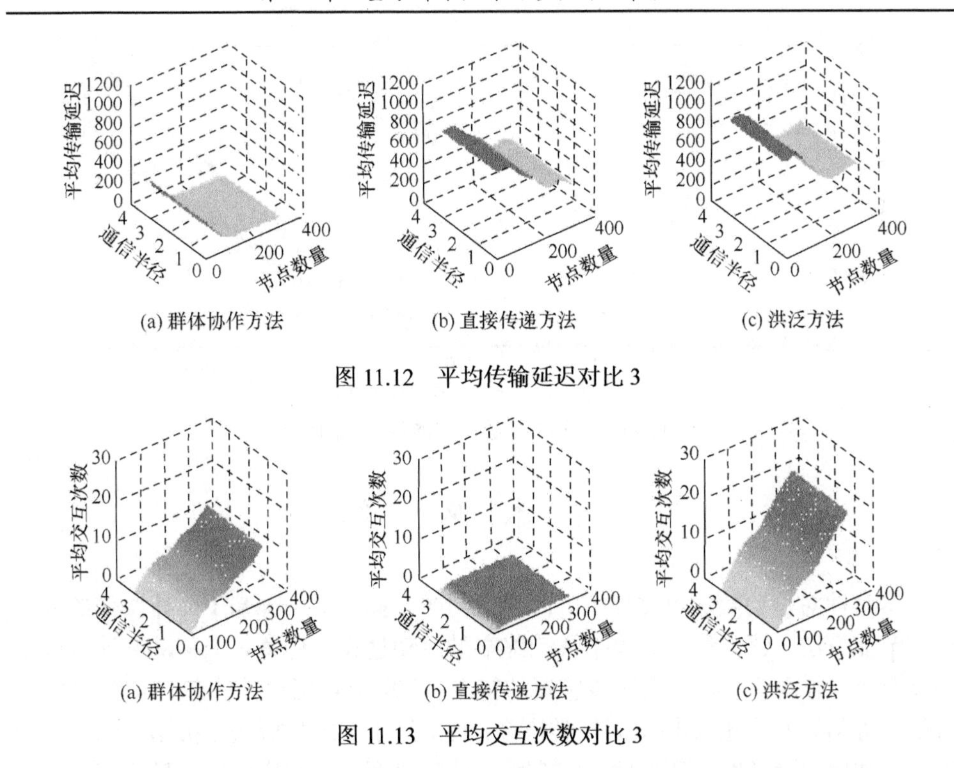

(a) 群体协作方法　(b) 直接传递方法　(c) 洪泛方法

图 11.12　平均传输延迟对比 3

(a) 群体协作方法　(b) 直接传递方法　(c) 洪泛方法

图 11.13　平均交互次数对比 3

根据图 11.11～图 11.13，可知本章算法依然具有较高的平均传输成功率和较低的平均传输延迟，但是在平均交互次数方面仍然具有提升空间。具体来说，从图 11.11 可以发现，随着节点速度和节点数量的增加，三种方法的平均传输成功率都处于上升的趋势。这是节点数量的增多和节点速度的变大，意味着这些方法可以在更广泛的范围内找到更加优秀的汇聚节点。从图 11.12 可以看出三种方法的平均传输延迟都处于下降状态，但群体协作方法的平均传输延迟最小。导致上述现象发生的主要原因是：随着节点速度变快，三种方法都可以更快速地接近静止节点或与其范围内的节点进行交互，即使找到的不是最优节点，它们也可以在较短的时间内进行下一次的查找。同时，从图 11.13 可以看出，本章方法和洪泛方法的平均交互次数逐渐增加。导致上述现象发生的主要原因是系统需要与更多的节点进行交互。但直接传递方法的平均交互次数相对稳定，因为无论节点数量和节点速度如何改变，都不影响系统对静止节点的访问过程。

由于直接传递方法存在找不到交互节点的极端情况，所以本章选取洪泛方法作为对比算法。如图 11.14 所示，本章算法的能耗较低。然而，随着节点数量的增加，洪泛方法产生的能耗几乎是呈现指数增长的模式。本章算法的能耗虽然也处于上升趋势，但相对低于洪泛方法产生的能耗。因此，本章算法实现了节能效果。

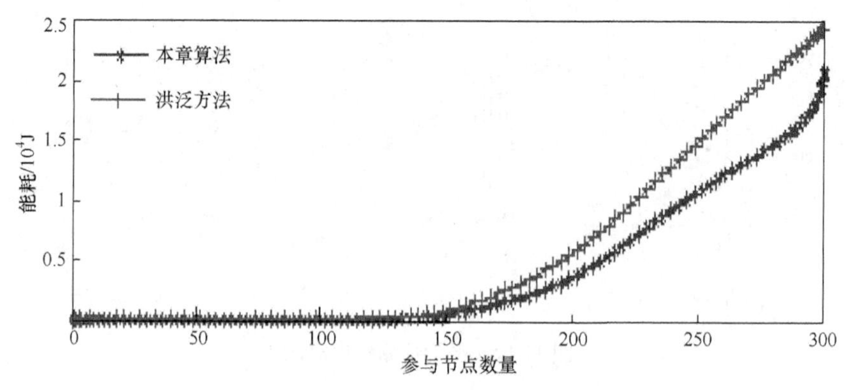

图 11.14　参与节点数量与能耗之间的关系

11.5　本 章 小 结

本章针对移动微学习过程中的高能耗问题，提出了一种基于群体协作的移动终端节能方法。该方法首先模拟移动终端的运动过程，将每一个移动终端看成服务器节点，利用移动终端内嵌传感器的特点，获取节点用户的状态、位置、能量、可信度等信息并构建 R-树空间聚类模型；其次采用层次分析法分析用户的个性化需求，如用户满意度、环保性、安全性、访问速度、访问代价等；最后基于群体协作的思想，自动将用户切换至最优服务。仿真结果表明本章方法能够在保证节约能耗的同时拥有较高的传输成功率和较低的传输延迟。但本章依然存在不足，如监督节点的选取和监督范围划分较为模糊，通信节点的选取可以在兼顾系统性能的同时引入用户需求进一步优化。

参 考 文 献

[1] Lu F, Li J, Jiang S, et al. Geographic information and node selfish-based routing algorithm for delay tolerant networks [J]. Tsinghua Science & Technology, 2017, 22 (3) : 243-253.

[2] Al-Harbi A S. Application of the AHP in project management[J]. International Journal of Project Management, 2001, 19 (1) : 19-27.

第 12 章 带语义的多层服务资源统一标识方法

12.1 引 言

云计算平台拥有规模庞大的资源，这些资源在物理结构上是异构的，在地理上是分布的，且表现形式各异，为了对这些资源进行有效的管理，首先要对这些资源进行统一的描述标识，即建立资源模型。资源描述标识是进行有效资源管理的前提，作为云计算资源管理框架三个核心步骤的第一步，一个良好的资源描述模型可以简化资源的组织形式，加快资源的发现与查找速度，进而提高云计算系统的匹配调度效率，降低云平台的整体成本，提高服务资源质量，为用户提供绿色低耗、高效可靠的云服务。

本章针对云计算中海量的异构、分布式、多元化资源，研究资源管理流程中的资源统一标识描述。首先介绍目前的资源信息编目格式以及资源描述语言理论，然后分析用户对 IaaS、PaaS、SaaS 各层的服务请求过程，将 IaaS、PaaS、SaaS 资源整体抽象为计算资源(computing resource)、存储资源(memory resource)和带宽资源(bandwidth resource)，同时参考已有的信息资源编目技术，针对用户的个性化、语义化资源需求，提出带语义的多层服务资源统一标识方法。

12.2 相 关 技 术

12.2.1 资源信息编目格式

自互联网诞生以来，网络资源信息的数量呈指数级增长。网络资源信息多种多样，标准不一，虽然十分丰富但是杂乱无序且分散，无法对其进行高效的检索和使用。为了解决这个问题，就必须对其进行有效的编目，以满足信息检索、访问的需求。资源信息编目提供了资源描述和检索方法，有效地解决了大规模资源信息的管理问题，按照其发展过程来看，大概可以分为三类。

1. 机读编目格式标准(machine-readable cataloging，MARC)[1]

MARC 是由美国国会图书馆于 1991 年 5 月 1 日提出的编目格式标准，是基于 20 世纪 70 年代开发的美国机读编目格式(United States machine-readable cataloging，USMARC)提出和发展而来的。MARC 是一套用于图书管理的通信格式标准，主要用于出版书籍、刊物的管理。一条 MARC 记录主要分为五部分：①授权部分，用于描述作者姓名、资源的标准名称等信息；②书目部分，用于描述信息资源的内容摘要、出版数据、物理包装等信息；③分类部分，用于标识资源的分类编码；④机构组织部分，用于描述资源的出版组织、资源的提供机构等信息；⑤位置部分，用于描述资源放置位置、访问路径等信息，以方便用户获取资源。MARC 是一个十分严谨的编目格式标准，在全球范围内通用，但是 MARC 并没有对每个记录组成部分的实现细节进行详细规定，所以每个国家可以根据自己的实际情况制定基于 MARC 的具体实现标准。其中使用范围最广的是 MARC21、基于 MARC21 标准和 XML 的 MARCXML，以及由我国国家图书馆牵头开发的 CNMARC 标准。虽然 MARC 是针对馆藏出版书籍刊物管理进行设计的标准，但是随着其不断发展和修改完善，目前该标准不仅能用于编目各类出版图书，还能用于编目互联网上大规模的信息资源。其针对网络资源信息描述的扩展部分主要包括 516 字段、538 字段、753 字段和 856 字段等，具体如下。

(1) 516 字段主要用于记录网络资源文件类型，如文本、图像、音频、视频、网页等。例如：

① 516 $ aText(表示一段文字)；

② 516 $ aImage(表示一幅图片)；

③ 516 $ aAudio(表示一段音频)。

(2) 538 字段主要描述系统需求和检索方式。例如：

① 538 $ aMode of access: World Wide Web(表示需要通过万维网访问)；

② 538 $ aMode of access: Text Editor(表示需要一个文本编辑器)；

③ 538 $ aSystem requirements: Web browser with javascript(表示需要启用 javascript 的网络浏览器)。

(3) 753 字段主要用于描述检索网络资源文件的系统需求细节。例如：

① 753 $ ax64CPU $ cWindows(表示需要 64 位的 Windows 系统)；

② 753 $ ax86CPU $ cLinux(表示需要 32 位的 Linux 系统)；

③ 753 $ ax64CPU $ cAndroid(表示需要 64 位的 Android 系统)。

(4) 856 字段主要用于描述网络资源的检索方式与位置。例如：

① 856 $ uhttps://en.wikipedia.org/wiki/MARC_standards $ qhtml(表示一个放置在维基百科服务器上的一个 HTML 网页)；

② 856 $ uhttp://example.com/document/employees.xls $ k123456(表示一个企业内部网络上的员工名单表格文件，访问口令是 123456)。

综上可知，MARC 是一个不断发展的编目格式标准，随着网络资源的不断发展，标准也在不断扩充和改进。

2. 都柏林核心(Dublin core，DC)编目标准[2]

DC 是由美国联机计算机图书馆中心(Online Computer Library Center，OCLC)和美国国家超级计算机应用中心(National Center for Supercomputer Applications，NCSA)提出的一种元数据描述标准，不仅可以用于描述出版物，还可以用于描述互联网上庞大的 Web 资源。都柏林核心元数据集(Dublin core metadata element set version，DCMES)的 1.1 版本包括 15 种核心元数据元素，如表 12.1 所示，其应用于多项国际标准，如 ISO 15836-2009、NISO Z39.85 等。一条记录的 15 个核心元素都是可选的，并且是可重复的。DC 编目格式的灵活性，让其不仅可以进行简单的资源描述，也可以组合不同的元数据标准，为下一代语义网络提供元数据交互能力。

表 12.1 15 个原始都柏林核心元数据集元素

序号	元素
1	标题(Title)
2	资助者(Contributor)
3	来源(Source)
4	创建者(Creator)
5	日期(Date)
6	语言(Language)
7	主题(Subject)
8	类型(Type)
9	关系(Relation)
10	描述(Description)
11	格式(Format)
12	范围(Coverage)
13	发行者(Publisher)
14	标识符(Identifier)
15	权限(Rights)

DC 编目标准有两个级别：简单级和严格级。简单级只包含以上 15 个元素；严格级添加了 3 个附加元素(观众(Audience)、出处(Provenance)和所有权拥有者(RightsHolder))以及一组细化的规则。

一个典型的简单级 DC 元数据如表 12.2 所示，其描述了一家公司员工会议的录像，视频压缩格式是 mepg，时长为 25min，语言是英语。

表 12.2　简单级 DC 元数据示例

```
<meta name="DC.Format" content="video/mpeg; 25 minutes">
<meta name="DC.Language" content="en" >
<meta name="DC.Publisher" content="Abc Company" >
<meta name="DC.Title" content="The video of staff conference last weekend">
```

可以看出，DC 编目标准十分适合于描述网络资源信息，可以满足互联网资源大部分场景下元数据交互的需求。

3. 书目记录功能需求(functional requirements for bibliographic records，FRBR)[3]

FRBR 是由国际图书馆协会联合会(International Federation of Library Associations and Institutions, IFLA)针对用户对网上图书馆的书目检索与访问需求开发的一个概念性质的实体关系模型，各个实体之间通过链接实现导航。FRBR 实体可以划分为三个部分：①组 1，实体的名称(Work、Expression、Item 等)，用于描述生产者或创作者的工作成果；②组 2，实体拥有者(Person)，用于描述生产此实体的人员、合作者、法人团体等；③组 3，实体过程事件，用于描述实体拥有者在生产创作实体的过程中的事件、地点等信息。组 1、组 2 之间的关系如图 12.1 所示，组 1 的创造者、发现者、生产者、拥有者就是组 2 的人或组织。

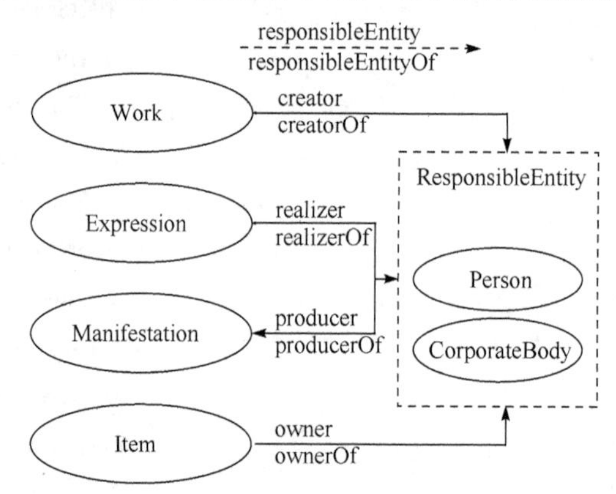

图 12.1　实体和关系

FRBR 还包括实体间关系的描述：①等价关系，例如，一个文件的原件、复制件、传真件、微缩胶片、影印件等在本质上和原件是相同的，只是表现、保存的方式不同，因此它们之间的关系是等价关系；②派生关系，例如，一个产品说明文档的不同版本，新版本是在老版本基础之上修改派生而来的，它们之间就存在着派生关系；③描述关系，一个产品或作品发布后，每个人对其可能会有不同的看法，例如，一本书籍出版后，人们对其的看法可能包括赞扬、批评、评论、批注等，这些实体活动和书籍之间就构成了描述性关系，通过这些实体活动，人们可以更加清晰地描述理解这本书籍代表的实体。

FRBR 的实体关系模型是一个优秀的编目模型，其不仅可以精确地描述实体，更可以描述实体之间复杂的关系，适用于描述网络上庞杂的信息资源和资源间的相互关系。

12.2.2　资源描述语言

随着科技的进步，人类生产信息的速度越来越快。尤其是在互联网出现之后，生产传播信息的成本大大降低甚至可以忽略不计，极大地促进了信息数量的膨胀。同时，为了方便信息的交流和传播，人们把大量的信息数据搬到了互联网上。例如，现在流行的电子出版，发行速度快，传播成本低，大大加快了知识的传播交流；Google 公司的电子图书扫描计划，通过大规模扫描并 OCR 识别，把大量的书籍搬到了互联网上以进行检索和访问；现在流行的社交网络，人人都可以是信息资源的生产者，可以实时发布多种多样的信息，包括文字、声音、视频、网页链接等。为了对这些信息资源进行有效的标记和描述，国内外学者和多个国际机构组织为此付出了不懈的努力，并取得了丰硕的研究成果，主要包括以下三种方法。

1. 使用统一资源标识符(uniform resource identifier，URI)和统一码(unicode)对资源进行标识和描述[4]

统一码是随着通用字符集发展而来的，它是计算机领域的一项行业标准，目前由国际非营利机构统一码联盟负责开发维护和版本更新。URI 是用于标识互联网上资源的一个字符串数据，其最常见的表现形式是统一资源定位符(uniform resource locator，URL)，即网页浏览器中地址栏里的字符串。通过把访问协议、访问路径、资源名称等用统一码编到一个字符串中，实现资源信息的访问与检索。

2. 使用可扩展标记语言(extensible markup language，XML)和资源描述框架(resource description framework，RDF)进行资源描述[5]

XML 是由万维网联盟(World Wide Web Consortium，W3C)于 1998 年发布的标准，用于对资源进行语义化的标记描述并进行资源信息的传输交流。XML 是带语义的结构化资源描述语言，拥有相应的编码解码标准，目前大多数编程语言都对其进行支持。RDF 是一个专门用于描述互联网上资源的资源描述框架，可以用来描述网络资源的各个属性，如一个文档的内容、创建日期、创建人、版本信息、修改人、修改日期、版权信息等。RDF 的基本思想是：用 Web 标识符来标识资源，用属性和属性值来描述资源。RDF 采用 XML 来具体实现，主要设计目的是实现计算机应用程序的读写和跨系统应用程序之间的数据交互。一个 RDF 描述的简单实现可以用图 12.2 表示，其表达的意思是“chengzi is the creator of http://www.chengzi.org/Home/chengzi”。

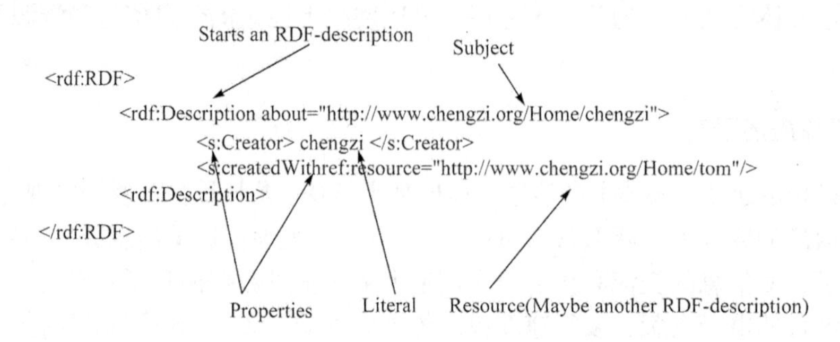

图 12.2　chengzi 实体的 RDF 描述

3. 使用本体论(信息科学)来描述资源和资源间的关系

本体论(ontology)，又称存在论、存有论，是一个哲学概念，也是形而上学的一个基本分支。本体论主要探讨存有本身，即一切现实事物的基本特征[6]。在信息科学中，通过引入部分分类学的概念，本体论用来定义在某些领域真实存在的一些实体类型、属性及其相互间的关系，是对一些相同的概念属性的形式化定义。图 12.3 是一个简单的本体示例图，其表达的含义如下：

(1) 猫是有毛的，是哺乳动物，有脊椎，是动物；

(2) 熊是有毛的，是哺乳动物，有脊椎，是动物；

(3) 鲸住在水中，是哺乳动物，有脊椎，是动物；

(4) 鱼住在水中，是动物。

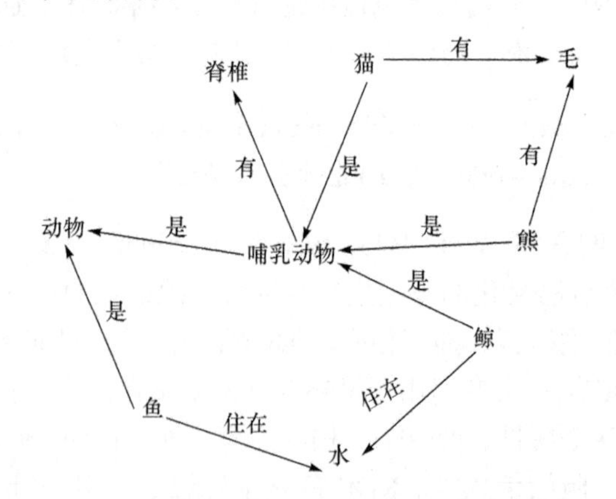

图 12.3　动物的概念及其相互关系

可以看出，通过定义一个物体及其属性间的单向关系链，就可以描述一个物体之间的相互关系。本体论在信息科学领域的研究还在不断开展，目前在人工智能、语义网络、软件工程、信息架构等方面都取得了不错的研究成果。

12.3　服务资源统一标识

为了对云端大规模的资源进行有效管理，首先要对云端资源进行抽象统一描述，否则建立在多种不同结构标准上的管理系统将会十分复杂且效率低下，甚至无法有效完成资源管理工作。同时，现在云计算用户的需求越来越个性化，为了满足用户需求，下面针对云服务三个层次(IaaS、PaaS、SaaS)中的用户资源请求进行分析，并参考已有的网络资源编目技术和资源描述语言，基于服务资源多种属性，提出一种带语义的多层资源统一标识方法。

12.3.1　用户资源请求分析

云服务分为三个层次，分别为 IaaS、PaaS 和 SaaS，每一个服务层次都对云端资源进行了不同层次的抽象封装，然后用不同的方式为用户提供不同层次的云计算服务。云计算是建立在大规模数据中心之上的一种服务模式，每一种提供不同抽象封装层次服务的云平台，都拥有庞大规模的资源。这些资源具体包括：IaaS 层的基础设施资源，即计算资源、存储资源、网络资源等；PaaS 层的各类应用开发平台资源，如 Java 平台、Python 平台、Ruby 平台等；SaaS 层的各种以文本、图像、声音、视频等多媒体形式存在并通过网络传输到各种终端中呈现在用户面前的具体应用资源。可以看到，每个层次拥有的资源表现形式都不一样，用户请求方式也随之不同。下面针对三个层次的服务资源请求过程进行详细分析，以期找到三个层次在资源请求方面的共同点，然后依次对云端资源进行标识描述，完成云端资源管理中资源描述模块的任务。

1. IaaS 服务资源请求

IaaS 层提供的是基础设施服务，即一个云应用正常运行需要的基础设施，如 CPU、内存、硬盘、网络等。针对 IaaS 服务，这里以 Amazon 的弹性计算云(elastic compute cloud，EC2)来进行分析。EC2 是 Amazon 提供的通用的云应用开发运行环境。现在假设一个云计算租户发出了一个 2GHz 的 CPU、8GB 的运行内存、450Mbit/s 的网络带宽、20GB 的正常运行所必需的一个外部存储，以及 CentOS 操作系统的资源请求。随后，Amazon 的云端管理系统通过查找其数据中心的资源池，找到可以满足用户的资源后，使用虚拟化技术，为用户提供一个虚拟机，初始化安装相应的系统环境，并把访问接口返回给用户，同时进行计费、监控资源运行等步骤。之后，用户就可以远程使用该虚拟主机进行开发、测试、部署应用等业务。

2. PaaS 服务资源请求

PaaS 层提供的是一个开发平台服务，即一个云应用开发测试运行的平台，如 PHP 平台、Python 平台、ASP.NET 平台、Go 平台等。针对 PaaS 服务，这里以 Google App Engine 为例来进行分析。假如用户要用 Python 开发一个电子商务应用，其需要的基本环境为 Python2.7.3 版本、常用的 Python 开发库、数据存储、图片存储、Web 服务器等。所有这些都只需要用户注册一个 Google 账号，然后申请一个 Python 的 Project，相当于申请了一个 Python 的开发托管环境。然后 Google App Engine 管理系统在 Google 数据中心为这个用户申请基本的 CPU、内存、硬盘、网络等资源并配置用户需要的开发部署环境。之后用户就可以直接在这个环境中进行开发、测试、部署等任务。

3. SaaS 服务资源请求

SaaS 层提供的是软件服务，为用户提供基于云计算的软件应用，如存储应用、照片分享应用、游戏应用等。这里以在线存储应用 Dropbox 为例来进行分析。当一个用户要上传一个视频时，Dropbox 服务器端首先要计算文件大小，检测用户的网络，为用户选择一个合适的服务器，并预留足够的存储空间，接着返回给用户端，用户端再上传视频文件。文件上传完成后，系统将文件的访问地址分配到用户的文件组中，之后用户就可以访问使用自己的文件了。

由以上分析可知，如图 12.4 所示，IaaS 用户向 Amazon 请求的虚拟机资源、PaaS 用户向 Google App Engine 请求的 Python 开发部署环境、SaaS 用户向 Dropbox 发出的上传视频请求，最终都会通过某种方式映射为云端计算资源、存储资源和带宽资源的使用状态。因此，可以把云端的“服务资源”抽象总结为三类基础性

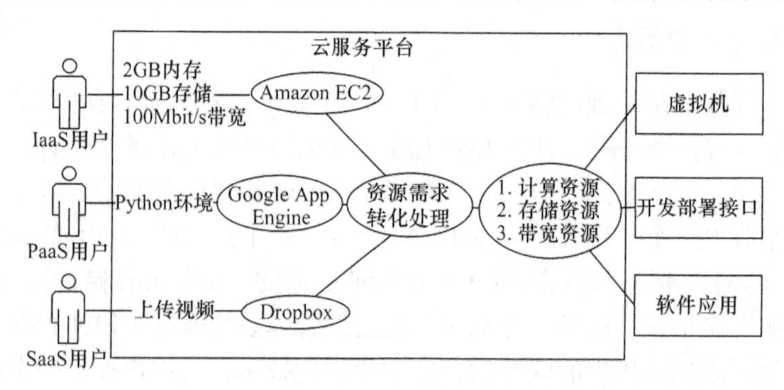

图 12.4 IaaS、PaaS、SaaS 用户服务资源请求

资源，即计算资源、存储资源和带宽资源。由此，可以用云端资源的计算、存储、带宽属性的三元组来对其进行统一描述标识，即〈计算属性、存储属性、带宽属性〉。

12.3.2　统一标识方法描述

针对计算、存储、带宽三类资源属性，考虑云端资源的异构性、分布性和用户的语义化资源需求，单一的平面描述和标识规则将会带来严重的可扩展性问题。因此，针对云服务用户的个性化资源需求，提出根据各种服务资源的多种属性对资源进行带语义的统一标识，灵活调节资源的描述粒度以保证其可扩展性。带语义的多层服务资源统一标识如图 12.5 所示。

(1) 00-011 标识一个本地的计算节点，其 CPU 频率达到 GHz，缓存采取动态存储方式。

(2) 01-000 标识一个本地的计算节点，其读取速度为 MB/s 级别，存储容量为 MB 级别。

(3) 01-111 标识一个远程的计算节点，其读取速度为 GB/s 级别，存储容量为 GB 级别。

(4) 02-001 标识一个本地的计算节点，其网络接入使用的互联网服务提供商标识是 LT，网络的可靠性级别是较高。

(5)02-110 标识一个远程的计算节点，其网络接入使用的互联网服务提供商标识是 YD，网络的可靠性级别是高。

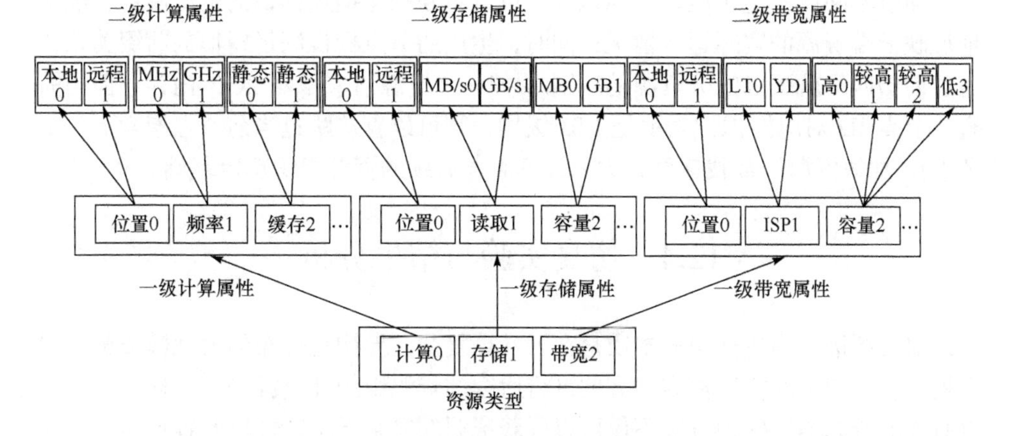

图 12.5　带语义的多层服务资源统一标识

图 12.5 只是对提出的资源描述方法的简单说明，这种树形的层次化资源描述方法的层次可以继续扩展，如 00-011 计算资源的 CPU 频率为 GHz，根据需要，可以再扩展一层用来描述 CPU 频率为 3.3GHz。存储资源、带宽资源同理，例如，

存储资源可以细化为对不同大小(KB、MB、GB 等)文件的读写速度，带宽资源可以细化网络接入带宽等。

每一个云端资源节点都是三类资源——计算资源、存储资源和带宽资源的集合，但是每一个资源节点可能有其资源类型的偏向。例如，计算节点为了高性能地计算，配置的 CPU 模块和功耗模块都比较强大，但是运行计算是肯定需要存储的，所以在 Amazon 的 EC2 实例启动时都默认配备有一个弹性块存储(elastic block store，EBS)，来满足计算过程中数据存储需求。存储节点可以分为大容量存储和高速存储，例如，历史文件资源的使用频度不高，但文件容量较大，因此适合采用大容量存储节点，一般使用廉价的大容量机械硬盘来进行存储；但是对于使用频度较高，且用户对于延迟容忍度较低的场景，就需要采用高速存储来实现，例如，价格较贵的高速固态硬盘(solid state disk，SSD)。带宽节点一般配备有大带宽、低延迟的互联网接入口，多用于云应用的 Web 服务器，进行请求流量的分发或转发工作，为终端用户提供服务。

关于如何定义资源的属性偏向，则需要在实际环境中根据资源配置情况来确定资源的评价标准，并且在不同的云平台下评价标准的定义方式也不同。例如，在一个偏向高性能大数据计算的云平台，其对存储资源的需求不是太高，则其对存储节点的评价标准就不太严格；若在一个偏向提供云存储服务的平台，其对于存储节点的评价标准将会十分严格，对于不同大小的文件的读写速度都会有严格的评价标准。

通过不断层次化扩展，该标识方法可以不断细化描述标识的资源属性，准确地反映云端资源的实际运行情况；同时，生成的节点标识满足树形的前缀关系，通过前缀匹配就可以区分资源的级别(假如一个资源请求需要 2GB 内存，但当前查找节点 ID 对应标识位表示是 MB 级别，则可以直接跳过当前节点搜索下一个节点)，加快资源的查找速度，为云计算服务后续的资源组织奠定基础。

12.4 仿真实验与结果分析

对资源进行描述标识的本质是在云计算复杂、异构且分布的大规模资源基础上构建一个统一的资源模型，方便进行后续的资源组织和资源调度处理。一个合理有效的资源描述标识方法不仅可以屏蔽资源的复杂异构特性以兼容更多的硬件资源设施，还能有效提高资源的组织和调度效率，进而影响云计算系统作业任务的执行效果。

为验证本章提出的资源描述标识方法的有效性，从资源模型对资源管理系统作业任务执行效率的影响出发，在其余实验条件都相同的情况下设计仿真实验，对比分析本章带语义的多层服务资源统一标识资源模型与 CloudSim 中内置的传统云资源管理(traditional cloud resource management，TCRM)模型[7]。比较两种资源模型中相同的作业任务的执行情况和系统负载情况，同时设计实验比较本章方法不同的资源描述层级(即不同的资源描述粒度)对作业任务执行情况的影响。

12.4.1　场景设置

CloudSim 是由澳大利亚墨尔本大学(University of Melbourne)的网格实验室和 Gridbus 项目合作开发的开源云计算平台仿真软件，它有两个主要的特点：一是提供虚拟化工具，可以在几台普通计算机上模拟出一个较大规模的数据中心资源池；二是它的架构设计灵活，系统的每个模块都做了分层，没有紧密的耦合，可以方便地对其层次模块进行定制和修改。同时 CloudSim 还内置了云计算平台资源管理模块的基本实现。本仿真实验替换了 CloudSim 中的资源模型实现，并将其与 CloudSim 中的 TCRM 进行对比。

实验环境：5 台 Intel® Core™ i3-2130 3.40GHz 处理器，4GB 内存，Windows10 Pro OS，Java 环境为 JDK-8u131-x64 版本。使用 2016 年 5 月发布的 CloudSim 4.0 版本进行仿真实验，分别在 5 台实验机器上设置一台虚拟机，并在每个虚拟机上设置 10 个资源节点。

实验内容：设置本章方法的资源描述层级为 3 层、4 层、5 层，分别模拟用户的 100 个作业任务在基于本章方法和基于 TCRM 搭建的仿真环境中执行，观察记录作业任务的完成时间和作业任务执行过程中系统中各节点总体的负载情况。其中，具体的作业任务为在 100 个 20MB 的用户日志文件中查找特定的字符并计数。

12.4.2　仿真结果

图 12.6 给出了不同条件下完成的子任务数目从 0 个增加到 100 个过程中执行时间的比较结果。可以看出，几种条件下，随着子任务完成数目的不断增加，任务执行时间都呈线性增长趋势。其中 TCRM 比本章方法增长速率快，最终执行时间比本章方法长；本章方法描述层级 3 级、4 级、5 级的执行总时间逐级减小，但减小的幅度越来越小，说明通过不断增加描述层级可以缩短任务执行时间，但缩短的效果越来越弱。

图 12.7 给出了不同条件下，作业任务执行期间系统总体的内存使用率随时间变化的情况，图中的内存使用率由总的内存使用率除以总的内存容量得出。可以看出，在用户任务开始前和结束后，系统平均内存使用率在 10%左右，这是系统正常运行所需要的内存。整体来看，内存使用率呈现波动趋势，初始阶段内存使用率急剧上升，之后等待数据输入使用率下降，数据输入后重新上升，最后任务

执行完成，内存使用率回归正常水平。其中 TCRM 第一个波峰的持续时间较长，之后等待数据输入的波谷时间短，最后的波峰执行时间也要短一些；本章方法的描述层级 3 级、4 级、5 级时的内存使用情况变化趋势基本一致，随着描述层级的增加内存使用率相应降低，但降低的幅度逐级缩小。

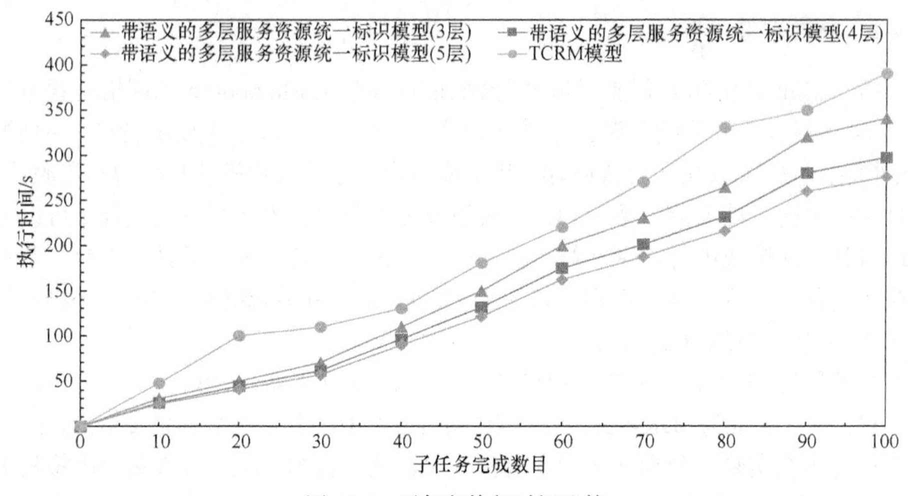

图 12.6　子任务执行时间比较

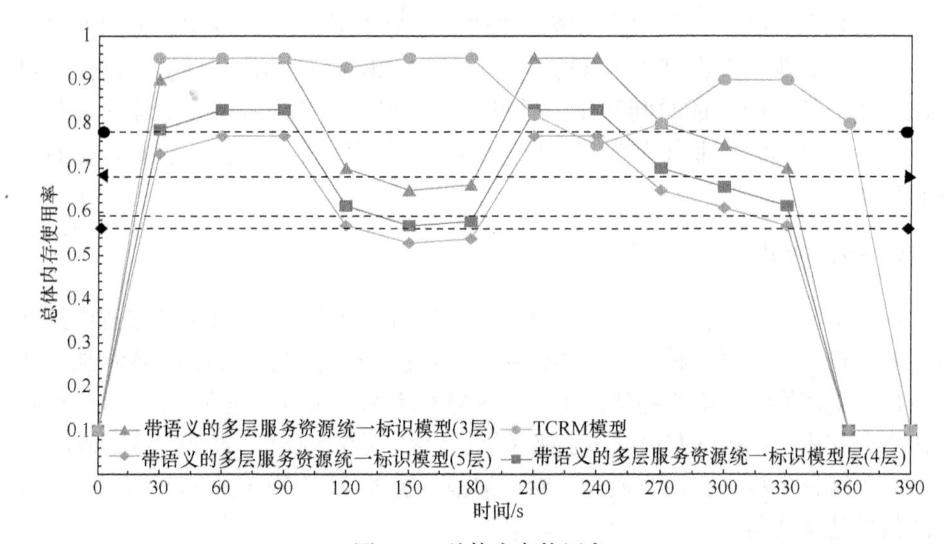

图 12.7　总体内存使用率

图 12.8 给出了不同条件下作业任务执行期间系统总体的 CPU 使用率随时间变化的情况，图中的 CPU 使用率由 CPU 使用量除以总体的 CPU 频率得出。可以看出，CPU 的使用情况和内存的使用情况相似，也是呈现一种波形的变化趋势，并且 CPU 使用率的变化趋势和内存使用率的变化趋势基本上是同步的，当 CPU

使用率高时，内存使用率也相应较高，反之同理。同时本章方法的描述层级为 3 级、4 级、5 级时的 CPU 使用率变化趋势基本一致；但是与作业任务完成时间和内存使用率变化情况相反，随着本章方法中描述层级的增加，CPU 平均使用率呈现增加的趋势，并且当描述层级为 5 时，其平均 CPU 使用率已经基本和 TCRM 模型的 CPU 使用率持平。可见，本章方法资源描述层级并不是越多越好。当资源描述层级增加时，资源描述粒度变小，可以更加准确地分配资源，减少资源分配过程中的资源碎片，但是这是以增加 CPU 的消耗为代价的。因为资源的分割单位越小，所需的 CPU 资源就越多。

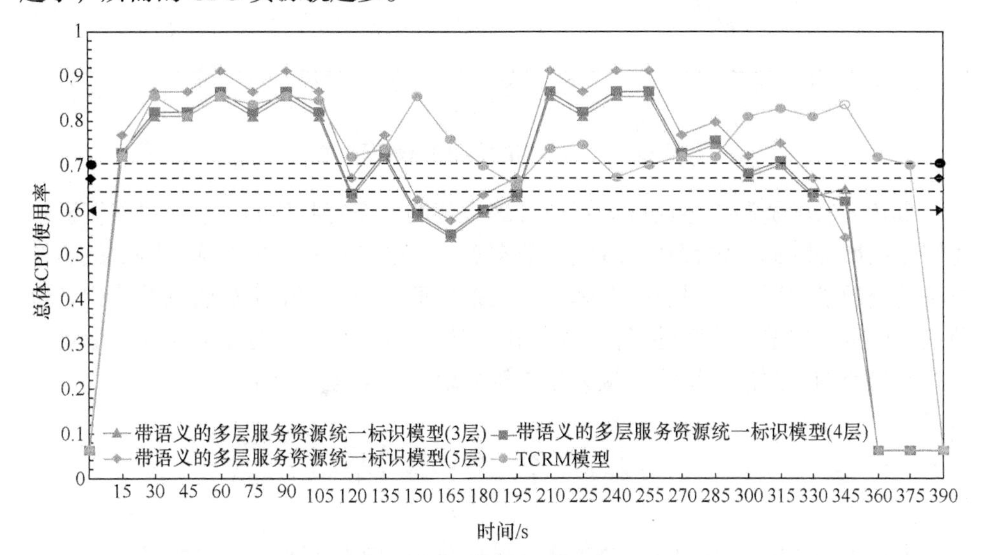

图 12.8　总体 CPU 使用率

图 12.9 给出了不同条件下，作业任务执行期间系统总体的带宽使用量随时间变化的情况，图中总的数据流量是各个节点间传输的数据总量(数据流量只计算发送数据量，不计算接收数据量，因为一个系统内的数据传输肯定是在系统内两个节点之间发生的)。可以看出，在整个任务执行期间，随着时间变化，总数据流量基本上都呈现线性增长的趋势。TCRM 的数据流量较多，而本章方法随着描述层级的增加，总的数据流量呈现下降的趋势。与作业任务执行总时间和内存使用率一样，描述层级的增加使流量减少，幅度降低。原因在于，资源描述粒度较小，作业任务可以用较小的单位分割，减少了一些无效的数据传输，降低了总的数据传输量。

综合来看，本章提出的带语义的多层服务资源统一标识模型是可行的，在作业任务执行时间、总体内存使用率、总体 CPU 使用率和系统内数据流量等方面，较 TCRM 都有一定的优势，可以作为资源组织研究的基础。

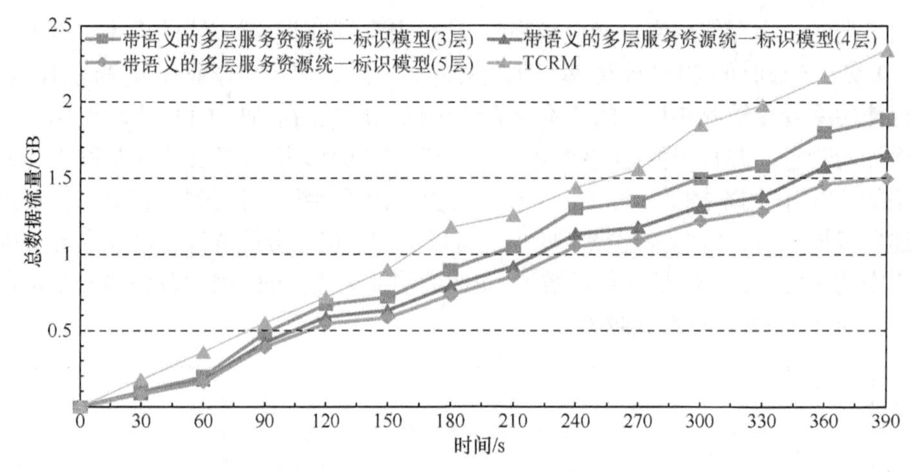

图 12.9　子任务执行期间总数据流量

本章方法的资源描述层级对资源管理系统的效率有明显的影响。虽然资源描述层级的增加降低了内存和系统间的数据流量，却增加了 CPU 的使用率，故本章方法的资源描述层级并没有一个理论上的最优值。在真实的资源管理系统中，资源描述层级需要根据系统的具体资源情况和作业任务情况进行不断调优，取得一个相对均衡的资源描述层级，最大化资源系统的管理运行效率。

12.5　本 章 小 结

本章首先介绍了 MARC、DC 编目标准和 FRBR 编目标准，分析了它们的优缺点以及在网络资源编目中的应用；其次分析了现有的三种资源描述语言(理论)，包括 URI、RDF、本体论(信息科学领域)，总结了它们在资源描述方面的应用；然后对 IaaS、PaaS、SaaS 的服务资源请求过程进行了分析，将各层的云端资源都抽象为计算资源、存储资源和带宽资源。在此基础上，充分考虑云计算资源异构化、分布式特点和移动云计算环境下用户的个性化资源需求后，提出了一种根据服务资源的多属性对其进行带语义的统一标识的方法。最后，设计仿真实验验证了本章提出的资源描述方法的可行性和有效性，为资源组织研究奠定了基础。

参 考 文 献

[1] Sharma K, Marjit U, Biswas U. MAchine readable cataloging to machine understandable data with distributed big data management[J]. Journal of Library Metadata, 2018, 18 (36) : 1-17.

[2] 李佳. 都柏林核心元数据和机读目录在电子图书编目中的比较研究[J]. 科技情报开发与经济, 2008, (29) : 19-20.

[3] Manguinhas H , Freire N , Machado J , et al. Supporting multilingual bibliographic resource

discovery with functional requirements for bibliographic records[J]. Semantic Web, 2012, 3 (1): 3-21.

[4] Weiher M, Hirschfeld R. Polymorphic identifiers: Uniform resource access in objective-smalltalk[J]. ACM SIGPLAN Notices, 2014, 49(2) : 61-72.

[5] 刘兴波, 蔡鸿明, 徐博艺. 基于 XML 模式和 RDF 的异构数据集成框架研究[J]. 计算机应用与软件, 2010, (3): 58-61.

[6] Germandemat J. 本体论[EB/OL]. https://zh.wikipedia.org/wiki/本体论_(哲学) [2016-9-17].

[7] Calheiros R N, Ranjan R, Beloglazov A, et al. CloudSim: A toolkit for modeling and simulation of cloud computing environments and evaluation of resource provisioning algorithms[J]. Software: Practice and Experience, 2011, 41(1): 23-50.

第 13 章　基于 Pastry 技术的服务资源自主组织方法

13.1　引　　言

移动互联网的快速发展带动了智能终端的迅速增长，据市场调查机构 eMarketer 估计，2016 年全球手机用户约 43 亿，占全球总人口的 58.7%，其中有接近半数使用的是智能手机[1]。由于用户习惯和手机性能等多方面的原因，在移动互联网应用中主要以客户端的应用程序为主。根据应用程序分析机构 Appfigures 2017 年 1 月 24 日发布的分析报告可知，目前市场上现存的移动应用程序数量十分庞大，且增长速度还在加快。如表 13.1 和图 13.1 所示，现有的 Android app 应用程序已达 281 万，iOS 应用程序 226 万左右，并且还以每年将近 100 万的量级在进行更新和发布[2]。如此庞大的应用程序数量对移动网络和计算的需求是十分庞大的。移动互联网有以下几个特点。

(1) 访问量庞大，且起伏较大。移动用户基数大且由于移动设备的便携性和移动网络的实时在线性，用户使用云服务的随机性很强，因此造成访问量较大且起伏也较大。

(2) 应用种类多，且资源需求各异，同时由于移动终端存储容量有限，因此多是数目庞大的小尺寸文件。

(3) 移动终端通常资源有限，计算能力弱、存储空间小、电池容量有限等，这些特性使其无法进行密集计算和大量文件的存储。

(4) 移动网络时延较普通家庭光纤宽带网络高，且容易丢失连接。

(5) 移动网络流量单价偏高，用户的移动流量有限。

(6) 移动设备的便携性和移动网络的实时在线特性。

表 13.1　应用程序总数

应用商店	应用程序数量
Google Play	2.81M
iOS App Store	2.26M
Amazon Appstore	380K

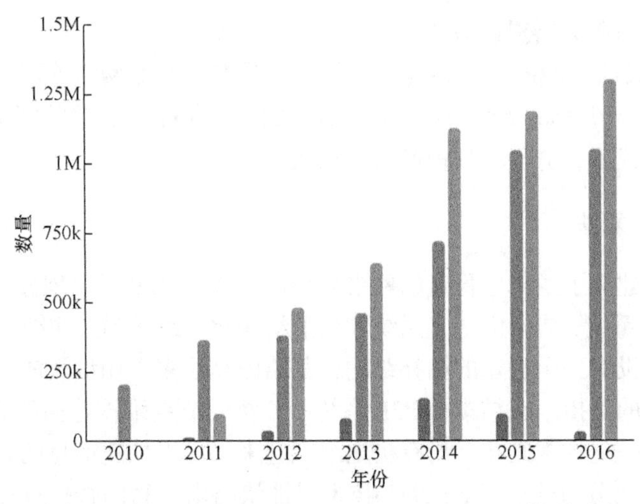

图 13.1　iOS App Store、Google Play、Amazon Appstore (柱形图从左向右) 逐年新增应用程序数量

如此庞大的移动应用市场，在为移动云计算带来发展机遇的同时也对其服务质量、资源管理提出了更高的要求，其必须能适应接入终端量大、类型复杂、自身能力弱且接入网络不稳定的限制。针对移动云计算中的资源管理问题，本章使用资源统一标识方法，同时将分布式 P2P 结构引入云计算系统，使用结构化 P2P 网络中经典的 Pastry 技术对资源组织与发现进行研究。

13.2　相 关 技 术

13.2.1　P2P 网络

P2P 是“peer-to-peer”的缩写，即点对点。区别于传统的 C/S 模式，它把每个节点都既当作客户端，又当作服务器，每个节点地位都是平等的，可以自由地加入或退出系统，提高了整体系统的稳定性，是备受学术界和信息技术业界关注的一项技术。由于近年来技术的发展和电子硬件设备制造工艺的升级，普通计算机成本不断下降、计算能力和存储能力不断提升；同时随着网络通信技术的发展，P2P 网络应用发展快速。P2P 节点所形成的对等网络是由大量普通节点通过网络连接起来提供信息服务的分布式系统，其分散的节点之间可以直接交互共享资源与服务。具有以下三个显著特点。

(1) 信息分散。P2P 系统是各个计算终端通过网络连接起来的，这些终端本身在地理上是分散的，避免了因单点失效导致整个系统无法运行。

(2) 关系平等。P2P 系统中每个节点都是平等的，既可以作为客户端消费服务，又可以作为服务器提供服务。

(3) 结构灵活。P2P 系统结构十分灵活，是在已有的网络连接之上重新组成的一个覆盖网络(overlay network)，并没有对物理网络拓扑连接的固定要求，降低了节点的加入成本，方便大规模的节点加入。

13.2.2 Pastry 算法

根据是否建立了逻辑上稳定的网络拓扑，可以把 P2P 系统划分为三个大类：非结构化 P2P 系统、结构化 P2P 系统和松散结构化 P2P 系统。非结构化 P2P 系统由于在逻辑上没有一个稳定的拓扑结构，其路由算法多采用洪泛法，这会给网络通信带来较大的负担。在结构化 P2P 系统中，每个节点维护着相邻节点的信息，这些节点按照一定的规则在全局有机地组织起来，可以加速信息的路由。结构化 P2P 系统多采用分布式散列表(DHT)技术以加快路由信息的查找过程，但当信息资源数量增大后，整个散列表容量也相当大，为了避免因传递整个散列表数据而导致大量的网络资源消耗，分布式散列表系统中，每个节点并不需要维护整个散列表数据，只需要维护在覆盖网络的逻辑拓扑结构上邻居节点的资源的散列数据，这样避免了洪泛，同时也减少了在所有节点间传递完整散列表带来的带宽消耗，提高了路由效率。

Pastry 算法是分布式散列表算法的一种实现，它是由微软研究院(Microsoft Research，MSR)和莱斯大学(Rice University)合作提出的，主要包括节点的定义与加入、信息数据的路由、节点的失效与恢复等模块，其突出的特点是可以快速定位查找特定的数据信息。下面从 Pastry 系统的组成、Pasty 标识符空间、Pastry 路由过程和 Pastry 节点加入与退出四个方面来介绍 Pastry 算法。

1. Pastry 系统的组成

Pastry 系统中每个节点既是客户端又是服务器，节点在加入 Pastry 系统时被随机分配一个节点号 NodeId，用于在节点地址空间中标识节点的位置。其中，节点号一般通过对节点公钥或者 IP 地址进行散列计算来获得，且每个节点都需要维护三种数据结构(即路由表、叶子集与邻居集)才能正常运行与提供服务。

1) 路由表

假定 P2P 网络由 N 个节点组成，则路由表由 $\log2^{b}N$ 行组成，每行有 $2^{b}-1$ 个入口。其中，b 是一个配置参数，在整个系统初始化时指定，其典型取值是 1，2、3 或 4，其取值是综合考虑路由表长度和平均路由跳数计算后得出的，b 越大则路由跳数越小，单点维护的路由信息就越多，单点查找就越慢，这可能会影响计算能力有限或能量有限的节点的性能；b 越小则单点的路由表就越小，但是路由跳数就会越大，这会明显增加网络时延，影响最后服务提供的效果。

2) 叶子集

叶子集中存放的是路由需要用到的节点信息，即其 NodeId 在数值上和当前节点的节点号相邻。这个节点表中共需要存放 L 个节点的信息，它一般取值 2^b 或 2×2^b。其中最接近且小于当前节点号的存放 $L/2$ 个，大于且最接近当前节点号的存放 $L/2$ 个。

3) 邻居集

邻居集中存放的是和本节点最接近的 M 个节点的信息，一般取值 2^b 或 2×2^b。这里的最接近不是节点编号的相近，而是实际物理网络性能的相近，一般通过测试实际网络路由跳数或网络时延来确定。邻居集中的节点信息不参与路由，只是用来保证邻居集中节点的区域性[3]。

图 13.2 是一个 Pastry 节点的数据结构示意图。其节点号为 10233102，b=2，L=8，M=8。图中路由表最上面一行是第 0 行。路由表中每行的阴影项代表当前节点号对应的位，自上向下排列的位组成节点号。

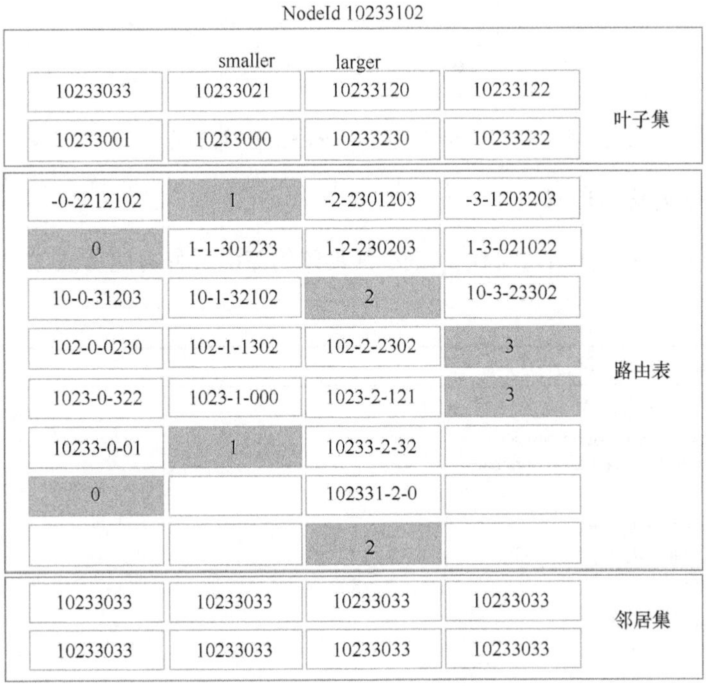

NodeId 10233102

	smaller	larger		
10233033	10233021	10233120	10233122	叶子集
10233001	10233000	10233230	10233232	
-0-2212102	1	-2-2301203	-3-1203203	路由表
0	1-1-301233	1-2-230203	1-3-021022	
10-0-31203	10-1-32102	2	10-3-23302	
102-0-0230	102-1-1302	102-2-2302	3	
1023-0-322	1023-1-000	1023-2-121	3	
10233-0-01	1	10233-2-32		
0		102331-2-0		
		2		
10233033	10233033	10233033	10233033	邻居集
10233033	10233033	10233033	10233033	

图 13.2　Pastry 节点数据结构

2. 标识符空间

Pastry 系统中，每一个节点和资源都会经过散列运算得到一个 L 位的标识符。理论上标识符地址空间为[0，2^L-1]，可以标识 2^L 个资源或节点。图 13.3 为一个

Pastry 的标识符地址空间，其中 L=4，具有 4 位的标识符，地址空间的容量为 16。图中的节点环包括 5 个节点和 6 个资源，为方便阅读，节点 Id 和资源 Id 均采用 16 进制表示。资源存储在与其关键字 Id 最接近的节点上，故关键字为 K01 的资源放置在节点 N01 上、K03 与 K12 存储在 N10 上；K22 与节点 N21 和 N23 之间的距离相等，因此在两个节点上均有备份，K32 与 K33 存储在节点 N33 上。

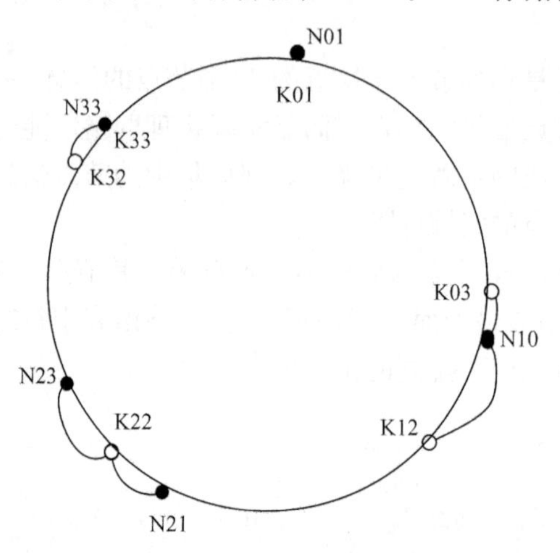

图 13.3 一个 4 位的 Pastry 标识地址符空间

3. Pastry 的路由过程

当某节点收到用户的资源请求时，其具体的路由过程可用算法 13.1 的伪代码进行描述[4]。

算法 13.1 Pastry 的路由过程

1. if($L_{-|L|/2} \leqslant D \leqslant L_{|L|/2}$){
2. //D is within range of our left set
3. forward to L_i, s.th. $|D-L_i|$ is minimal;
4. } else{
5. // use the routing table
6. Let l = shl(D, A);
7. if($R_l^{D_l} \neq$null){
8. forward to $R_l^{D_l}$;
9. }
10. else {
11. // rare case
12. forward to $T \in L \cup R \cup M$, s.th.
13. shl(T,D)$\geqslant$l,
14. $|T-D|<|A-D|$
15. }
16. }

(1) R_l^i 表示路由表中 l 行的第 i 列，其中 $0 \leqslant i \leqslant 2^b$，$0 \leqslant l \leqslant |128/b|$。

(2) L_i 表示叶子集表中和 D 数值最相近的节点，其中$-|L/2| \leqslant i \leqslant |L/2|$。

(3) D_l 表示 L 位的关键字 D。

(4) shl(A,B)表示 A 和 B 拥有相同前缀的长度。

当用户资源请求到达时，首先检查关键字是否落在叶子集空间中，若在，则把资源请求转发到数值上最近的那个叶子集节点；若不在，则使用路由表进行路由，把消息转发给节点号和关键字共同前缀至少比当前节点多一位的节点；若路由表为空，或者路由表中无匹配的节点，则把节点信息转发给叶子集节点表中节点数值最接近关键字的节点。总体来看，路由消息的每一次传递都向最终节点前进一步，直至最终到达资源节点。

4. 节点加入和失效处理

1) 节点加入

当节点 X 申请加入网络时，首先，采用 SHA-1 算法计算节点号。其次，根据邻近性度量方法生成相邻节点 A 的信息，使用洪泛法、IP 多播技术、域名系统(DNS)技术或者由应用程序或管理员通过其他渠道获取节点 A，并找到在节点数值上邻近 X 的节点 Z。在节点 X 的邻居集、叶子集、路由表初始化完成后，将自己的状态表发送给邻居节点、叶子节点及路由表中的每个节点，通知其更新自己的状态表。

2) 节点失效

Pastry 系统没有检测节点是否存活的机制，只要与某节点通信失败就可以认为该节点失效：①对于叶子集 L 中的节点，消息的路由过程将正常进行，除非 $L/2$ 个节点同时失效；②对于路由表 R 中的节点，如果当前行没有可用的节点，就从下一行中选择一个合适的节点进行下一步路由；③对于邻居节点表 M 中的节点，当一个节点失效时，向 M 中其他节点请求邻居节点表，然后根据邻近性度量方法计算节点距离并更新自己的邻居集。

3) 节点退出

Pastry 系统将节点退出当成节点失效来处理：当有消息路由到某节点后就无法再继续进行时，节点失效算法将被激活。

13.3　基于 Pastry 技术的服务资源自主组织

Pastry 算法利用了成熟的最大掩码匹配算法，可以大大加快路由查找的速度；同时引入叶子节点和邻居节点集合的概念，保证网络的邻近性和本地性，降低因路由引起的网络传输开销。本章基于 Pastry 算法，基于前面所提出的带语义的多层服务资源统一标识，构建一个由主 Pastry 环和若干子环形成的服务资源自主组织架构。

13.3.1　云端资源自组织方法

基于 Pastry 的服务资源自组织框架如图 13.4 所示，在主 Pastry 环中，使用带语义的多层资源统一标识方法获得每个节点的可用资源标识符(〈计算资源,存储资源,带宽资源〉三元组)作为节点的虚拟地址，按数值大小进行排列，这些地址在逻辑上构成一个相对稳定且紧致的环状拓扑结构；根据 Pastry 环节点所包含属性的级别和属性间的关系，形成不同级别的子环，子环的级别可以扩充，与资源描述方式保持一致。各类资源属性可以通过在对应 Pastry 环申请注册或申请取消而动态加入、离开，以满足资源扩展或资源变化、更新的需求。例如，云资源实体节点 2 就可以用〈05,⋯,12,⋯,22,⋯〉三元组进行标识，05、12、22 分别表示这个节点的计算、存储、带宽属性。

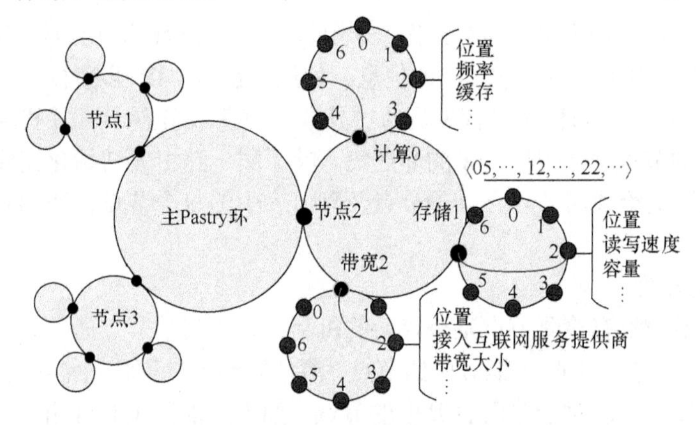

图 13.4　基于 Pastry 的服务资源自组织框架

基于 Pastry 技术的服务资源自组织框架可以使云资源的组织具有较好的扩展性和容错能力，能够在资源池中快速查找到符合用户需求的资源。

13.3.2　云端节点加入

一个新的云端节点 X 加入 Pastry 环组织的四个步骤如下所述。

(1) 据带语义的多层服务资源统一标识方法对节点的各种属性进行描述，生成两个〈计算属性,存储属性,带宽属性〉三元组，其中一个用来描述当前节点可用资源的情况，并作为节点 X 的标识符；另一个用来描述当前节点总的资源属性情况，用于后续调度分配资源时可能出现的节点迁移合并。与传统 Pastry 通过散列节点 IP 地址或公钥得到节点 ID 不同，这里资源节点的状态信息已经包含在节点 ID 中。

(2) 点 X 从云端管理系统的 Bootstrap 模块获取一个和其在网络邻近性度量上

相近的节点 A 的信息。然后 X 向节点 A 发送 join 消息，A 将其节点状态信息发送给 X。由于与节点 A 在网络邻近性度量上的邻近性，X 请求 A 的邻居节点数据并作为自己邻居节点集中的数据。

(3) 点 A 把 X 的 join 消息路由到和 X 的节点号数值上相近的节点 Z。因为节点 Z 和节点 X 的节点号在数值上相近，所以 X 请求节点 Z 的叶子集数据并作为自己叶子集中的数据。

(4) 节点 A 把 join 消息路由到节点 Z 的过程中，每一步都离 Z 更近一步，故可以使用这个路由过程中的信息作为 X 的路由表的数据。

至此，节点 X 成功加入 Pastry 自组织环，并初始化了其正常运行需要的数据，包括带语义的多层服务资源统一标识、邻居节点表、叶子节点表、路由表等。

13.3.3　云端节点更新

当一个云端节点被调度分配给用户使用后，其资源属性会相应更新，这时如果采用带语义的多层服务资源标识方法重新生成资源标识符，会导致当前 Pastry 系统中使用的节点标识符与其真实的资源情况不符，从而误导资源节点的查找过程，造成调度分配出错，影响用户服务的提供。为了解决这个问题，这个节点需要首先停止响应与之前标识符相关的路由等信息，即把当前节点做失效处理。然后使用标识符生成方法重新生成与当前节点的真实资源情况相符的〈计算属性,存储属性,带宽属性〉三元组，作为这个节点的新标识符，接着重新执行节点加入流程，作为一个新的资源节点出现在资源系统中，为用户提供服务。需要注意的是，在更新节点标识符的过程中，无须更新节点总的资源属性的三元组，只有当这个节点的物理属性发生变化时才需要更新该三元组的数据。

13.3.4　云端资源请求路由过程

当一个用户资源请求进入云计算系统后，路由过程主要分为以下几个步骤。

(1) 根据多层服务资源统一标识方法，用户的资源请求需要和云端资源的描述相匹配，才能用于路由查找。若用户的请求不符合云端资源描述，则需要对用户的资源请求进行预处理，将其转换成符合云端资源描述的需求，即〈计算需求,存储需求,带宽需求〉，然后进行下一步的路由过程。

(2) 检查当前节点能否满足用户的需求，若能，则直接返回给调度模块。

(3) 检查用户需求是否在叶子节点集中，若在，则把用户需求转发给和需求最接近的叶子节点。

(4) 检查路由表中的节点情况，通过最大掩码匹配，查找最符合用户需求的节点，然后转发用户需求。

(5) 若路由表为空，或者第(4)步中找到的节点失效，则把用户需求转发给共同前缀一样长但其节点数值更接近用户需求的节点，接着进行用户需求的路由。

(6) 若路由最终完成，但仍没有找到符合用户需求的资源，则将路由失败的消息返回给调度模块，进行下一步的处理。

上述资源查找过程的目标是找到最符合用户需求的一个资源节点，但有些情况下，为了使资源调度模块能根据系统整体负载情况智能选择匹配资源节点，需要返回足够的资源节点和它们的实际资源使用情况。因此，若资源调度模块需要，则在将用户的需求转换成具体的资源需求描述时，加上一个需要多少个资源候选节点的标识位，以方便路由过程中尽可能返回满足用户需求和调度需求的资源节点信息。

13.3.5 节点退出或失效

若云计算管理系统中的节点因不可恢复的错误或负载情况而进入休眠待机状态，则需要对其进行退出处理。Pastry 协议系统的灵活性使节点在退出前并不需要进行特殊的处理，而是直接不再响应路由消息即可，简化了协议的设计和实现，降低了协议的整体复杂度。

一个节点失效或退出，会对与该节点相关的其他节点产生影响。对于一个节点，其不同部分或模块的节点失效有不同的处理方法。当叶子集中的一个节点失效后，从叶子集中移除该失效节点，并从系统中重新选择一个节点加入叶子集中；对于路由表 R 中的节点失效，如果当前行没有可用的节点，那么就从下一行中选择一个合适的节点进行消息的路由；当邻居集中的一个节点失效时，从邻居集中移除失效节点，并向邻居集中其他节点请求邻居节点数据，然后根据邻近性度量方法选择一个合适的节点加入自己的邻居集中。总之，一个节点的退出或失效会给消息的路由带来一定影响，但并不会影响整个系统的稳定性和路由消息的正常传递，相关节点通过相应的方法策略可以自主恢复路由信息的正常传递，保证系统的正常运行。

13.4 仿真实验及结果分析

13.4.1 仿真场景

为了验证本章提出的基于 Pastry 技术的服务资源自主组织方法的可行性和有效性，本节设计了仿真实验，比较本章方法与 CloudSim 中自带的简单资源池组织方式在查找多个资源节点时的性能，观察其在查找时间、查找范围、发送路由数据包个数等方面的表现。

实验环境：5 台 Intel® Core™ i3-2130 3.40GHz 处理器，4GB 内存，Windows10

Pro OS，Java 环境为 JDK-8u131-x64 版本，使用 MCloudSim 搭建仿真环境。

实验内容：在 5 台虚拟计算机组成的系统中模拟 200 个云计算用户请求时的资源查找情况。这里的虚拟机是 CloudSim 中的虚拟主机 Host，每个 Host 上可以再分配相应的资源节点数，本实验在 5 个 Host 上设立了 350 个资源节点，其中每个 Host 设置 70 个资源节点，系统中能满足用户需求的资源节点个数为 8。

对于 CloudSim 中集中式的简单资源池的组织方式[6]，本实验采用随机组织资源的方法。当系统收到一个用户资源请求时，采用随机资源匹配的方式，结合公平优先的策略，从总的资源池中挑选出一个节点，并向其转发该用户请求包。从提出查询请求的节点开始，使用最大掩码匹配算法查找匹配节点、叶子集、路由表等，一步一步逼近符合要求的资源节点。

在简单资源池组织方式和基于 Pastry 的资源自组织两种方式下，输入用户需求进行查找，然后记录并比较找到第 i 个节点时的平均搜索节点范围和所花费的时间(i 的取值为 1 到 8)。为避免因测试误差而导致实验结果有误，本实验采用完全相同的配置环境，运行 10 次，去掉明显错误(特别大或特别小)的实验数据，再取有效数据的平均值作为最终的实验结果。

13.4.2　仿真结果

图 13.5 展示了上述两种方法查询到相同的节点数时所花费的时间。可以看出：本章提出的基于 Pastry 的服务资源自主组织方式搜索到相同的资源节点个数所花费的时间要小于简单资源池组织方式。它在查找到第 1～5 个资源节点时，所花费时间的增长速度比简单资源池方式要低；尤其是在查找到第 5 个资源节点后，查找剩余节点时，简单资源池组织方式所消耗的时间增长速度较快，但是本章方法的时间增长速度却明显放缓，没有随着剩余查找资源节点数量规模的增大而迅速增加，仍然保持在一个较小的增长幅度。由此可以看出，基于 Pastry 组织方式的路由信息在整个系统中扩散较快，资源查找时间较小；并且当资源节点数目增多时，基于 Pastry 组织方式的路由查找时间能保持在一个较小的增长速度，这为云端资源规模的可扩展性提供了保障(即不会因为云端资源规模的增长而导致资源查找时间的急剧增加，进而影响资源查找性能)。

图 13.6 展示了上述两种组织方法在相同时间内查询节点的平均数目。可以看出：随着时间增长，简单资源池组织方式的搜索节点范围逐渐增大，增长速度稳定，呈现出线性增长趋势；而本章提出的基于 Pastry 技术组织方式的增长速度要快得多，呈现出陡峭的增长曲线，且整个消耗时间几乎只相当于前者的 1/4(查找完成之后因为总的节点数为 350，所以不再增长)。由图可得，在相同时间内，本章提出的基于 Pastry 的组织方式查找过的节点数明显超过了简单资源池组织方式。

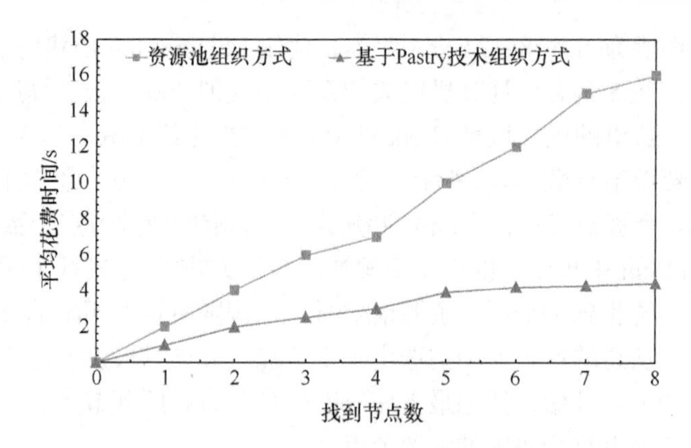

图 13.5　两种方式查询相同节点花费时间比较

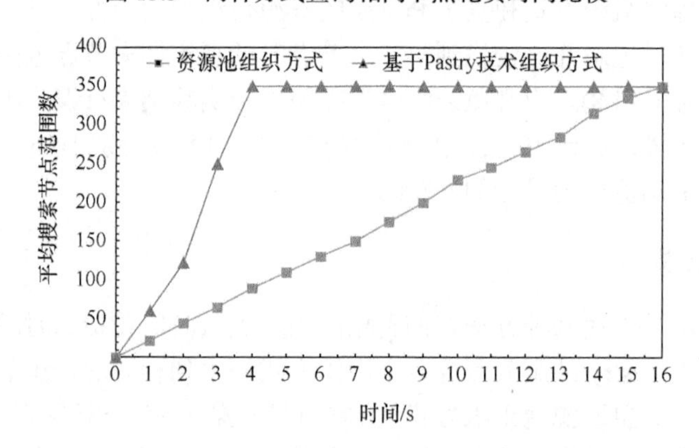

图 13.6　两种方式相同时间内查询节点范围比较

图 13.7 展示了上述两种组织方法在查找过程中发送的平均路由数据包数。为避免统计到无关数据包，实验在路由数据包中添加了专门标识路由数据的标记。可以看出：路由查找过程中，简单资源池组织方式的路由数据包总个数增长虽然有起伏，但总体呈现线性增长趋势；本章的资源组织方式的增长速度较前者要快，完成资源查找时总的数据包数比前者多大约 12%。结合图 13.5 和图 13.7，在完成所有的资源查找任务过程中，本章方法的查找速度比简单资源池组织方式快，节约时间约为 75%；但发送的总路由数据包数比前者多。综合比较来看，本章方法取得了较好的实验成果。

总之，本章提出的基于 Pastry 的资源自主组织模型在查找符合用户需求的节点时，缩短了资源节点的搜索查找时间，有效提高了云计算系统的资源管理效率。但路由查找过程中发送的总路由数据包数增多，但增多的路由包数在可接受的范围内。

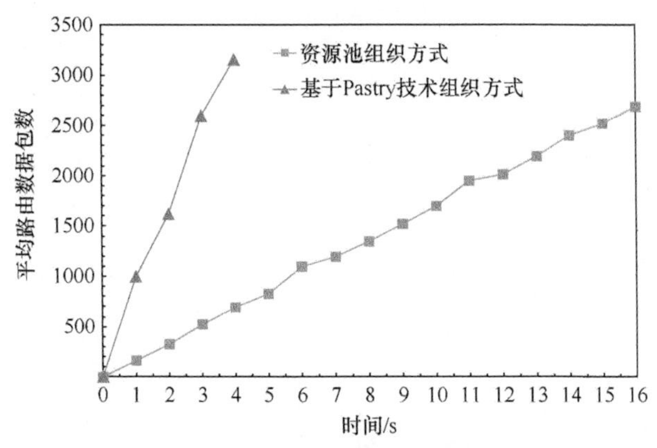

图 13.7　两种方式查找过程中发送的路由数据包总个数

13.5 本 章 小 结

本章使用带语义的多层服务资源统一标识，结合 Pastry 算法，提出了一种基于 Pastry 的服务资源自组织框架。该框架可以使云资源管理系统具有较好的扩展性和容错能力，且自组织框架与资源的标识描述方式保持一致，能够帮助用户快速发现所需要的各类资源组合。仿真实验对本章提出的资源组织方和 CloudSim 中自带的简单资源池组织方进行比较，观察两者在查找相同资源所花费时间、查询节点范围和发送的路由数据包数的性能表现，实验结果证明本章提出的资源组织方法可以明显缩减云端资源的查找时间，并且随着资源规模的扩展，路由查找时间保持在一个较低的增长水平，为云端资源规模的扩展提供了保证并提高了云端资源管理的效率。

参 考 文 献

[1] eMarketer. 2016 年全球半数手机用户使用的是智能手机[EB/OL]. http://www.199it.com/archives/541547.html[2016-11-30].

[2] Appfigures. App Stores Start to Mature — 2016 Year In Review[EB/OL]. http://blog.appfigures.com/app-stores-start-to-mature-2016-year-in-review[2017-1-24].

[3] Yang B, Garcia-Molina H. Improving search in peer-to-peer networks[C]. The 22nd International Conference on Distributed Computing Systems, 2002: 5-14.

[4] Rowstron A，Druschel P. Pastry: Scalable, decentralized object location, and routing for large-scale peer-to-peer systems[C]. IFIP/ACM International Conference on Distributed Systems Platforms and Open Distributed Processing, 2001: 329-350.

[5] Calheiros R N, Ranjan R, Beloglazov A, et al. CloudSim: A toolkit for modeling and simulation of cloud computing environments and evaluation of resource provisioning algorithms[J]. Software: Practice and Experience, 2011, 41 (1) : 23-50.